大数据系列丛书

云计算数据中心运维管理

黄华 叶海 主编 凌康水 王斌 刘启良 郭锡泉 副主编

清华大学出版社
北京

内容简介

全书共6章,主要内容包括信息技术服务管理、云数据中心运维管理规范、云数据中心运维服务管理、云数据中心软件资源管理、云数据中心硬件资源管理、云数据中心自动化运维。

本书可作为高等院校计算机类相关专业及云计算技术与大数据相关课程的教材,同时适合云数据中心运维人员、云计算技术爱好者自学使用。

图书在版编目(CIP)数据

云计算数据中心运维管理/黄华,叶海主编. —北京:清华大学出版社,2021.4(2024.7重印)
(大数据系列丛书)
ISBN 978-7-302-57834-5

Ⅰ.①云… Ⅱ.①黄… ②叶… Ⅲ.①云计算-数据处理-教材 Ⅳ.①TP393.027 ②TP274

中国版本图书馆CIP数据核字(2021)第057255号

责任编辑:郭 赛
封面设计:常雪影
责任校对:徐俊伟
责任印制:宋 林

出版发行:清华大学出版社
网　　址:https://www.tup.com.cn,https://www.wqxuetang.com
地　　址:北京清华大学学研大厦A座　　**邮　　编**:100084
社 总 机:010-83470000　　**邮　　购**:010-62786544
投稿与读者服务:010-62776969,c-service@tup.tsinghua.edu.cn
质量反馈:010-62772015,zhiliang@tup.tsinghua.edu.cn
课件下载:https://www.tup.com.cn,010-83470236
印 装 者:三河市铭诚印务有限公司
经　　销:全国新华书店
开　　本:185mm×260mm　　**印　　张**:14.5　　**字　　数**:335千字
版　　次:2021年5月第1版　　**印　　次**:2024年7月第3次印刷
定　　价:48.00元

产品编号:090627-01

出版说明

随着互联网技术的高速发展，大数据逐渐成为一股热潮，业界对大数据的讨论已经达到前所未有的高峰，大数据技术逐渐在各行各业甚至人们的日常生活中得到广泛应用。与此同时，人们也进入了云计算时代，云计算正在快速发展，相关技术热点也呈现出百花齐放的局面。截至目前，我国大数据及云计算的服务能力已得到大幅提升。大数据及云计算技术将成为我国信息化的重要形态和建设网络强国的重要支撑。

我国大数据及云计算产业的技术应用尚处于探索和发展阶段，且由于人才培养和培训体系的相对滞后，大批相关产业的专业人才严重短缺，这将严重制约我国大数据及云计算产业的发展。

为了使大数据及云计算产业的发展能够更健康、更科学，校企合作中的“产、学、研、用”越来越凸显重要，校企合作共同“研”制出的学习载体或媒介（教材），更能使学生真正学有所获、学以致用，最终直接对接产业。以“产、学、研、用”一体化的思想和模式进行大数据教材的建设，以“理实结合、技术指导书本、理论指导产品”的方式打造大数据丛书，可以更好地为校企合作下应用型大数据及云计算人才培养模式的改革与实践做出贡献。

本套丛书均由具有丰富教学和科研实践经验的教师及大数据产业的一线工程师编写，丛书包括：《大数据技术基础应用教程》《数据采集技术》《数据清洗与 ETL 技术》《数据分析导论》《大数据可视化》《云计算数据中心运维管理》《数据挖掘与应用》《Hadoop 大数据开发技术》《大数据与智能学习》《大数据深度学习》等。

作为一套从高等教育和大数据产业的实际情况出发而编写出版的大数据校企合作教材，本套丛书可供培养应用型和技能型人才的高等学校大数据专业的学生所使用，也可供高等学校其他专业的学生及科技人员使用。

编委会主任

刘文清

编委会

前言

PREFACE

云计算技术的应用越来越广泛，目前软件即服务(SaaS)、平台即服务(PaaS)和基础设施即服务(IaaS)等云计算应用已非常成熟，云数据中心逐渐云化，云数据中心运维管理已成为云数据中心运维管理人员和云计算专业修读的核心课程之一。

本书是广东轩辕网络科技股份有限公司规划的云计算技术系列教材之一，目的是为培养云计算技术高端应用型人才。本书由清远职业技术学院具有丰富教育教学经验的团队编写，系统介绍国内外信息技术服务管理标准、云数据中心运维管理规范、云数据中心运维服务管理，详细介绍云数据中心软硬件资源操作管理和云数据中心自动化运维监控软件，对读者提出相应的实操要求并进行指导，具有较强的系统性、全面性和实操性。读者在学习本书的过程中，不仅可以快速完成基本技术的学习，而且能按工程化实践要求进行云计算数据中心运维的事件操作。

本书作者拥有多年的校园网数据中心运维经验，并有着丰富的高职高专教育教学经验，完成了多轮次、多类型的教育教学改革与研究工作。本书在编写过程中得到了广东轩辕网络科技股份有限公司资深工程师的悉心指导。

本书主要特点如下。

1. 具有系统性和逻辑性

本书首先介绍信息技术服务管理标准，其次介绍云数据中心运维管理规范，然后介绍云数据中心运维服务管理，具有很强的系统性和逻辑性。

2. 具有很强的实操性

本书详细介绍云数据中心软硬件资源操作管理，详细介绍 Zabbix 和 Zenoss 两大监控软件在云数据中心自动化运维中的使用，具有很强的实操性。

3. 内容充实、实用

本书的训练紧紧围绕着云数据中心运维服务标准规范、云数据中心资源管理和云数据中心自动化运维管理工具，内容较丰富、实用。

为方便读者使用，本书的课件、电子教案均免费赠送给读者。读者可登录清华大学出版社官方网站下载。

本书由黄华、叶海担任主编，凌康水、王斌、刘启良、郭锡泉担任副主编。由于编者水平有限，书中不妥或疏漏之处在所难免，殷切希望广大读者批评指正。同时，恳请读者一旦发现问题，请于百忙之中及时与编者联系，以便尽快解决，编者将不胜感激。

编　者

2021年1月

目录

CONTENTS

信息技术服务管理标准

学习目标

通过本章学习，能够让读者系统地理解国内外三大IT服务标准——信息技术基础架构库(ITIL)、国际信息技术服务管理标准(ISO/IEC 20000)和中国的信息技术服务标准(ITSS)的概念、体系和标准，有利于提高IT服务从业人员业务水平，有利于规范IT企业服务标准，指导企事业单位开展IT服务管理实践。

IT(Information Technology，信息技术)的飞速发展和广泛应用对许多人来说是始料未及的。大体来讲，信息技术的管理经历着从资源管理到系统管理再到服务管理的转变。最初，信息技术的管理者将IT看作纯粹的技术来管理，即资源管理；20世纪80—90年代，随着信息量的加大和管理决策的需求，IT管理重点放在了系统管理上，系统地集中管理信息，为决策管理、信息管理等提供便利。而现在及以后，IT管理高层要从企业的层面来优化IT服务，围绕服务的对象将IT的运行维护与企业业务联系起来，上升到IT服务管理的高度。为规范、指导信息技术服务标准和信息技术服务管理相关事宜，国内外出台了相关的体系标准。下面分别介绍信息技术基础架构库(ITIL)、国际信息技术服务管理标准(ISO/IEC 20000)和中国的信息技术服务标准(ITSS)。

1.1 IT服务管理最佳实践指南——ITIL

信息技术基础架构库(Information Technology Infrastructure Library，ITIL)由英国政府中央计算和电信管理局(Central Computing and Telecommunications Agency，CCTA)在20世纪80年代末制定，现由英国政府商务部办公室(Office of Government Commerce，OGC)负责管理，主要适用于IT服务管理(IT Service Management，ITSM)。ITIL为企业的IT服务管理实践提供了一个客观、严谨、可量化的标准和规范。

1.1.1 ITIL基本概念

1. ITIL发展

自20世纪80年代中期英国商务部提出信息技术基础架构库(ITIL)以来，ITIL作为

IT服务管理事实上的国际标准已经得到了全球几乎所有IT巨头的全力支持。IBM、惠普、微软、CA、BMC、ASG等著名跨国公司作为ITIL的积极倡导者,基于ITIL分别推出了实施IT服务管理的软件和实施方案。ITIL在欧洲、北美、大洋洲已得到广泛应用,全球1万多家在各行业处于领先地位的著名企业给我们带来了众多实施ITIL的成功案例。通过实施ITIL,大大改进了企业IT服务的质量,促进了IT与各行业的融合。

ITIL作为政府IT部门的最佳实践指南,问世后不久便被推广到英国的私营企业,然后传遍欧洲,随后开始在美国兴起。自1986年至今,ITIL经历了三个主要的版本。

Version1:1986—1999年ITIL v1版,主要是基于职能型的实践,开发了40多卷图书。

Version2:1999—2006年ITIL v2版,主要是基于流程型的实践,共有10本图书,包含7个体系:服务支持、服务提供、实施服务管理规划、应用管理、安全管理、基础架构管理及IT的业务前景。它已成为IT服务管理领域全球广泛认可的最佳实践框架。

Version3:2006—2007年基于服务生命周期的ITIL v3版整合了ITIL v1版和ITIL v2版的精华,并与时俱进地融入了IT服务管理领域当前的最佳实践。共有5本生命周期图书形成了ITIL v3版的核心,它主要强调ITIL最佳实践的执行支持,以及在改善过程中需要注意的细节。

2. ITIL基本特点

(1) 公共框架

ITIL由世界范围内的有关专家共同开发,可由世界上任何组织免费使用以及利用ITIL开展有关业务。

(2) 最佳实践框架

ITIL是根据实践而不是基于理论开发的。OGC收集和分析各种组织解决服务管理问题方面的信息,找出那些对本部门和在英国政府部门中的客户有益的做法,最后形成了ITIL。

(3) 事实上的国际标准

虽然ITIL当初只是为英国政府开发的,但是在20世纪90年代初期,它很快就在欧洲其他国家和地区流行。ITIL已经成为世界IT服务管理领域事实上的标准。

(4) 质量管理方法和标准

ITIL内含质量管理的思想。组织在运用ITIL提供的流程和实践进行内部的IT服务管理时,不仅可以提供用户满意的服务从而改善客户体验,还可以确保这个过程符合成本效益原则。

3. ITIL适用范围与价值

ITIL作为一个不附属于任何商业组织的独立标准,既适用于政府部门,又适用于包含零售、金融和制造等行业在内的多行业、各种规模的企业以及非营利性机构。

实施ITIL可以带来以下价值:确保IT流程支撑业务流程,整体上提高了业务运作的质量;通过事故管理流程、变更管理流程和服务台等提供更可靠的业务支持;客户对IT

有更合理的期望，并更加清楚为达到这些期望所需要付出的成本；提高了客户和业务人员的生产效率；提供更加及时有效的业务持续性服务；客户和IT服务提供者之间建立了更加融洽的工作关系；提高了客户满意度。

实施ITIL可以有助于最终进行完善的服务管理，使信息系统部门能够对发生在财务、销售、市场、制造等业务上的流程改变做出及时反应，确保IT对业务支持的精确性和前瞻性。

4. ITIL实施步骤

ITIL是一套IT服务管理的方法论，它来源于实践，是从众多企业在IT服务管理方面的优秀实践中提炼而来，具有一定的抽象性；在应用时不能生搬硬套，应根据企业的具体情况加以必要的调整和改进，并制定出一套行之有效的实施措施，才能让它焕发出应有的光彩。

要使ITIL能够更好地实施，建议按照以下几个步骤进行。

(1) 争取领导层的同意

ITIL的引入将会给企业带来巨大的变革，无论是对企业文化，还是原有的工作模式，甚至企业的组织结构都会带来变动，要在企业得到广泛认可和接受肯定需要一段过程。在初期，这种变革必定会带来质疑，甚至是抵触，有时这些抵制情绪或行为可能会严重阻碍ITIL的推行，带来的影响可能是致命的，这时领导的决断至关重要。所以，如能获得领导层的认可与支持，甚至是能让领导层亲自参与，对消除或缓解推行过程中的不利因素尤为重要，从而能保障ITIL的成功引入。

只要改变了IT部门传统的以技术为中心的运营模式，不再以技术为中心，而是以流程为中心，以服务为导向，必将会带来企业文化与运营模式的变革。

(2) 实施前充分铺垫

对于企业中的大部分员工来说，ITIL可能还是新生事物，对它的了解还不够具体和充分，所以在着手实施之前应做好充分的“铺垫”，即对ITIL进行宣传和介绍，让员工予以充分认知，明白ITIL是什么、能带来什么益处等，继而认可它。这样才能在实施和推广时获得员工的认可和支持，减少潜在的抵触因素。

(3) 递进式部署

ITIL的引入会改变员工原有的工作模式，如一次实施过多的流程、涉及过多的业务系统，员工会极不适应，容易引发抵触情绪，不但达不到预期的效果，反而会导致流程混乱，流程整合水平低下，员工怨声载道。

在确定引入ITIL时，首先应对企业的现状和愿景予以充分评估，找出现状与愿景间的差距，制定远景规划和目标。然后依据企业实际情况，将远景目标进行拆分，分成若干个阶段实现，循序渐进地部署。

(4) 结合实际设计流程

服务流程是ITIL的核心内容，服务流程设计的好坏，往往能对一个ITIL项目的成功与否起到关键作用。

ITIL虽是从众多企业最佳的IT服务管理方法中提炼而来的，但对于一个企业来说，符合自身需要、并能切实提升 IT 部门的运营效率和服务水平才是“最佳的”。其次，ITIL 中只列出了各个服务管理流程的“最佳”目标、活动、输入和输出，以及各个流程之间的关系；而如何具体实现这些功能，却没有具体说明，企业需要根据实际情况采取不同的方式。

(5) 建立考核机制

ITIL 是一整套方法论，核心是服务流程，而流程本身从某种意义上来说也是一种规范或制度。既然是规范或制度，就必定带有一定的约束和强制执行力。一定要建立相应的机制来保障 ITIL 的推行，最有效的方法就是建立考核指标进行考核，只有影响到员工切身利益时，才能更好地引导和推动 ITIL 的应用。

(6) 持续改进

ITIL 的实施不是一劳永逸的，要想让它落地生根，并结出果实，就必须持续性地对其进行改进，与实际需要保持吻合。由于业务系统自身技术的不断更新（ITIL 本身也在不断更新），以及部署结构和运营模式的调整，各服务流程会变得越来越不适应实际需要，这就必然需要持续对各服务流程进行优化，从而与实际保持一致。在流程设计之初应设置流程负责人，负责定期对涉及的各业务系统的不同层次的用户进行回访，广泛收集需求和建议，汇总分析，对各服务流程进行改进，确保流程的实用性和合理性。

(7) 后期使用成熟的软件

企业对 IT 系统的管理是通过 IT 管理软件实现的，因此，选择适当的软件对成功实现 ITIL 的目标至关重要。市场上的各大主流 IT 厂商都开发了相应的软件产品，并得到市场的验证。ITIL 的实现不一定完全依赖于工具，但工具的使用可实现流程运转的电子化和自动化，更能凸显流程运转的易控性和高效性，更能彰显 ITIL 所带来的好处。

5. ITIL 认证体系

ITIL 认证体系由国际上的四大权威机构联合运作，以保证这一证书的专业性、开放性、权威性、实用性等。四大权威机构如下。

① 国际信息科学考试协会(Examination Institute For Information Science，EXIN)：总部设在荷兰，向全球提供各种语言的 ITIL 考试。

② IT 服务管理论坛(IT Service Management Forum，ITSMF)：世界最大的 IT 服务管理用户组织，致力于发展和推动 IT 服务管理最佳实践标准及认证。ITSMF 是国际上唯一被认可的 IT 服务管理行业组织，在全世界设立了超过 16 个国家分会。

③ 英国政府商务部(OGC)：OGC 是 IT 服务管理领域事实上的国际标准 ITIL 的所有者，ITIL 的一切所有权都属于 OGC。OGC 专门负责 ITIL 课程体系的开发并不断更新，不断融合全球 IT 发展的最佳实践。OGC 提名和选定其他组织或专家进行编写 ITIL 课程内容，同时组织世界各地的有关专家对这些原稿进行评审以保证其质量。但 OGC 本身并不涉足 ITIL 的培训和认证。

④ 信息系统考试委员会(Information Systems Examination Board，ISEB)：总部设在英国，在英联邦国家具有很大的影响力，专门负责进行英文考试。

认证级别分为基础级别、管理级别和高级级别三个级别。基础级别适用于 IT 服务人员、IT 技术支持人员，要求掌握和理解 IT 服务管理基础知识；管理级别适用于 IT 流程经理、IT 流程管理者和 IT 流程专业人员，要求对 IT 服务管理的理解和应用；高级级别是 ITIL 认证的最高级别，适用于 IT 领导者、IT 经理和 IT 实施顾问，要求对 IT 服务管理的应用和分析。认证架构如图 1-1 所示。

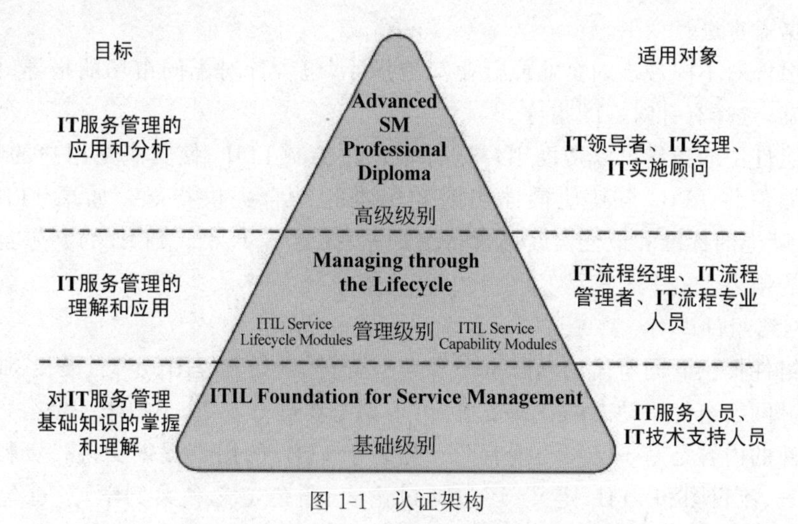

图 1-1 认证架构

1.1.2 ITIL v3 体系结构

1. ITIL v3 构成组件

ITIL v3 由核心组件、补充组件和网络组件三大组件组成，如图 1-2 所示。

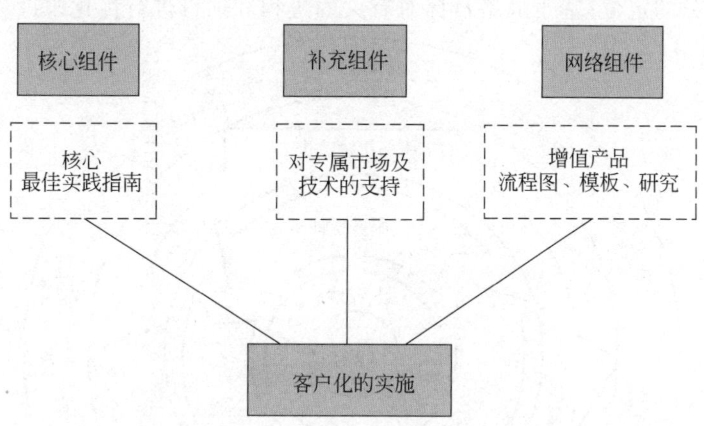

图 1-2 ITIL v3 组件构成

（1）核心组件

核心组件由服务战略、服务设计、服务转换、服务运营和服务持续改进五大流程组成。五大流程分别对应《服务战略》《服务设计》《服务转换》《服务运营》和《服务持续改进》5 本书，涵盖了 IT 服务的生命周期（从设计到退役），包括关键概念及相对稳定、通用化的最佳实践。

(2) 补充组件

补充组件包括不同情况、行业和环境的详细内容和目标。ITIL v3 新的特色是补充组件,该部分可指导在不同市场、技术或规范环境中的应用。补充组件将每年或每季度不定期地根据需求进行变更。

补充组件对不同规模的企业或行业实施指导,包含针对不同市场的指导。企业基于不同的基础,选择有针对性的指导。

补充组件中的指导可以帮助用户进行客户化定制 ITIL,使其满足用户的特定需求,并且也为如何将 ITIL 与其他最佳实践和标准相结合提供指导。如果 ITIL v3 能同 COBIT 及其他的标准和最佳实践结合得更加紧密,这将更易于 ITIL 的实施且可以带来更加成功的结果。

(3) 网络组件

网络组件提供共同所需的动态资源和典型资料,例如流程图、定义、模板、业务案例和实例学习。网络组件是动态的在线资源,可根据需要进行变更,类似于一个公司的网站。

该组件的内容是基于网络为现有的和热衷于 ITIL 的用户提供支持。资料方面样例包括词汇表、流程图和 ITIL 定义;还包括讨论表、角色定义和案例学习;也包含了一些 ITIL 表单、ITIL 中的变更顾问委员会会议日程安排等模板。

2. ITIL v3 服务生命周期

ITIL v3 的核心设施是基于服务生命周期的。服务生命周期框架如图 1-3 所示。服务战略是生命周期运转的轴心;服务设计、服务转换和服务运营是实施阶段;服务持续改进则在于对服务的定位,基于战略目标对有关的进程和项目进行优化改进。

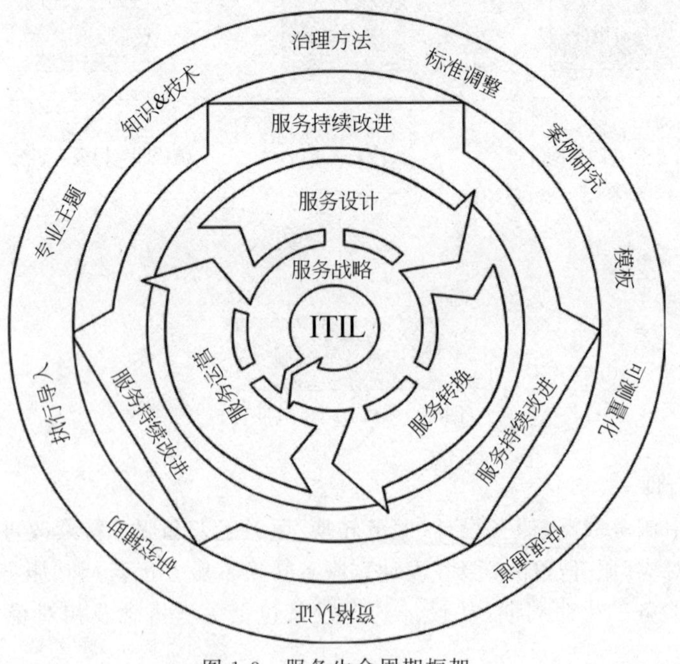

图 1-3　服务生命周期框架

ITIL v3 包含的各模块内容如下。

① 服务战略(Service Strategy):服务战略为组织从战略资产和组织能力两个角度在服务设计、开发和管理三方面提供指导。该部分内容提出了服务管理实践过程中整个服务生命周期的策略、指南和过程。服务战略是服务设计、服务转换、服务运营和服务持续改进的基础,它的主题包括市场开发、内部和外部的服务提供、服务资产、服务目录及整个服务生命周期过程中战略的实施。

② 服务设计(Service Design):服务设计描述了对服务及服务管理过程设计和开发的指导,它包括将战略目标转变成服务投资组合和服务资产的原则及方法。服务设计的范围不仅限于新的服务,还包括为保持和增加客户价值而实行服务生命周期过程中必要的变更和改进,以及服务的连续性、服务水平的满足、对标准和规则的遵从性。它指导组织如何设计及开发服务管理功能。

③ 服务转换(Service Transition):服务转换为如何将新的或变更的服务转换到运营过程中的有关功能的开发和改进提供指导。服务战略需求通过服务设计进行编码,而服务转换则是探讨如何将这种编码有效导入到服务运营的体系中,与此同时,还应控制失败的风险和服务的中断。

④ 服务运营(Service Operation):服务运营包含了在服务运营方面的实践,它对如何达到服务支持和交付的效果与效率,确保客户与服务供应商的价值提供指导,并最终通过服务运营实现战略目标。

⑤ 服务持续改进(Continual Service Improvement):服务持续改进为创造和保持客户价值提供更优化的服务设计、服务转换和服务运营指导。它结合了质量管理、变更管理和能力改进方面的原则、实践和方法。组织要具有在服务质量、运营效率和业务连续性方面的不断提高和改进意识。此外,它还为改进所取得的成就与服务战略、服务设计和服务转换之间如何建立关联提供指导,为基于戴明环(PDCA)形成计划性变更的闭环反馈系统的建立提供思路。

3. ITIL v3 主要流程

ITIL v3 的核心架构通过 PDCA 模型不断改进信息技术服务,从而保证 ITIL 的生命力。ITIL v3 涵盖了 IT 服务管理生命周期的 5 个阶段:服务战略、服务设计、服务转换、服务运营、服务持续改进。每个阶段有若干个流程,共 28 个主要流程,如表 1-1 所示。

表 1-1 ITIL v3 主要流程

IT 服务生命周期	流程名称	流程描述
服务战略	需要管理	通过分析客户的业务流程了解客户所需要的服务,从而有目的地进行服务战略规划及设计
	财务管理	对 IT 服务的财务进行管理,包括对 IT 服务资产的成本及 IT 服务所带来的收入进行管理,并且通过增加财务的透明度和可审计性强化 IT 服务的成本一效益管理

续表

IT 服务生命周期	流程名称	流程描述
服务战略	战略产生	基于市场情况进行服务的优劣分析，建立市场需求、成本效益、风险管理联动的 IT 服务战略规划机制，对向客户提供的 IT 服务进行决策
	服务投资组合管理	服务投资组合管理通过对需求、市场、财务及风险的分析，对所要开发的 IT 服务进行优先级排序，并基于成本—效益及风险进行有目的、有计划的投资
服务设计	服务级别管理	基于 IT 服务战略规划和投资组合优先级，建立 IT 服务目录，并对服务所需资源进行计划，对服务所需流程及其他服务要素进行设计
	服务目录管理	服务目录管理用于建立 IT 服务菜单，定义标准的 IT 服务，与之关联的服务内容以及所需的资源。服务目录可与标准服务级别进行关联，并建立与报价的关联。通过服务目录管理，使 IT 服务对外提供的信息准确、一致。服务变更时应对服务目录进行更新
	服务等级管理	对服务应达成的目标进行管理。该目标基于监管要求、客户要求及内部管理要求进行统一衡量，最终定义出能够平衡各方要求的服务等级
	容量管理	对 IT 服务所需资源的数量和能力进行管理，从而减少因资源数量和能力所导致的问题，并结合财务管理，可以对 IT 服务所需投入的资源及相关预算进行更为客观的规划
	可用性管理	通过对达成 IT 服务等级要求的风险进行评估和处理，最终达成服务级别要求
	连续性管理	在重大灾难情况下，尽量减少业务损失并恢复业务
	第三方管理	对 IT 服务所需的第三方关系进行管理，包括选择管理、日常管理、绩效评估管理
	信息安全管理	通过部署适当的安全控制措施，对 IT 服务中所涉及的关键信息资产的保密性、可用性和完整性进行管理
服务转换	知识管理	通过对 IT 服务过程中的数据、信息和总结进行收集和提炼，形成将来可支持 IT 服务管理的知识库
	资产及配置管理	资产及配置管理是 IT 服务管理的基本保证。通过对 IT 资产的价值、部署、利用率的管理，保证资产的价值；通过识别 IT 服务所需的服务组件，对这些服务组件的部署及其相互关系进行管理，以保证服务的稳定性
	变更管理	通过变更请求提交、审批和测试，对服务要素的变化进行管理，以确保 IT 服务的稳定性，或满足客户对 IT 服务的要求。变更管理不仅仅针对配置项的变化，还包括服务本身的变化，例如服务内容、服务级别等
	发布及部署管理	通过建构、测试，将服务要素部署至服务环境，提供服务设计所定义的服务能力，从而满足客户的服务需求和达成预期的服务目标

续表

IT服务生命周期	流程名称	流程描述
服务转换	转换计划及支持	对服务的上线进行计划，包括服务所需的容量和资源，服务目录的变更，服务的建构、发布、测试、部署；由相关部门向服务转换团队提供支持；上线风险评估和与其他相关方及其他服务的协调等
	服务确认与支持	对服务是否达成了预期目标进行确认。建立测试过程及进行测试，包括服务的可用性、服务能力、服务组件是否能够满足服务等级要求等，并对识别后的缺陷进行修复，以保证发布的服务达成预期目标
	评估	对服务的绩效进行评估，包括当前服务是否满足预期业务目标、是否达成预期的成本一效益，以及服务能力的满足情况。当服务绩效与目标之间存在偏差时，通过服务变更流程调整服务
服务运营	事件管理	IT服务过程中随机的中断或服务等级的降低被称为事件。事件管理通过对事件的响应、升级、处理活动，尽快使服务恢复并且最小化对业务的负面影响
	问题管理	问题管理是通过对事件根源的分析，试图通过消除事件发生的根源防止问题再次发生，或者将事件的影响最小化。或者当事件管理团队无法解决事故时，通过提交临时解决方案恢复服务，并在事后寻找解决方案
	故障管理	对在服务运行过程中所产生的可识别的、有可能导致服务将被影响的迹象的识别和分析，通过采取控制措施减少事故的发生频率或影响
	请求满足	满足客户所提出的服务请求的过程，包括对服务请求的收集、服务请求的财务方面的批准及最终服务请求的满足
	访问管理	访问控制通过与服务相关的用户身份、权限以及与此相关的申请、审批和注销的特权及流程的管理，提高IT服务过程中的信息安全水平
服务持续改进	服务绩效	通过与管理层进行IT服务目标的确定，保证IT服务与业务目标的一致性；通过将IT服务总体目标以预先确定的方式进行分解，将总体目标分解至各管理流程，最终通过对各流程绩效的管理达成总体IT服务绩效
	服务报告	对服务绩效、状态建立不同级别的汇报制度
	内部审核	通过建立内部审核机制，确保实际执行结果与IT服务管理体系合规
	服务改进	通过对IT服务管理体系中存在的体系和流程缺陷进行根源分析，识别改进和预防措施，从而持续改进IT服务管理体系

1.2 国际信息技术服务管理标准——ISO/IEC 20000

当前，全球的IT服务业正逐渐走向专业化和外包化。随着企业和政府组织的业务运作越来越依赖于IT，越来越多的组织考虑将其IT服务运营外包给专业的IT服务提供商或对内部的IT支持部门提出更明确的服务要求，以确保提高服务质量，降低服务成本，降低因IT服务中断所导致的业务风险。如何控制IT服务的整体风险(无论是内部还是外部)、提高IT整体服务水平是一个需要高度重视的问题，而ISO/IEC 20000就是解决这一问题的一个很好的指南。

1.2.1 ISO/IEC 20000标准基本概念

1. ISO/IEC 20000的发展

ISO/IEC 20000是第一个针对信息技术服务管理(IT Service Management)领域的国际标准，第一个版本在2005年12月15日发布。作为认证组织的IT运营和服务交付管理水平的国际标准，ISO 20000：2005具体规定了IT服务管理行业向企业及其客户有效地提供一体化的管理过程以及过程建立的相关要求，帮助识别和管理IT服务交付的关键过程，保证提供有效的IT服务以满足客户和业务的需求。2011年4月15日，国际标准化组织正式发布IT服务管理最新国际标准ISO/IEC 20000-1:2011。该标准由以下两部分组成。

第一部分，ISO 20000-1：2011"IT service management Part 1：Specification for service management"，这部分内容规范了IT服务过程包含的13个流程，是认证的依据。

第二部分，ISO 20000-2：2005"IT service management Part 2：Code of practice for service management"，这部分内容主要涉及IT服务管理过程的最佳实践指南，旨在为实施IT服务管理体系提供指导。

2. ISO/IEC 20000标准系列

在实践中，ISO/IEC 20000标准是一个系列，包括如下几个部分。

① ISO/IEC 20000-1：服务管理体系需求。

② ISO/IEC 20000-2：服务管理体系应用指南。

③ ISO/IEC 20000-3：ISO/IEC 20000-1范围定义和适用性指南。

④ ISO/IEC 20000-4：流程参考模型。

⑤ ISO/IEC 20000-5：实施计划模板。

⑥ ISO/IEC 20000-6：服务管理体系审核与认证机构要求。

⑦ ISO/IEC 20000-7：ISO/IEC 20000-1应用于云的指南。

⑧ ISO/IEC 20000-8：ISO/IEC 20000-1应用于小组织的指南。

⑨ ISO/IEC 20000-10：概念与术语。

⑩ ISO/IEC 20000-11：ISO/IEC 20000-1与ITIL关系指南。

3. ISO/IEC 20000价值

当前，在全球信息化快速发展的大背景下，IT业界也由当初的以技术为主导的粗放型规模扩张阶段，转向如今依靠科学管理实现效率提升和风险、成本控制的精细化管理阶段。伴随着企业IT规模的扩大和IT成熟度的提高，各类企业的成本管理、效率管理意识普遍增强。这时,向 IT 管理要效益,要求更高的 IT 服务水平、更强的运营管理能力迫在眉睫。

对 IT 内部运营组织来说,IT 部门在企业的生产、管理环节发挥着重要作用。例如在银行、电信、物流仓储以及其他生产型企业当中,IT 运营管理成为核心业务运作依托的根本手段,也成为企业成本控制和效率提升的关键部分。在这种情形下,提升组织内部的 IT 服务水平和建立基于流程的高效率运作机制,可以为企业业务部门提供性价比更高的 IT 服务支持,从而确保业务的高效运转,缩减运营成本,提高业务盈利能力。

对专业 IT 服务外包公司来说,IT 服务管理本身是企业核心价值的实现手段。在当前 IT 行业成熟度不断提升、第三产业服务业迅速发展的背景下,客户对 IT 服务提供商的要求也不断提高。IT 服务外包公司只有通过提升服务质量、建立现代 IT 服务管理运营体系和最大化客户价值,才能在市场竞争当中立于不败之地。

如上所述,无论是内部 IT 服务提供商,还是外部 IT 服务提供商,都需要成功导入先进的管理体制来提升 IT 运营效率和 IT 服务水平。ISO/IEC 20000 可以帮助企业实现以下目标。

① 建立、实施和推广服务管理流程,强化员工服务意识,规范服务行为。

② 规范服务输出质量,建立服务质量监测体系,为管理层提供管理信息。

③ 获取 IT 服务管理领域国际认可的专业认证,提升业内知名度。

④ 增强企业品牌和信誉,获得市场竞争优势。

⑤ 有利于全面提升客户总体的服务体验与满意度。

由此可见,ISO 20000 认证意味着认证组织机构达到了国际领先的 IT 服务管理水平,代表企业的服务管理基于 IT 服务管理的最佳实践。因此,获得 ISO 20000 认证是企业快速实现高质量 IT 服务、获得业界领先优势的捷径。

4. ISO/IEC 20000 适用范围

ISO/IEC 20000 的目标是为任何提供 IT 服务的企业提供一套通用的参考标准,无论其是为内部客户还是外部客户提供服务。由 ISO 20000 标准制定的目标来看,始终把提供 IT 服务的企业和部门作为认证主体。

ISO/IEC 20000 标准的制定者是来自各个行业的 IT 服务专家。同样,标准本身的服务对象也是各个行业的 IT 服务提供商。因此,凡是存在 IT 服务职能的机构、组织,不论它是为企业内部提供 IT 服务支持,还是为企业外部客户提供 IT 服务,都是 ISO/IEC 20000 认证标准的需求者,包括(但不限于)以下类别。

① 专业 IT 服务外包提供商。

② 专业 IT 系统集成商和软件开发商。

③ 企业内部 IT 服务提供商。

④ IT 运营支持部门。

1.2.2 ISO/IEC 20000 标准主要内容

1. ISO/IEC 20000 标准的管理体系

IEC 20000 标准的管理体系包括如下 3 个部分。

(1) 管理体系要求

管理体系要求包括有效管理和实施所有 IT 服务所需的方针和框架。

① 组织高层管理在信息技术服务方面的职能：最高/执行管理者应通过领导并采取措施,对其开发、实施并改进服务管理能力以开展组织业务并满足顾客要求的承诺提供证据。

② 信息技术服务管理体系文件化的要求：服务提供商应提供文件和记录,以确保服务管理的有效策划、运行和控制。

③ 在人员能力、意识和培训方面的要求：应评审管理人员的能力和培训需求,以确保他们能够有效履行自己的角色。

(2) 策划和实施服务管理

① 对服务管理进行策划：制订服务管理计划。

② 实施服务管理并交付服务：根据服务计划提供所承诺的服务。

③ 监视、测量和评价：对服务管理过程进行监视和测量。

④ 持续改进：要求服务提供商持续改进服务过程。

(3) 策划和实施新的或变更的服务

在成本和质量的约束条件下,确保管理并交付新服务或服务的变更。新的或服务变更的方案应考虑由服务交付和管理所导致的成本的、组织的、技术的和商业上的影响,服务提供商应根据策划的安排,在新的或变更的服务实施后报告所取得的效果。应通过变更管理过程进行计划的实施后评审,即将真实的效果与计划相比较。

2. ISO/IEC 20000 标准关键过程

ISO/IEC 20000 标准规定了 5 个关键服务管理过程及 13 个管理面,如图 1-4 所示。

(1) 服务交付过程

① 服务级别管理：定义、协商、记录并能管理服务等级,应通过所有相关方定期评审的方式来保持服务等级协议(SLA),以确保服务等级协议的更新和持续有效。

② 服务报告：为有效沟通和制定决策而及时编制的可靠的、准确的并达成一致的报告。每份服务报告应清晰阐明其标识、目的、目标读者以及数据来源,满足确定的需求和顾客要求。

③ 服务连续性和可用性管理：确保在所有情况下都可以实现向顾客承诺的服务连续性和可用性。应基于业务计划、服务等级协议和风险评估来确定可用性及服务连续性要求,包括访问权限、响应时间及系统组件端对端的可用性。

④ 信息技术服务的预算和核算：制定预算并解释服务成本。应制定详细的成本预算,以确保有效的财务控制和决策制定。服务提供商应依据预算来监视并报告成本情况,

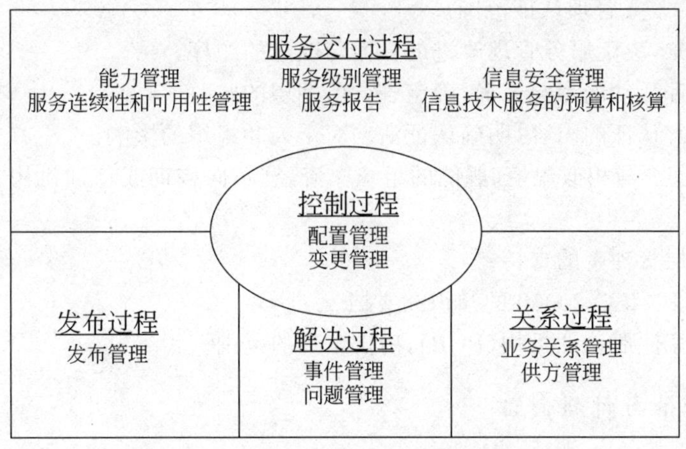

图 1-4 ISO/IEC 20000 服务管理关键过程

评审财务预算并相应地进行成本管理，计算服务变更的成本，并经过变更管理过程的批准。

⑤ 能力管理：确保服务提供商在任何时候都有足够的能力以满足与顾客约定的、顾客当前和未来的业务需求。

⑥ 信息安全管理：在所有服务活动中有效管理信息安全。经过适当授权的管理者应批准信息安全策略，传达给所有相关人员，并与顾客沟通。

(2) 关系过程

① 业务关系管理：基于对顾客及其业务驱动的了解，形成并保持服务提供商与顾客之间的良好关系。

② 供方管理：确保服务提供商提供高质量的无缝服务。

(3) 解决过程

① 事件管理：尽快恢复约定的业务服务，或响应服务要求。

② 问题管理：通过对事故的预先识别、分析、管理直至关闭，来最小化对业务的影响。

(4) 发布过程

发布管理：对服务交付、分发并追溯到服务过程中的一个或多个变更管理。

(5) 控制过程

① 配置管理：规定并控制服务和基础设施组件，并保持正确的配置信息。

② 变更管理：确保以一种受控的方式对变更进行评估、批准、实施和评审。

1.2.3 ISO/IEC 20000 实施步骤

ISO/IEC 20000 IT 服务管理体系的实施是一个复杂的过程，因此，掌握正确的步骤、方法是非常重要的。下面介绍 ISO/IEC 20000 实施六步法。

1. 准备

① 明确认证的意义。

② 确定 IT 服务管理认证范围。

③ 确立愿景，决定服务管理改进的方面与改进的顺序。

④ 明确认证活动的参与方面，确定各方所期望的收益。

⑤ 全面理解认证的内容，明确认证活动对个人和组织的影响。

⑥ 获取信息：与相似规模、职能的组织交流经验，向咨询或培训机构、相关论坛和行业用户咨询。

⑦ 获得高层管理者的支持。

⑧ 获得 ITIL、ISO 20000 的知识和文档。

⑨ 选定一家注册认证机构(RCB)，确认审计的范围。

2. 初步评估与计划制订

① 进行初步评估，掌握现状。

② 评估适应明确需要改进的方面，管理在认证过程中的风险。

③ 制订整体计划，获得相关方面的支持与承诺。

3. 体系建设

① 建立、管理服务改进计划(PDCA 环)。

② 根据 ISO 20000-1：《IT 服务管理规范》进行详细评估。

③ 借鉴 ISO 20000-2：《IT 服务实施准则》、ITIL 制订具体的改进计划。

④ 实施计划，定期检查。

4. 认证审计准备

① 若有必要，联系注册认证机构(RCB)进行“预审”(pre-audit)。

② 为正式的审计预定时间。

③ 与注册认证机构(RCB)充分交流以建立对审计范围、审计内容的共同理解。

④ 准备审计所需要的“证据”(evidence)，包括文档、记录等。

5. 认证审计

典型的认证审计包括以下内容。

① 协定参考标准和审计范围的条款。

② 离场对文档和流程的评估。

③ 现场对员工和流程的审计。

④ 审计结果的陈述。

⑤ 如果达到 ISO 20000 要求，将进行 ISO 20000 认证陈述，颁发证书。

6. 维护

① 认证的有效期为三年，所以每三年需要进行一次全面的认证审计。

② 每年都须由注册认证机构进行“监督审计”，以确保认证质量，确保服务管理的持

续改进，根据 ISO 20000 的要求，进行内部审计。

1.3 中国的信息技术服务标准——ITSS

ITSS(Information Technology Service Standards，信息技术服务标准)是一套成体系和综合配套的信息技术服务标准库，全面规范了 IT 服务产品及其组成要素，用于指导实施标准化和可信赖的 IT 服务。

1.3.1 信息技术服务基本概念

1. ITSS 相关术语

① 服务(Service)：为满足顾客的需要，供方和顾客之间接触的活动以及供方内部活动所产生的结果。包括供方为顾客提供人员劳务活动完成的结果；供方为顾客提供通过人员对实物付出劳务活动完成的结果；供方为顾客提供实物使用活动完成的结果。

② 信息技术(Information Technology)：用于管理和处理信息所采用的各种技术的总称，主要应用计算机科学和通信技术来设计、开发、安装和实施信息系统及应用软件。IT 也常被称为信息和通信技术，主要包括计算机技术、通信技术和传感技术。

③ 信息技术服务(Information Technology Service)：供方为需方提供如何开发、应用信息技术的服务，以及供方以信息技术为手段提供支持需方业务活动的服务。

④ 信息系统(Information System)：信息系统是由计算机硬件、网络和通信设备、计算机软件、信息资源、信息用户和规章制度组成的以处理信息流为目的的人机一体化系统。

⑤ 业务流程(Business Process)：业务流程是为达到特定的价值目标而由不同的人分别共同完成的一系列活动。活动之间不仅有严格的先后顺序限定，而且活动的内容、方式、责任等也都必须有明确的安排和界定，以使不同活动在不同角色之间进行流转成为可能。

⑥ 面向信息技术的服务(IT-Oriented Service)：以咨询培训、集成开发以及运行维护等方式，提供对信息系统的建设与支撑服务。

⑦ 信息技术驱动的服务(IT-Driven Service)：利用信息系统为需方的业务提供设施、平台、软件、信息等服务。

⑧ 信息系统集成服务(Information System Integration Service)：基于需方业务需求提供的信息系统设计服务、集成实施服务，以及为需方软硬件系统及业务正常运行提供的支持服务。

⑨ 集成实施服务(Integration Implementation Service)：通过结构化的综合布缆系统、计算机网络技术和软件技术，将各个分离的设备、功能和信息等集成到相互关联的、统一和协调的系统之中的服务。

⑩ 运行维护服务(Operation Maintenance Service)：采用信息技术手段及方法，依据需方提出的服务级别要求，对其所使用的信息系统运行环境、业务系统等提供的综合

服务。

⑪ 运营服务(Operation Service):根据需方的需求提供租用软件应用系统、业务支撑平台、信息系统基础设施等的部分或全部功能的服务。多数情况下,运行维护和运营是同时存在的两个活动,同一信息技术服务供方可同时提供运行维护服务和运营服务。

⑫ 信息技术服务管理(Information Technology Service Management,ITSM):为满足业务需求对信息技术服务进行的管理。

⑬ 信息技术治理(Information Technology Governance):专注于信息技术体系及其绩效和风险管理的一组治理规则,由领导关系、组织结构和过程组成,以确保信息技术能够支撑组织的战略目标。

⑭ 过程(Process):使用资源将输入转化为输出的任何一项或一组活动均可视为一个过程。

2. 信息技术服务

信息技术服务是随着信息技术的发展和信息技术在各行业的深入应用而产生的一种新兴的业态,是信息技术与服务的结合,其既具有传统服务的特征,又具有信息技术的独特特征。信息技术服务是"面向信息技术的服务和基于信息技术的服务等服务形态和模式的总和",如图 1-5 所示。

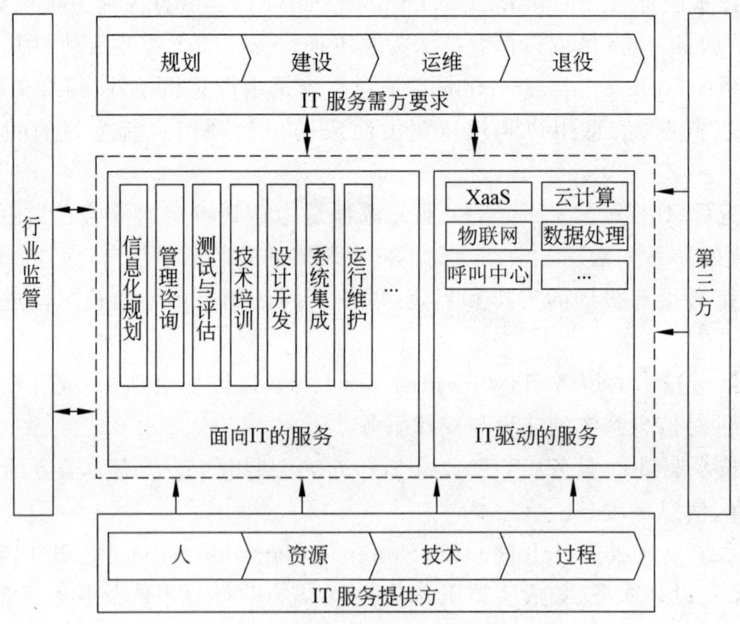

图 1-5 信息技术服务全景

信息技术服务分为面向 IT 的服务和 IT 驱动的服务两大类。

(1) 面向 IT 的服务

① 信息化规划:指在行业、区域或领域提出信息化建设方案,包括信息化远景、目标、战略和总体框架等,全面、系统地指导信息化建设,以满足其可持续发展需要的服务。

② 管理咨询：指协助需方提升和优化信息化管理活动的咨询服务，包括信息技术治理、信息技术服务管理、质量管理、信息安全管理、过程能力成熟度等。

③ 测试评估认证：供方(指具有相关资质的第三方测试评估认证机构)提供的对软件、硬件、网络、质量管理、能力成熟度评估、信息技术服务管理及信息安全管理等是否满足规定要求而进行的测试、评估和认证服务，包括软件、硬件、网络、信息安全等的测试认证服务以及质量管理、过程能力成熟度、信息技术服务管理、信息安全管理等评估和认证服务。

④ 技术培训：为开发、应用信息技术提供的培训服务，包括信息技术标准培训、信息技术应用培训、信息技术职业技能培训等服务。

⑤ 设计开发：指服务供方开展的集成电路研发设计及受委托向需方提供的软件设计开发等行为，含IC设计、软件设计、软件开发等。此类服务主要针对系统生存周期的开发和生产过程。

⑥ 信息系统设计：指基于需方实际业务需求提供的信息系统需求分析、体系结构设计、概要设计、详细设计以及实施方案、测试方案编制等服务。

⑦ 集成实施：通过结构化的综合布缆系统、计算机网络技术和软件技术，将各个分离的设备、功能和信息等集成到相互关联的、统一和协调的系统之中的服务，包括主机系统集成、存储系统集成、网络系统集成、智能建筑系统集成、安全防护系统集成、界面集成、数据集成、应用集成等。此类服务主要针对系统生存周期的开发、生产、使用、支持等阶段，也针对信息资源要素。

⑧ 运行维护：指为保障需方的信息系统正常运行而提供的技术支持和维护服务，包括基础环境运行维护、应用系统运行维护、桌面运行维护等。

(2) IT驱动的服务

① XssS：IaaS(基础设施即服务)、PaaS(平台即服务)、SaaS(软件即服务)和KaaS(知识即服务)的统称。

② 云计算：云计算服务是IT基础设施的交付和使用模式，指通过网络以按需、易扩展的方式获得所需的资源，它将计算任务分布在大量计算机构成的资源池上，使各种应用系统能够根据需要获取计算力、存储空间和信息服务。

③ 数据处理：向需方提供信息和数据的分析、整理、计算、存储等加工处理服务。

④ 呼叫中心：呼叫中心服务是充分利用现代通信与计算机技术，可以自动灵活地处理大量各种不同的电话呼入和呼出业务的服务。

⑤ 数字内容加工处理：数字内容加工处理服务是指包括数字动漫、游戏设计制作、地理信息加工处理等在内的将图片、文字、视频、音频等信息内容运用信息技术进行加工处理并整合应用的服务。

⑥ 存储服务：存储服务是指以在线、离线等方式提供的数据备份、容灾等服务，以及数据中心、存储中心或灾备中心提供的数据存储、数据备份、容灾等服务。

3. 信息技术服务核心要素

ITSS定义了IT服务由人员(People)、过程(Process)、技术(Technology)和资源

(Resource)四大关键要素组成(简称 PPTR),并对这些 IT 服务的组成要素进行标准化,如图 1-6 所示。另外,就 IT 服务而言,通常情况下是由具备匹配的知识、技能和经验的人员,合理运用资源,并通过规定流程向客户提供 IT 服务。

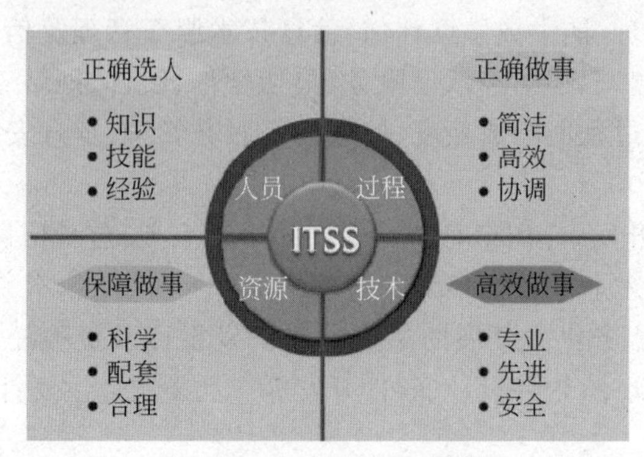

图 1-6　IT 服务组成要素

(1) 人员

人员是指 IT 服务生命周期中各类满足要求的人才的总称。ITSS 规定了提供 IT 服务的各类人员应具备的知识、技能和经验要求,目的是指导 IT 服务提供商根据岗位职责和管理要求“正确选人”。

一般而言,针对咨询设计、集成实施、运行维护和运营等典型的 IT 服务,所需要的人员包括项目经理(例如系统集成项目经理、IT 服务项目经理)、系统分析师、构架设计师、系统集成工程师、信息安全工程师、系统评测工程师、IT 服务工程师、服务定价师、客户经理和日常 IT 服务人员等,如图 1-7 所示。

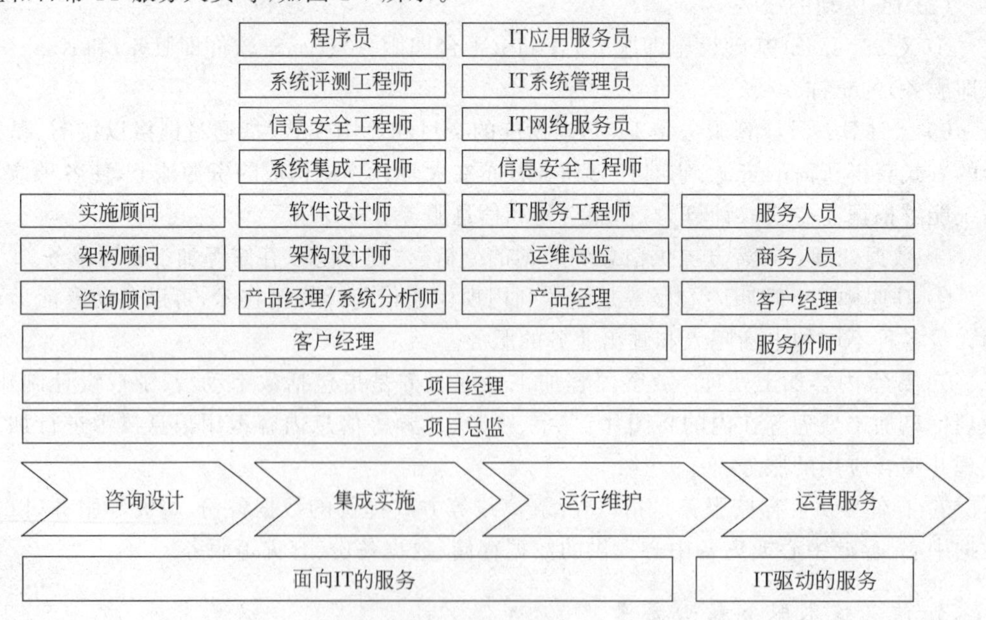

图 1-7　服务所需人员

人员要素所面临的挑战：针对IT服务人员，由于尚未形成统一的职业分类以及广泛认同的知识、技能和经验要求，使得IT服务提供商面临如下挑战。

① 人员知识、技能和经验评估难。

② 不同人员交付同一IT服务的质量不一致。

③ 人才流动率高，很难建设稳定的服务团队。

④ 人才招聘难，很难形成合理的人力资源池。

人员专业化的必要性如下。

① 有助于建立与业务发展相适应的人才队伍，保障业务连续性和稳定性。

② 有助于改进和完善人才培养模式，提高人才培养质量。

③ 有助于优化人力资源管理，提高管理效率和降低管理成本。

(2) 过程

过程是通过合理利用必要的资源，将输入转化为输出的一组相互关联和结构化的活动，是提高管理水平和确保服务质量的关键要素。ITSS根据咨询设计、集成实施、运行维护等各种类型的IT服务，规定了应建立的流程和各个流程应实现的关键绩效指标(KPI)，确保IT服务提供商能"正确做事"。通过按照ITSS要求建立简洁、高效和协调的流程，能有效地将人员、技术和资源要素连接起来，指导服务人员按规定的方式方法正确地做事。

过程作为IT服务的核心要素之一，主要由输入、输出、活动以及活动间的相互关系组成，有明确的目标，可重复和可度量。各类IT服务的典型过程如图1-8所示。

图1-8 各类IT服务的典型过程

过程要素所面临的挑战如下。

① 过程没有明确定义，完全按照操作人员的个人习惯执行。

② 过程定义不清晰，不具备按照过程管理思路执行的价值。

③ 过程定义太复杂，执行效率严重下降甚至影响业务运营。

④ 没有明确的过程目标，操作人员不清楚每一项活动应该做到什么。

⑤ 对过程没有监督，不清楚过程的稳定性。

⑥ 对过程没有考核，不能得到持续改进。

过程规范化的必要性如下。

① 确保过程可重复和可度量。

② 有效控制因未明确定义而引发的潜在风险。

③ 通过对过程进行评价和度量，可持续提升过程的效率。

④ 通过过程实现规范化管理，可持续提高 IT 服务质量。

⑤ 通过规范化的过程管理，提高效率，减少人员和成本的投入。

(3) 技术

技术是指交付满足质量要求的 IT 服务应使用的技术或应具备的技术能力，以及提供 IT 服务所必需的分析方法、架构和步骤。技术要素确保 IT 服务提供商能“高效做事”，是提高 IT 服务质量方面重点考虑的要素，主要通过自有核心技术的研发和非自有核心技术的学习借鉴，持续提升在提供 IT 服务过程中发现问题和解决问题的能力。

在提供 IT 服务过程中，可能面临各种问题、风险以及新技术和前沿技术应用所提出的新要求，服务供方应根据需方要求或技术发展趋势，具备发现和解决问题、风险控制、技术储备以及研发、应用新技术和前沿技术的能力。针对咨询设计、集成实施、运行维护等 IT 服务，常用的技术如图 1-9 所示。

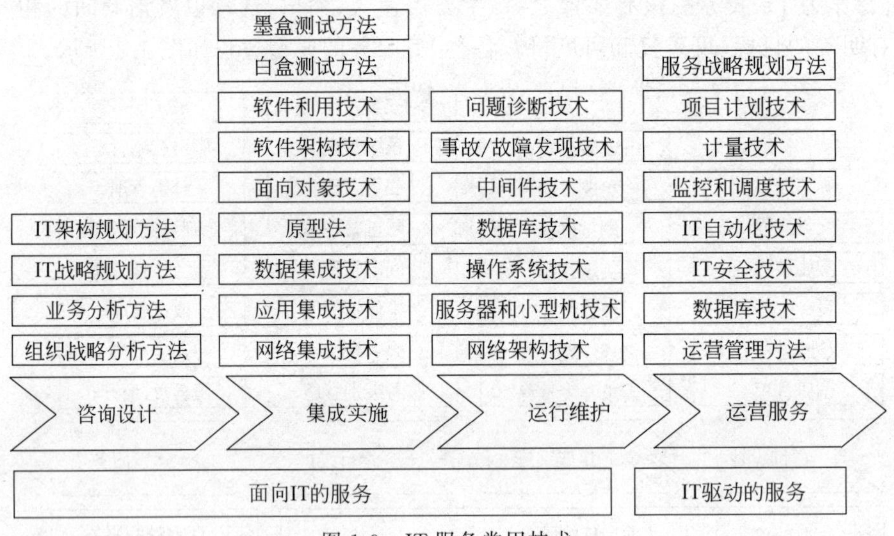

图 1-9 IT 服务常用技术

技术要素所面临的挑战如下。

① 为满足企业的目标和业务需求，组织对 IT 技术的依赖程度越来越高。

② 激烈的市场竞争，也使得组织对技术的要求越来越高。

③ 低成本、高效率的服务需求，对组织的技术研发和使用能力提出了更高的要求。

技术体系化的必要性如下。

① 提高 IT 服务质量，降低 IT 服务成本。

② 减少人员流失带来的损失。

③ 及时应用和推广成熟技术。

④ 做好新技术研发和储备。

⑤ 在提供 IT 服务中使用一致的技术标准。

(4) 资源

资源是指提供 IT 服务所依存和产生的有形及无形资产,如咨询服务供方为满足需方的需求,提供咨询服务所必须具备的知识、经验和工具等。资源要素要保障 IT 服务提供商能做事,主要由人员、过程和技术要素中被固化的成果和能力转化而成,同时又对人员、过程和技术要素提供有力的支撑和保障。

根据所提供的 IT 服务类型的不同,所需要的资源也不尽相同,但可以对其进行汇总。例如,咨询设计服务和运行维护服务所使用的资源包括知识库、工具库、专家库、备件库和服务台。常见的 IT 服务资源如图 1-10 所示。

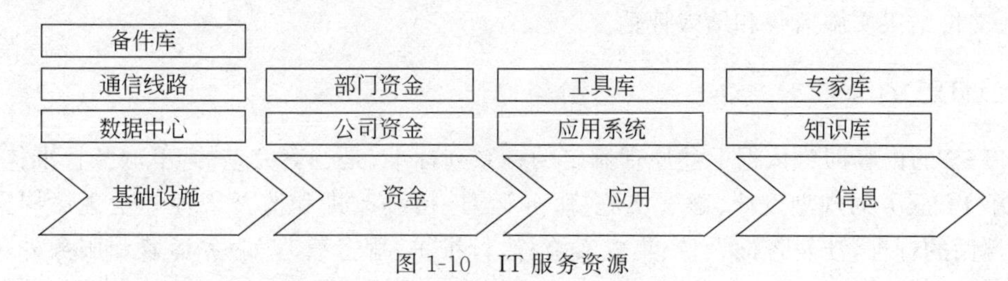

图 1-10 IT 服务资源

资源要素所面临的挑战如下。

① 忽略资源的价值,投入不够导致资源不足。

② 对资源的使用不重视,重复投资现象严重。

③ 缺乏利用资源的统一规划,资源的利用率不高。

④ 资源的更新不及时,与市场需求、技术研发脱节。

资源系统化的必要性如下。

① 统筹资源开发利用,确保与业务运营、技术研发协调一致。

② 确保提供满足质量和成本要求的 IT 服务。

③ 明确各类资源管理的要点,提高资源使用率。

④ 结合市场和业务发展需求,确保能及时更新资源,提高资源的使用率和使用质量。

1.3.2 ITSS 基本概念

1. ITSS 生命周期

IT 服务生命周期由规划设计(Planning & Design)、部署实施(Implementing)、服务运营(Operation)、持续改进(Improvement)和监督管理(Supervision)5 个阶段组成,简称 PIOIS。

① 规划设计:从客户业务战略出发,以需求为中心,参照 ITSS 对 IT 服务进行全面系统的战略规划和设计,为 IT 服务的部署实施做好准备,以确保提供满足客户需求的 IT

服务。在整个 IT 服务过程中，规划设计阶段处于 IT 服务生命周期的最前端。在这一阶段，IT 服务供方应确定业务战略，定义服务需求和目标，并根据业务需求制订符合组织战略的服务目录、策略、流程及文档，明确达成既定目标所需的资源和预算，同时还应明确风险的识别、评估和管理的方法以及对服务质量的管理、评价和改进方法。

② 部署实施：在规划设计基础上，依据 ITSS 建立管理体系，部署专用工具及服务解决方案。

③ 服务运营：根据服务部署情况，依据 ITSS，采用过程方法，全面管理基础设施、服务流程、人员和业务连续性，实现业务运营与 IT 服务运营融合。

④ 持续改进：根据服务运营的实际情况，定期评审 IT 服务满足业务运营的情况，以及 IT 服务本身存在的缺陷，提出改进策略和方案，并对 IT 服务进行重新规划设计和部署实施，以提高 IT 服务质量。

⑤ 监督管理：本阶段主要依据 ITSS 对 IT 服务质量进行评价，并对服务供方的服务过程、交付结果实施监督和绩效评估。

2. ITSS 内容

ITSS 的内容即为依据上述原理制定的一系列标准，是一套完整的 IT 服务标准体系，包含了 IT 服务的规划设计、部署实施、服务运营、持续改进和监督管理等全生命周期阶段应遵循的标准，涉及咨询设计、集成实施、运行维护、服务管理、服务运营和服务外包等业务领域。本书主要介绍与运维相关的运行维护和服务管理标准。

3. ITSS 适用对象

ITSS 既是一套成体系和综合配套的标准库，又是一套选择和提供 IT 服务的方法学。ITSS 适用行业主管部门、IT 服务需方、IT 服务供方、高校和科研院所及个人。

(1) 行业主管部门

用于培育内需市场，鼓励服务外包，规范和引导信息技术服务业的发展。

(2) IT 服务需方

用于实施标准化的 IT 服务，或选择合格的 IT 服务提供商。IT 服务需方包括以下部分。

① 中央及地方各级政府部门信息中心。

② 金融、电信、电力、石化等全国性或区域性行业企业的 IT 部门。

③ 全国范围内大中型企业的 IT 部门。

④ 其他有 IT 服务需求的组织。

(3) IT 服务供方

用于提供标准化的 IT 服务，提升服务质量，并确保服务可信赖。IT 服务供方包括以下企业。

① 以 IT 咨询为主营业务的企业。

② 以设计及开发为主营业务的企业。

③ 以信息系统集成为主营业务的企业。

④ 以数据处理和运营为主营业务的企业。

⑤ 其他提供 IT 服务的组织。

(4) 高校和科研院所

用于指导 IT 服务相关的理论研究、技术研发和学科设置。

(5) 个人

主要通过研究和学习 ITSS,全面理解和掌握 IT 服务相关的标准化和技术理论知识,以及实施 IT 服务的方法,从而提升个人技能。

4. 使用 ITSS 的收益

使用 ITSS 将带来以下潜在收益。

(1) IT 服务需方的收益。

① 提升 IT 服务质量:通过量化和监控最终用户满意度,IT 服务需方可以更好地控制和提升用户满意度,从而有助于全面提升服务质量。

② 优化 IT 服务成本:不可预测的支出往往导致服务成本频繁变动,同时也意味着难以持续控制并降低 IT 服务成本。使用 ITSS,将有助于量化服务成本,从而达到优化成本的目的。

③ 强化 IT 服务效能:通过 ITSS 实施标准化的 IT 服务,有助于更合理地分配和使用 IT 服务,让所采购的 IT 服务能够得到最充分、最合理的使用。

④ 降低 IT 服务风险:通过 ITSS 实施标准化的 IT 服务,也就意味着更稳定、更可靠的 IT 服务,降低业务中断风险,并可以有效避免被单一 IT 服务厂商绑定。

(2) IT 服务供方的收益

① 提升 IT 服务质量:IT 服务供需双方基于同一标准衡量 IT 服务质量,可使 IT 服务供方一方面通过 ITSS 来提升 IT 服务质量,另一方面可使提升的 IT 服务质量被 IT 服务需方认可,直接转换为经济效益。

② 优化 IT 服务成本:ITSS 使 IT 服务供方可以将多项 IT 服务成本从企业内成本转换成社会成本,比如初级 IT 服务工程师培养、客户 IT 服务教育等。这种转变一方面直接降低了 IT 服务供方的成本,另一方面为 IT 服务供方的业务快速发展提供了可能。

③ 强化 IT 服务效能:服务标准化是服务产品化的前提,服务产品化是服务产业化的前提。ITSS 让 IT 服务供方实现 IT 服务的规模化成为可能。

④ 降低 IT 服务风险:通过 ITSS 引入监理、服务质量评价等第三方服务,可降低 IT 服务项目实施风险;部分 IT 服务成本从企业内转换到企业外,可降低 IT 服务企业运营风险。

1.3.3 ITSS 标准体系

标准体系是标准化系统为了实现本系统的目标而必须具备一整套具有内在联系的、科学的、由标准组成的有机整体。标准体系是一个概念系统,是人为组织制定的标准而形成的人工系统。

1. ITSS 标准体系结构

标准体系结构是由标准加“序”形成的。形成标准体系的主要方式是层次和并列。层次是指一种方向性的等级顺序，彼此存在着制约关系和隶属关系。并列是指同一层次内各类或各标准之间存在的方式和秩序，标准体系通过并列方式列出各类和各项标准。

2. ITSS 体系框架

信息技术服务标准体系的提出主要从产业发展、服务管控、业务形态、实现方式和行业应用等 5 个方面考虑，分为基础标准、服务管控标准、业务标准、服务外包标准、服务安全标准和行业应用标准，体系框架如图 1-11 所示。标准内容叙述如下。

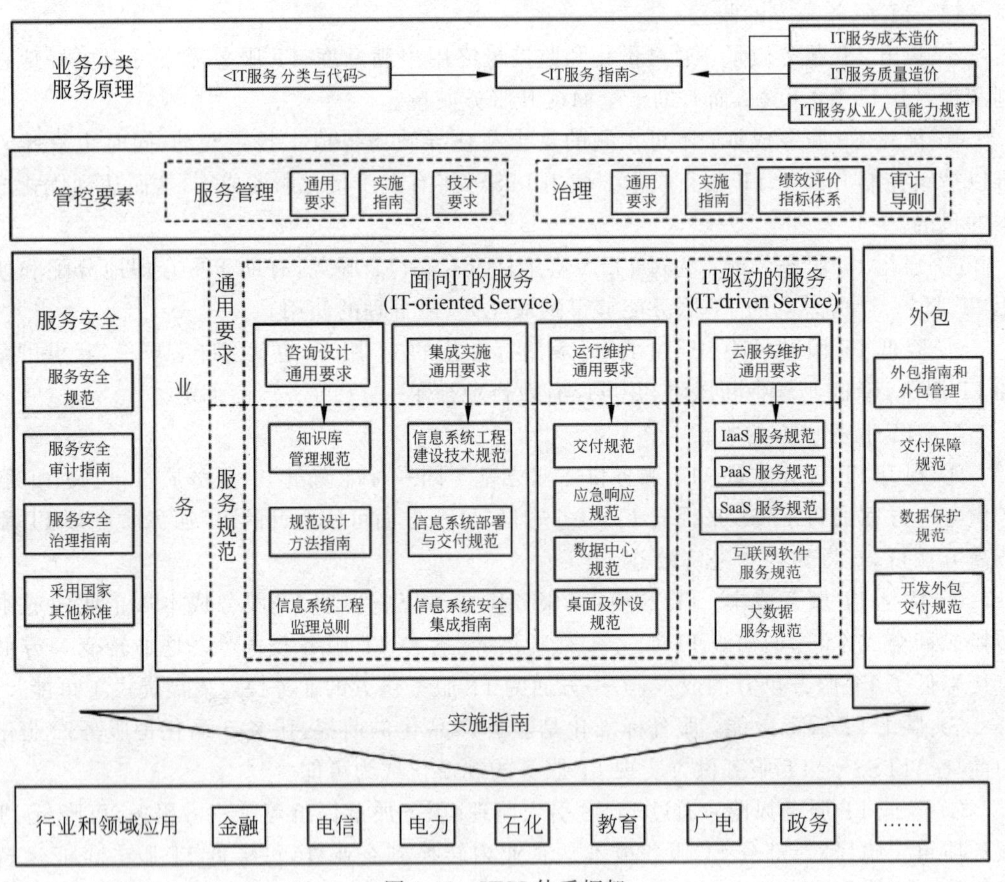

图 1-11　ITSS 体系框架

① 基础标准旨在阐述信息技术服务的业务分类和服务原理、服务质量评价方法、服务人员能力要求等。

② 服务管控标准是指通过对信息技术服务的治理、管理和监理活动，以确保信息技术服务经济、有效。

③ 业务标准按业务类型分为面向 IT 的服务标准（咨询设计标准、集成实施标准和运

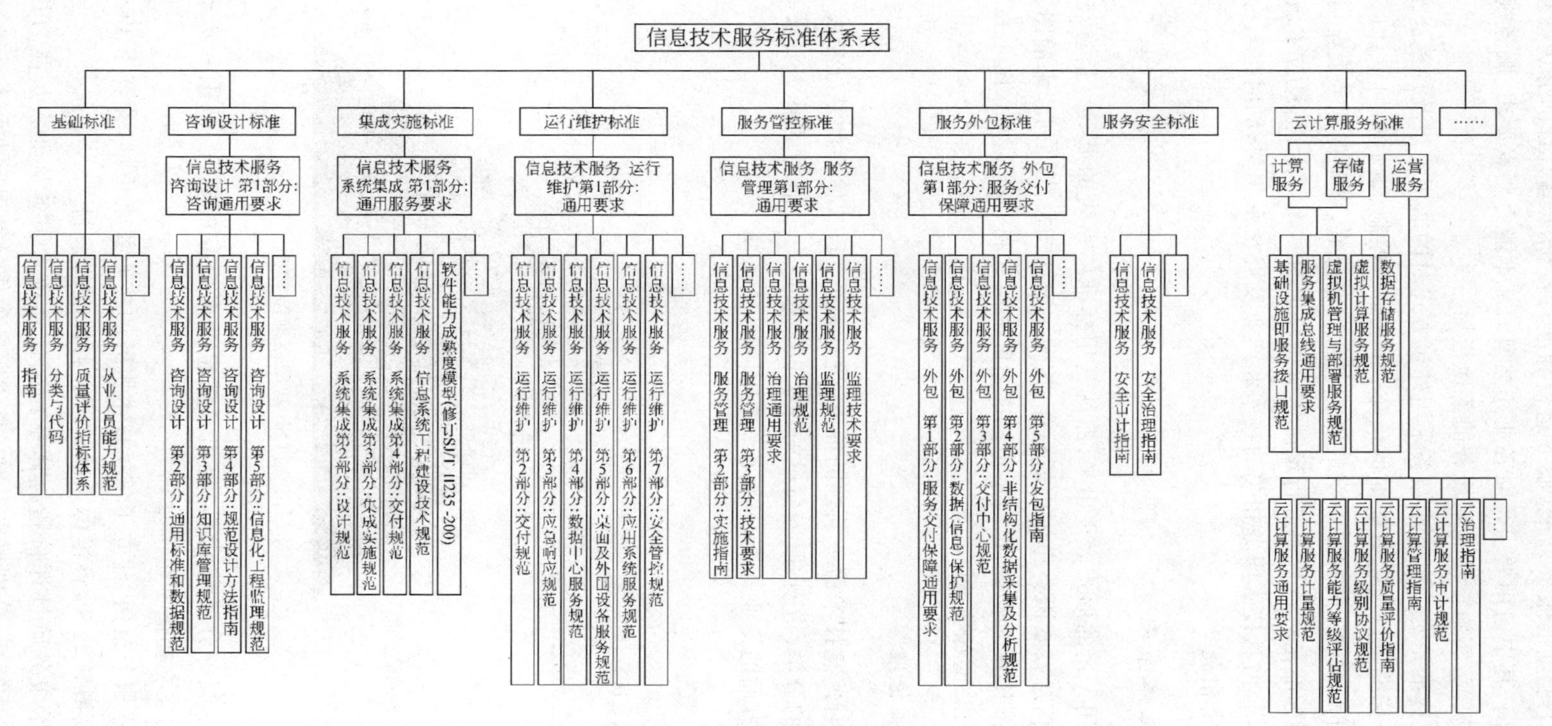

图 1-12 ITSS 标准体系表

行维护标准)和IT驱动的服务标准(服务运营标准);按标准编写目的分为通用要求、服务规范和实施指南,其中通用要求是对各业务类型的基本能力要素要求,服务规范是对服务内容和行为的规范,实施指南是对服务的落地指导。

④ 服务外包标准是对信息技术服务采用外包方式时的通用要求及规范。

⑤ 服务安全标准重点规定事前如何预防、事中如何控制、事后如何审计服务安全以及整个过程如何持续改进,并提出组织的服务安全治理规范,以确保服务安全可控。

⑥ 行业应用标准是对各行业进行定制化应用落地的实施指南;信息技术服务标准体系是动态发展的,与信息技术服务相关的技术和产业发展紧密相关,同时也与标准化工作的目标和定位紧密相关。

3. ITSS标准体系表

标准体系要用一定的形式表现出来,那就是用标准体系表的形式。信息技术服务标准体系表就是将信息技术服务范围内的标准,按照一定结构形式排列起来的图表,反映出信息技术服务标准体系的全貌,也表示出标准之间的层次和并列关系。图1-12是按照各专业领域划分的ITSS体系表。

4. ITSS基础标准

基础标准是对信息技术服务共性的抽象,也是整个ITSS体系的基础和根本,它提出了信息技术服务的分类、指南、服务质量的评价以及服务人员能力的基本要求等,本类标准适用于其他各方面的专业标准,其标准结构图如图1-13所示。

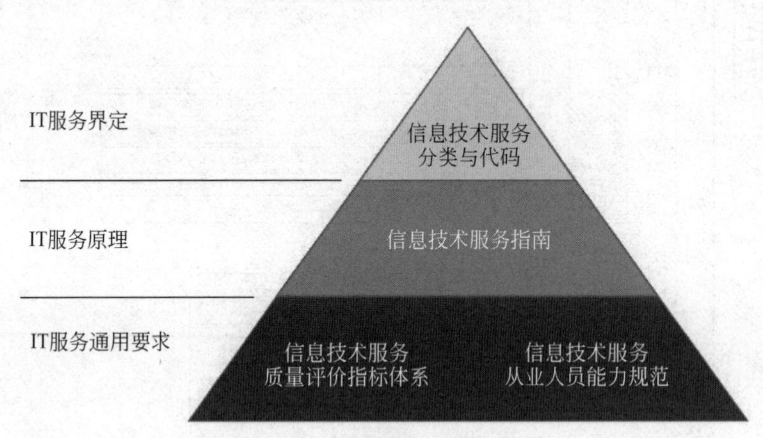

图1-13 ITSS基础标准结构图

①《信息技术服务分类与代码》提出了信息技术服务的定义、范围和活动类型,为ITSS标准体系的建立提供了范围基础。

②《信息技术服务指南》建立了信息技术服务的核心要素模型,诠释了ITSS的原理和本质特征,可以指导ITSS标准体系的建设和各标准的编制。

③《信息技术服务质量评价指标体系》及《信息技术服务从业人员能力规范》结合ITSS的原理和本质特征,分别提出了信息技术服务的质量管理要求及人员能力要求。

1.3.4 ITSS 信息系统运维标准

按照 GB/T 22032-2008 的规定，运行维护是信息系统全生命周期中的重要阶段，对系统主要提供维护和技术支持服务。运行维护服务的主要内容包括基础设施、硬件平台、基础软件、应用软件等 IT 基础设施，以及依赖于 IT 基础设施的数据中心、业务应用等信息系统，其范围可以是单个 IT 基础设施的运维，也可以是整体 IT 基础设施和业务应用的总体运维。运行维护服务交付内容主要包括咨询评估、例行操作、响应支持和优化改善。该领域拟制定的标准体系如图 1-14 所示。

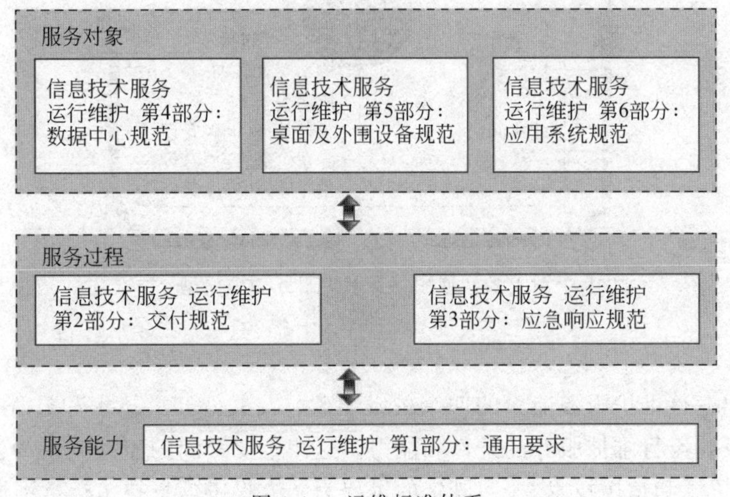

图 1-14 运维标准体系

《信息技术服务 运行维护 第 1 部分：通用要求》(简称：通用要求)是针对供方运行维护服务能力的基础要求；《信息技术服务 运行维护 第 2 部分：交付规范》(简称：交付规范)和《信息技术服务 运行维护 第 3 部分：应急响应规范》(简称：应急响应规范)是针对供方运行维护服务过程的规范要求；《信息技术服务 运行维护 第 4 部分：数据中心规范》(简称：数据中心规范)、《信息技术服务 运行维护 第 5 部分：桌面及外围设备规范》(简称：桌面及外围设备规范)和《信息技术服务 运行维护 第 6 部分：应用系统规范》(简称：应用系统规范)等是针对供方不同领域运行维护服务内容的规范要求。

主要运行维护专业标准介绍如下。

1. 通用要求

本标准为运行维护服务组织提供了一个运行维护服务能力模型，规定了运行维护服务组织在人员、资源、技术和过程方面应具备的条件和能力。

标准主要内容：运行维护服务是供方依据需方提出的服务级别要求，采用相关的方法、手段、技术、制度、过程和文档等，针对运行维护服务对象(应用系统、基础环境、网络平台、硬件平台、软件平台、数据等)提供的综合服务。为确保提供的运行维护服务符合与需方约定的质量要求，供方应具备实施运行维护服务的基本条件和能力。本标准提出了通用运维服务能力模型、关键要素、指标、管理原则等内容。通用运行维护服务能力模型如图 1-15 所示。

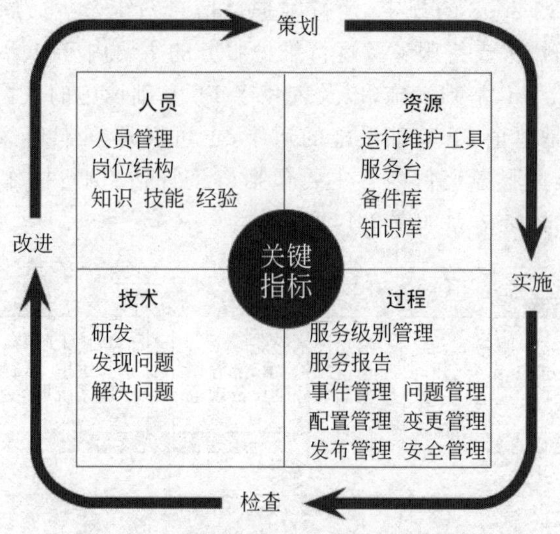

图 1-15　通用运行维护服务能力模型

（1）要素

模型给出运行维护服务能力的四个关键要素：人员、资源、技术和过程，每个要素通过关键指标反映运行维护服务的条件和能力。这四个要素间的相互关系为：在供方范围内，人员利用资源和运用技术，按照既定的过程为需方提供信息技术运行维护服务。

（2）关键指标

关键指标是运行维护服务所涉及的核心能力参数，在本部分中主要体现在人员、资源、技术、过程四个方面，并应用于供方的运行维护服务能力评价。

（3）管理原则

在运行维护服务提供过程中，供方通过策划、实施、检查和改进，实现运行维护服务能力的持续提升。

（4）适用范围

① 计划提供运行维护服务的组织建立运行维护服务能力体系。

② 运行维护服务供方评估自身条件和能力。

③ 要求供应链中所有运行维护服务供方具备一致的条件和能力的组织。

④ 运行维护服务需方评价和选择运行维护服务供方。

⑤ 第三方评价和认定运行维护服务组织能力。

2. 交付规范

本标准给出了运维服务供需双方从服务级别协议签署到结束的过程中，对交付管理的策划、实施、检查和改进方面提供的原则框架，以及对交付内容、交付方式、交付成果给出的指导建议。本标准除了为运维服务需方和供方提供参考依据外，还可以为运维服务质量的评估、审计人员提供指南。

标准主要内容：供方根据对服务级别协议需求的理解，通过交付过程的策划、实施、检查和改进4个关键环节的管理，以现场或远程交付方式为手段，向需方提供满足服务级别协议的交付内容和交付成果。

运行维护服务交付规范的框架如图1-16所示。

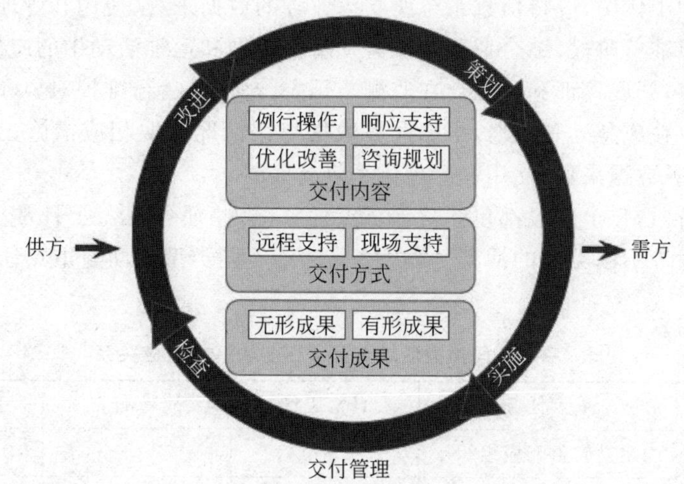

图1-16 运行维护服务交付规范的框架

① 交付管理：供需双方通过对服务交付的策划、实施、检查和改进以保障服务级别协议的达成。

② 交付内容：供方根据服务级别协议要求，向需方提供的例行操作服务、响应支持服务、优化改善服务和咨询规划服务。

③ 交付方式：供方根据服务级别协议要求，采用现场支持和远程支持的方式向需方提供服务。

④ 交付成果：供方根据服务级别协议要求，向需方提供的无形和有形的交付成果。

本标准适用于服务需方和供方对运行维护服务交付标准达成一致，为需方和供方提供运行维护服务交付的最佳实践和质量评估依据。

3. 应急响应规范

本标准规定了应急响应的基本过程和管理方法，包括应急准备、监测与预警、应急处置和总结改进等内容。

应急响应各阶段的工作内容如下。

① 应急准备阶段的工作组建应急响应组织，确定应急响应制度，系统性识别运行维护服务对象及运行维护活动中可能出现的风险，定义应急事件级别，制定预案，开展培训和演练。

② 监测与预警阶段的工作包括进行日常监测，及时发现应急事件并有效预警，进行核实和评估，以规定的策略和程序启动预案，并保持对应急事件的跟踪。

③ 应急处置阶段的工作包括采取必要的应急调度手段，基于预案开展故障排查与诊断，对故障进行有效、快速的处理与恢复，及时通报应急事件，提供持续性服务保障，进行结果评价，关闭事件。

④ 总结改进阶段的工作包括：对应急事件发生原因、处理过程和结果进行总结分析，持续改进应急工作，完善信息系统。

在应急管理工作中，应将信息系统所支撑业务的数据采集、使用和管理纳入应急响应过程中。在应急准备阶段，结合业务领域突发事件级别和运维活动中的应急事件级别，制定总体应急预案，开展培训和演练。在监测与预警阶段，从运行维护对象和数据两个角度开展监测预警。在应急处置阶段，根据业务数据变化情况采取相应措施。在总结改进阶段，也应该对业务数据采集、使用和管理体系进行完善。

上述四个阶段，每个阶段都包括若干重点任务，这些任务覆盖了日常工作、故障响应和重点时段保障等不同类型的活动。表 1-2 描述了不同类型活动与重点任务的基本对应关系。

表 1-2　不同类型活动与重点任务的基本对应关系

主要阶段	重点任务	日常工作	故障响应	重点时段保障
应急准备	建立应急响应组织	☐		
	制定应急响应方针	☐		
	风险评估与改进	☐		
	划分应急事件级别	☐		
	预案制定	☐		☐
	培训与演练	☐		☐
监测与预警	日常监测与预警	☐	☐	☐
	核实与评估		☐	☐
	预案启动		☐	☐
应急处置	应急调度		☐	☐
	排查与诊断		☐	
	处理与恢复		☐	
	事件升级		☐	☐
	持续服务		☐	☐
	事件关闭		☐	☐
总结改进	应急事件总结		☐	☐
	应急体系的保持		☐	☐
	应急工作的改进	☐	☐	☐

本标准适用于以下工作。

① 指导在经济建设、社会管理、公共服务以及生产经营等领域重要信息系统运行维护服务中的应急响应实施和管理。

② 组织为满足应急响应实施需要而开展的信息系统完善和升级改造工作。

4. 数据中心规范

本标准通过例行操作、响应支持、优化改善、咨询评估四种服务类型对数据中心运维对象提供服务，以保证数据中心连续、稳定、高效及安全的运行。

标准主要内容：本标准定义了数据中心运维服务对象与服务类型、运维服务策略、运维服务内容及服务报告，为数据中心运维服务提供标准支撑，服务对象与类型的关系如图 1-17 所示。

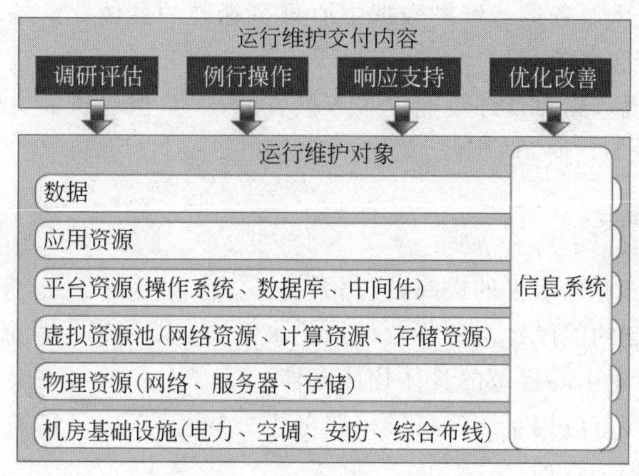

图 1-17 数据中心规范关系

① 服务对象：根据数据中心的特点，数据中心的服务对象分为机房基础设施、网络及网络设备、服务器及存储、软件、数据 5 类。

② 交付内容：包括例行操作、响应支持、优化改善和咨询评估四类服务作业过程。

③ 运维服务基本目标。本标准定义的运维服务基本目标包括以下 4 方面。

及时：供方应采取适当的手段确保提供满足 SLA 时间指标要求的运维服务。

规范：供方应建立适当的服务管理过程、服务活动指导文件或实施规则，以保证服务过程的规范运作。

安全：服务的供、需双方应采取各种安全手段或措施，有效控制数据中心运维服务的各个环节，保护数据中心运维服务中的物理安全、网络安全、系统安全、应用安全和数据安全。

可用：供方应采取适当措施，确保按服务协议提供长期、持续的优质服务，保持服务对象符合 SLA 的可用性要求。

④ 运维服务内容。本标准定义的运维服务内容包括机房基础设施、网络及网络设备、服务器及存储、数据库、中间件、数据、应用软件。

⑤ 基本活动包括例行操作、响应支持、优化改善和咨询评估。例行操作包括监控、预防性检查、常规作业；响应支持包括事件驱动响应、服务请求响应；优化改善包括适应性改

进、增强型改进、预防性改进；咨询评估包括诸如包含空调、供配电设备等的建议。

⑥ 运维服务报告。运维服务实施中，供方应按要求进行服务报告编制、提交。服务报告通常分为常规报告、事件报告和专题报告三类。

本标准适用范围如下。

① 供方设计和交付数据中心运行维护服务产品。

② 供方或需方设计和开发数据中心运行维护系统。

③ 需方管理供方的数据中心运行维护服务交付内容。

5. 桌面及外围设备服务规范

本标准规定了桌面及外设运维服务的对象和类型、服务策略、服务内容和服务交付成果等要求，是信息技术服务运行维护数据中心规范标准的具体化。描述了桌面及外设的服务策略、服务内容和服务交付。

本标准适用于规范桌面及外设运维服务供方的行为，也可供需方参考进行需求规划和成本计量。

6. 应用系统规范

随着国民经济信息化水平的提高，应用系统已深入到各行各业，应用系统运维标准和使用人员水平成为制约国民经济各行业信息化水平的重要因素。本标准对应用系统规范做出了要求，是对数据中心规范的具体化或延伸。

本标准适用于规范应用系统运行维护服务供方的行为，也可供需方参考进行应用系统运行维护服务规划和管理。

【本章小结】

本章系统介绍了三大IT服务运维规范标准，包括：IT运维管理最佳实践指南——信息技术基础架构库（ITIL）基本概念，ITIL v3体系结构；国际信息技术服务管理标准（ISO/IEC 20000）基本概念、主要内容和实施步骤；中国的信息技术服务标准（ITSS）基本概念、标准体系和运维标准。

云数据中心运维管理规范

学习目标

通过本章学习，能让读者了解数据中心的定义、等级与分类和业务发展；理解云计算服务、云计算数据中心特点及构成；掌握云计算数据中心运维管理框架及规范，提高云计算数据中心运维管理水平。

近几年随着IT技术的发展，尤其是虚拟化和云计算技术的日渐成熟与广泛应用，传统的数据中心已远远不能满足新的业务发展需求，存在着资源利用率低下、电能消耗过高、物理空间不能满足业务扩展的需求、服务质量低下等问题，无法适应当今绿色IT、节能减排、低碳智能、先进管理、降低运维成本和投资成本等新型数据中心要求。所以越来越多的企业CIO主管更多地希望通过虚拟化和云计算技术，实现数据中心改造，以满足当前激烈竞争环境下快速占领市场，使企业立于不败之地。通过自动化的管理方式和虚拟化的资源整合方式，结合新的能源管理技术，解决数据中心日益突出的管理复杂、能耗严重、成本增加及信息安全等方面的挑战，实现高效、节能、环保、易管理的数据中心。

虚拟化及云计算技术应用于数据中心并不是传统的数据中心的复制，而是一种全新的IT服务提供模式，通过提供简单的用户接口实现自动化部署IT资源；能够提供足够的按需可扩展的计算容量和能力；通过虚拟化技术实现全新的应用服务。

2.1 数据中心

数据中心(Data Center)是信息系统的中心，通过网络向企业或公众提供信息服务。具体来说，数据中心是在一幢建筑物内，以特定的业务应用中的各类数据为核心，依托IT技术，按照统一的标准，建立数据处理、存储、传输、综合分析的一体化数据信息管理体系。信息系统为企业带来了业务流程的标准化和运营效率的提升，数据中心则为信息系统提供稳定、可靠的基础设施和运行环境，并保证可以方便地维护和管理信息系统。

一个完整的数据中心在其建筑之中，由支撑系统、计算设备和业务信息系统这三个逻辑部分组成。支撑系统主要包括建筑、电力设备、环境调节设备、照明设备和监控设备，这些系统是保证上层计算机设备正常、安全运转的必要条件。计算设备主要包括服务器、存储设备、网络设备、通信设备等，这些设施支撑着上层的业务信息系统。业务信息系统是为企业或公众提供特定信息服务的软件系统,信息服务的质量依赖于底层支撑系统和计算机设备的服务能力。只有整体统筹兼顾,才能保证数据中心的良好运行,为用户提供高质量、可信赖的服务。

数据中心经过十几年时间的建设与发展,目前已经深入到各个大中型企业的内部,基本上每个大中型企业都已经建立了自己的数据中心。常见的数据中心逻辑拓扑如图 2-1 所示。

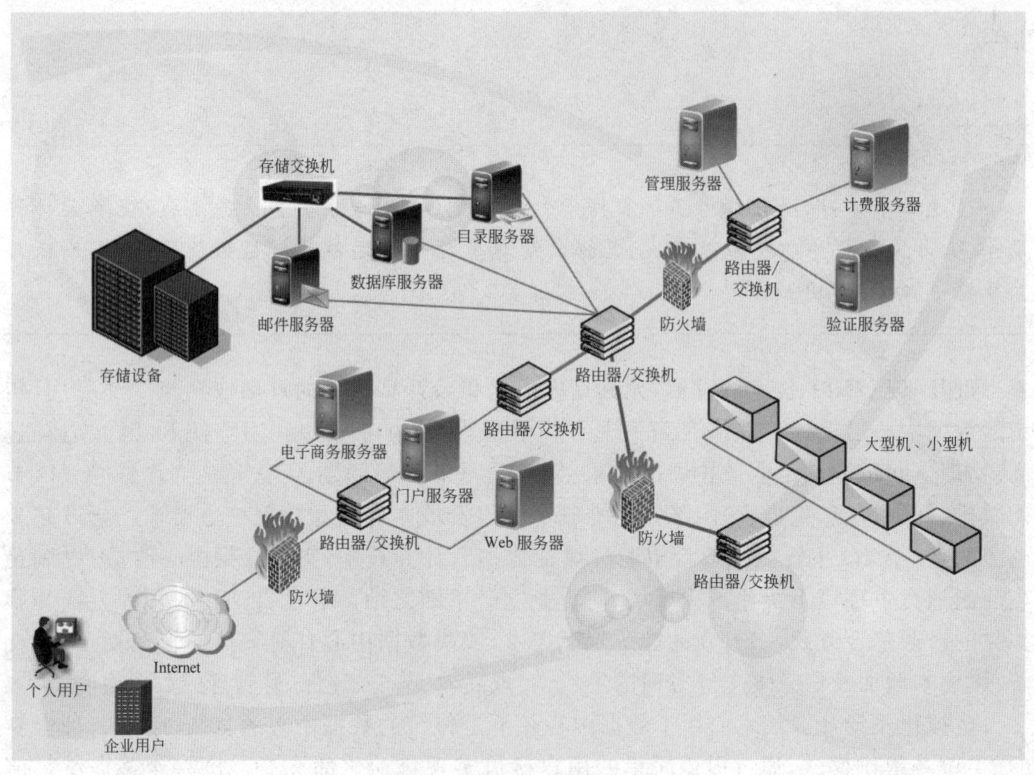

图 2-1 数据中心逻辑拓扑

数据中心包含了支撑业务系统运行的基础设施,为其提供的业务系统提供集中运营环境,并具有一套完整的运行、维护体系,以保证业务系统高效、稳定、持续运行。

2.1.1 数据中心定义

维基百科给出的定义是"数据中心是一整套复杂的设施。它不仅仅包括计算机系统和其他与之配套的设备(例如数据中心通信和存储系统),还包含冗余的数据通信连接、环境控制设备、监控设备以及各种安全装置"。Google 谷歌在其发布的《The Datacenter as a Computer》一书中,将数据中心解释为"多功能的建筑物,能容纳多个服务器以及通信设备。这些设备被放置在一起是因为它们具有相同的对环境的要求以及物理安全上的需求,并且这样放置便于维护",而"并不仅仅是一些服务器的集合"。中国国家信息技术服务标准工作组(IT Service Standards,ITSS)制定的《信息技术服务 运行维护 第 4 部分:数据中心规范》中将数据中心定义为以信息技术为支撑,实现应用集中处理和数据集中存放，提供数据的构建、交换、集成、共享等信息服务的基础环境。

数据中心涉及范围很广，包含土建、电气、消防、网络、运营等系统，从IDC的逻辑功能上来划分，IDC可分为物理层、网络层、资源层、业务层、运维管理层5大逻辑功能模块，数据中心总体构架如图2-2所示。

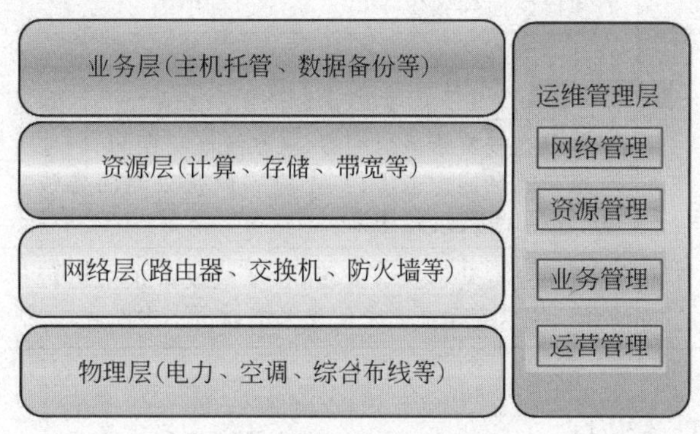

图2-2 数据中心总体构架

2.1.2 数据中心等级与分类

1. 按服务对象分类

① 企业数据中心：企业数据中心指由企业或机构构建并所有，服务于企业或机构自身业务的数据中心，它为企业、客户及合作伙伴提供数据处理、数据访问等信息服务。

② 互联网数据中心：互联网数据中心由服务提供商所有，通过互联网向客户提供有偿信息服务。相对于企业数据中心来讲，互联网数据中心的服务对象更广，规模更大，设备与管理更为专业。

2. 按数据中心服务级别分类

① 单级数据中心：即指企业或机构以大集中方式进行数据中心建设，整个企业或机构只设立一个数据中心。

② 多级数据中心：企业或机构以多层次、分布式建设的数据中心是多级数据中心，总部级称为一级数据中心，直接下级单位为二级数据中心，再下级单位为三级数据中心，以此类推。目前，企业(机构)数据中心部署以单级和两级数据中心为主。

3. 按安全等级分类

① GB 50174-2008《电子信息系统机房设计规范》：将机房划分为A、B、C三个等级。

② TIA-942《数据中心电信基础设施标准》：由美国电信产业协会和TIA技术工程委员会(TR42)编写、美国国家标准学会(ANSI)于2005年批准颁布，根据数据中心基础设施的实用性和安全性的不同要求，该标准把数据中心分为Tier1、Tier2、Tier3、Tier4四个等级。数据中心安全等级分类如表2-1所示。

表 2-1 数据中心安全等级分类

GB 50174-2008	TIA-942	性能要求	系统配置
A 级	Tier4	场地设施按容错系统配置，在系统运行期间，场地设施不应因操作失误、设备故障、外电源中断、维护和检修而导致电子信息系统运行中断	$2N$，$2(N+1)$ 双系统同时运行
	Tier3	同时维护	$(N+1)+1$ “双系统”一用一备
B 级	Tier2	场地设施按容错系统配置，在系统运行期间，场地设施在冗余能力范围内，不应因设备故障而导致电子信息系统运行中断	$N+X$ 单系统冗余配置
C 级	Tier1	场地设施按基本要求配置，在场地设备正常运行的情况下，应保证电子信息系统运行不中断	N 单系统没有冗余

2.1.3 数据中心业务发展

数据中心的发展可以粗略划分为三个阶段。每一阶段服务形态有所不同，但都体现在基础设施的特性上。

第一阶段主要是场地、电源、网络线路、通信设备等基础电信资源和设施的托管和线路维护服务，多由电信企业提供，客户包括行业、大型企业等。这个阶段被广泛称为外包业务。

第二阶段是 20 世纪 90 年代中互联网的高速发展带动了网站数量的激增之后，各种互联网设备如服务器、主机、出口带宽等设备和资源的集中放置和维护需求提高，主机托管、网站托管是主要业务类型，这个阶段互联网数据中心（IDC）被广泛认可，IDC 企业围绕主机托管服务也提供包括数据存储管理、安全管理、网络互连、出口带宽的网络选择等服务，IDC 成为企业 IT 基础设施的核心。

第三阶段的数据中心概念被扩展，大型化、虚拟化、综合化数据中心服务是主要特征，尤其是云计算技术引入后，数据中心突破了原有的场地出租、线路带宽共享、主机托管维护、应用托管等服务，更注重数据的存储和计算能力的虚拟化、设备维护管理的综合化。新型数据中心采用高性能基础架构，实现资源按需提供服务，并通过规模运营降低能耗。云计算数据中心本质上还是在数据中心的物理基础设施上，采用虚拟化、云计算技术，提供传统的数据中心业务和各种新型网络应用服务。

当前数据中心处于从第二阶段向第三阶段的转型期，传统电信企业和 IDC 企业基于数据中心进行升级。阿里、Google、亚马逊等多家领先互联网企业均建立了云计算数据中心。

2.2 云计算数据中心

云计算数据中心是支撑云服务、实现用户转变到客户的数据中心，是一系列新技术集中应用和面向业务服务运营管理的集中体现。云计算数据中心采用虚拟化、自动化、并行计算、安全策略以及能源管理等新技术,解决目前数据中心存在的成本增加过快和能源消耗过度等问题;通过标准化、模块化、动态弹性部署和自助服务的架构方式实现对业务服务的敏捷响应和服务的按需获取。

2.2.1 云计算服务

云计算服务是云计算中心的外在实现,主要包括基础设施即服务(IaaS),平台即服务(PaaS)和软件即服务(SaaS)。其特点是无须前期投资、按需租用服务、获取方式简单以及使用安全可靠等,可以满足不同规模的用户根据需要动态地扩展其服务内容。

① IaaS(Infrastructure-as-a-Service):基础设施即服务,消费者通过 Internet 可以从完善的计算机基础设施获得服务。IaaS 是把数据中心、基础设施等硬件资源通过 Web 分配给用户的商业模式。

② PaaS(Platform-as-a-Service):平台即服务。PaaS 实际上是指将软件研发的平台作为一种服务,以 SaaS 的模式提交给用户。

③ SaaS(Software-as-a-Service):软件即服务。它是一种通过 Internet 提供软件的模式,用户无须购买软件,而是向提供商租用基于 Web 的软件,来管理企业经营活动。

2.2.2 云计算数据中心的构成

云计算数据中心本质上由云计算平台和云计算服务构成。云计算服务包括通过各种通信手段提供给用户的应用、软件、工具以及计算资源服务等;云计算平台包括用来支撑这些服务的安全可靠和高效运营的软硬件平台。通过云计算平台将一个或多个数据中心的软硬件整合起来,形成一种分层的虚拟计算资源池,并提供可动态调配和平滑扩展的计算、存储和网络通信能力,用以支撑云计算服务的实现。

2.3 云计算数据中心运维管理概述

数据中心顺应了云计算技术的发展趋势,利用云计算技术实现内部的 IT 支撑系统整合。运用云计算技术,可以有效提高 IT 资源的利用率,降低 IT 资源消耗,减少管理和建设环节,提升运营效率,实现数据集中和统一管理,并提升管理能力。数据中心“云”化是其发展的必然趋势。

2.3.1 云计算数据中心特点

云计算数据中心将是一个能够高效利用能源和空间的数据中心,并支持企业或机构获得可持续发展的计算环境。高利用率、自动化、低功耗、自动化管理成为新一代数据中心建设的关注点。云计算数据中心有以下特点。

① 数据集中:无论是出于 IT 成本过高、复杂性过大,还是资源利用率过低等原因,目前几乎所有类型的公司都在尝试将 IT 资源进行整合和集中,这其中当然也包括了数据中心的整合。集中化的数据更便于备份、冗余和控制。

② 系统虚拟化:基于虚拟化技术的云计算数据中心实现了跨越 IT 架构的全系统虚

拟化，对所有资源进行统一管理、调配和监控，在无须扩展重要物理资源的前提下，简单而有效地将大量分散的、没有得到充分利用的物理资源整合成单一的大型虚拟资源，并使其能长时间高效运行，从而能源效率和资源利用率达到最大化。虚拟化技术的应用领域涉及服务器、存储、网络、应用和桌面等多个方面，不同类型的虚拟化技术从不同角度解决不同的系统性能问题。

③ 绿色低碳。绿色数据中心在机械、照明、用电和计算机系统等方面的设计为的是最大程度提升能源利用效率和最小程度造成对环境的污染和影响。建设和运行一个绿色数据中心需要采用先进的技术和优秀的策略。

④ 安全与可靠。云计算数据中心有效控制分布在网络上的众多组件之间的数据流向，保证数据通道的畅通性、信息交换的可靠性和安全性，满足系统应用的多样性和业务实时性要求。

⑤ 弹性伸缩。弹性伸缩可以从纵向和横向两个方面考虑。纵向伸缩性是指在同一个逻辑单元内增加资源来提高处理能力；横向伸缩性是指增加更多逻辑单元的资源，并整合成如同一个单元在工作。

⑥ 动态调配。根据需求的变化，对计算资源自动地进行分配和管理，实现高度“弹性”的缩放和优化使用，而使用者不介入具体操作流程。

2.3.2 云计算数据中心运维管理框架

云计算数据中心不仅要适应云计算在“服务”和“资源”上的管理特点，同时还要适应虚拟化技术、弹性计算、绿色智能数据中心技术所带来的弹性、动态、自适应的要求，ITSS在继承传统数据中心管理框架的基础上，增加“云资源管理”和“云审计”的管理模块，最终形成云计算数据中心运营管理框架，包括“云服务规划”“云资源管理”“云服务交付”“云运维”“云资源操作”“云信息安全”和“云审计”7 个管理模块，如图 2-3 所示。

该管理框架来源于 ITIL，但高于 ITIL，充分考虑新型云计算数据中心的运营需求。框架以交付为主线，以服务和资源为重点，以安全和审计为保障。对每个管理的模块概述如下。

1. 云服务交付

该模块在传统数据中心运维管理框架中的“服务交付”的基础上，增加了“服务计费管理”与“服务水平管理”。主要是因为资源服务化之后，云计算数据中心需要重点管理对资源使用的计费模式，以及对用户在服务交付过程中的诉求响应进行有效的管理。

在传统数据中心，一个应用或基础架构服务从规划到交付可能历时半年，而在云计算数据中心只需几个小时。这是因为云计算数据中心相比传统数据中心资源和应用服务的自助化和自动化程度高，另一个关键是，云服务交互所谈的服务交付更多的是已经被规格化、产品化后的标准内容，不需要像传统数据中心那样针对客户需求进行单独定制。所以该管理模块将原来的“云服务可用性管理”和“云服务容量管理”放到“云服务规划”模块当中。

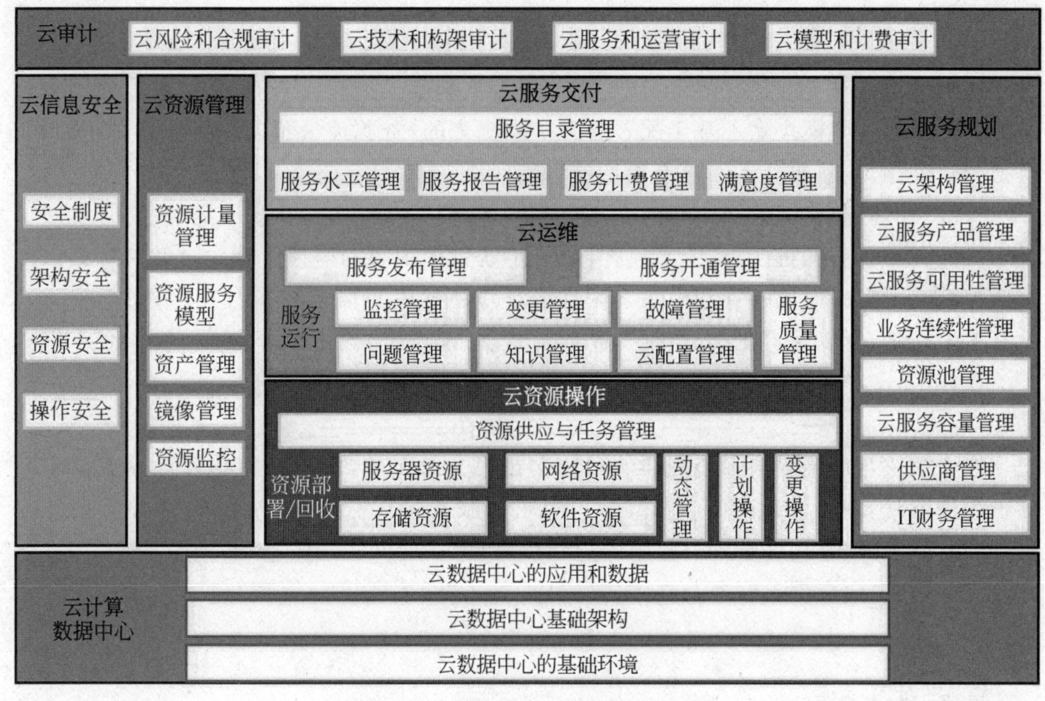

图 2-3　云计算数据中心运维管理框架

2. 云运维

这个模块继承了传统数据中心运营管理模式中“服务运维”的主要管理内容，但基于云计算数据中心“服务”的特点，增加了“服务质量管理”，并参考 ITSS 的要求，对如何测量管理服务提出了具体要求。

把发布管理独立出来形成“服务发布管理”。这样处理的依据在于未来资源和应用都服务化了，所有应用的上线过程其实是一个新服务发布的过程，或者是一个服务内容调整的过程。这比传统数据中心纯粹站在应用发布的视角上增加了服务目录更新、服务技术模型和资源模型更新、资源供应者更新等云计算数据中心独有的特色。

把原来其他的管理模块全部包装到“服务运行管理”当中，让框架中的二级目录更为对称和清晰。此外，由于此部分的管理内容在传统数据中心中都有比较广泛的应用，因此本书除了重点介绍该管理的目标与活动之外，还对云计算数据中心的特点进行了有针对性的描述。

3. 云资源操作

这个管理模块继承了传统数据中心运营管理模式中“服务操作”的所有内容，将这些内容归纳到“计划操作”和“变更操作”当中。但基于云计算数据中心的技术应用特点增加了“资源供应与管理”“资源部署/回收管理”和“动态管理”的内容。

4. 云资源管理

这个模块是对资源状况的记录，是在配置管理基础上扩展而来的，是云计算数据中心的特色之一。这个模块除了基于配置管理扩展出来的“资源计量管理”外，还有“资源服务模型”和“镜像管理”两个云环境下独特的管理模块。

“资产管理”与传统数据中心的管理范围一样，但存在一些云化中心的特色，并增加了对于软件资产管理的特性。“资源监控”是从传统数据中心的监控管理中把针对各类资源的监控剥离出来而形成的管理模块。因为云环境下的资源监控有自身特色，而统一监控没有太大差别，所以保留在“云运维”的“监控管理”模块中。

5. 云服务规划

这个模块与传统数据中心同样的模块存在很大的差异，是指如何将云计算数据中心的资源进行封装，并设计符合市场或客户要求的服务。它主要以 ITIL v3 中服务设计模块中的容量管理、可用性管理、IT 服务连续性管理、供应商管理为基础，同时补充了 IT 财务管理的内容，还根据云服务与技术的特性增加了“云服务产品管理”与“云架构管理”两大领域。

6. 云信息安全

安全管理的内容与传统数据中心没有差别，然而云环境的安全技术与传统数据中心却存在很大差别，因此本书将针对云计算数据中心的特点，将各项安全管理活动归纳到“安全制度”“架构安全”“资源安全”与“操作安全”4 个部分。

7. 云审计

从前面可以看到，虽然说云会让我们的服务使用起来更简单，但是从运营管理的角度来看却相对复杂，如何能保证各项管理工作均能得到落实且记录与内容准确、合规，这就是审计模块所需要考虑的内容。该部分的内容包括了“云风险和合规审计”“云技术和架构审计”“云服务和运营审计”和“云模型和计费审计”。本书重点对云服务运维、云服务交互和云资源操作进行阐述。

2.4　云计算数据中心运维管理框架及规范

在云计算数据中心生命周期中，云数据中心运维管理是数据中心生命周期中的最后一个，也是历时最长的一个阶段。云数据中心运维管理就是为了确保云计算数据中心向需方提供符合需求的安全、可靠、持续的信息技术服务，而对云计算数据中心提供的服务和资源对象进行系统的计划、组织、协调与控制，是云数据中心运维服务有关各项管理工作的总称。云数据中心运维管理框架指管理一个云数据中心所使用的方法与手段的总称，参照 TISS 提供了通用运维服务能力模型。

2.4.1 云计算数据中心运维管理框架

所谓云计算数据中心运维管理框架是指管理一个云计算数据中心所使用的方法与手段的总称。云计算数据中心运维管理框架包括满足符合需要运维服务所需关键要素、关键指标和管理原则。

1. 关键要素

云计算数据中心关键要素的 IT 服务由人员(People)、过程(Process)、技术(Technology)和资源(Resource)四大关键要素组成,简称 PPTR(详见第 1.3 节)。

2. 关键指标

关键指标是运行维护服务所涉及的核心能力参数,在该框架中主要体现在人员、资源、技术、过程 4 个方面,并应用于云数据中心的运行维护服务能力评价。

3. 管理原则

在运行维护服务提供过程中,云数据中心通过策划、实施、检查和改进实现运行维护服务能力的持续提升。

2.4.2 云计算数据中心运维管理规范

中国国家信息技术服务标准(IT Service Standards,ITSS)工作组制定的《信息技术服务 运行维护 第 4 部分:数据中心规范》由范围、规范性引用文件、术语、定义和缩略语、服务对象与交付内容、运行维护服务基本策略、运行维护交付内容及附件组成。云计算数据中心规范只需在传统数据中心的基础上增加云计算平台(虚拟化管理软件)运维服务对象即可。

1. 范围

GB/T 28827.1-2012 规定了数据中心运行维护服务的对象、服务策略、交付内容等要求。

GBT 28827.2-2012 适用于规范供方针对数据中心服务对象提供的运行维护服务内容,也可供需方参考使用。

2. 规范性引用文件

下列文件对于本文件的应用是必不可少的。凡是注明日期的引用文件,仅其注明日期的版本适用于本规范性引用文件,如下所示。凡是不注明日期的引用文件,其最新版本(包括所有的修改单)适用于本文件。

GB/T 22080 信息技术 安全技术 信息安全管理体系 要求。

GB/T 22081 信息技术 安全技术 信息安全管理实用规则。

GB/T 24405.1-2009 信息技术 服务管理 第 1 部分:规范。

GB /T 28827.3-2012 信息技术服务 运行维护 第 3 部分：应急响应规范。

3. 术语、定义和缩略语

(1) 术语和定义

① 数据中心(Datacenter)。以信息技术为支撑，实现应用集中处理和数据集中存放，提供数据的构建、交换、集成、共享等信息服务的基础环境。

② 配置管理数据库(Configuration Management Database)。包含每一个配置及配置项之间重要关系的详细情况的数据库。[GB/T 24405.1-2009 信息技术 服务管理-规范]。

③ 工作说明书(Statement of Work)。合同的重要附件之一，详细规定了合同双方在合同期内应完成的工作，如项目范围、工作描述、进度表、风险、需方责任等。

④ 服务级别协议(Service Level Agreement)。服务提供商与服务需方之间签署的记录了服务和约定服务级别的协议。[GB/T 24405.1-2009 信息技术 服务管理-规范]。

⑤ 外部事件(External Events)。为服务对象运行提供支撑的、协议获得的、不可控、非自主运维的服务资源(如互联网、市电、租赁的机房等)中断引发的事件。

⑥ 系统事件(System Events)。在服务对象范围内的、自主管理或运维的系统资源服务中断引发的事件。

⑦ 安全事件(Security Events)。由于安全边界破坏、安全措施或安全设施失效造成的安全等级下降或信息被非法盗用等需方(数据中心)利益被侵害的事件。

⑧ 虚拟资源池(Virtual Resource Pool)。指通过使用虚拟化技术对数据中心的计算、存储、网络等物理资源进行虚拟化，通过管理软件来动态部署给用户使用，这些被虚拟化集中管理的资源称为虚拟资源池。

⑨ 虚拟机(Virtual Machine)。指通过软件模拟的具有完整硬件系统功能的、运行在一个完全隔离环境中的完整计算机系统。

⑩ 宿主机(Hypervisor)。指运行虚拟化软件，并为虚拟机运行提供环境的物理机器。

⑪ 电源使用效率(Power Usage Effectiveness,PUE)。数据中心消耗的所有能源与 IT 负载使用的能源之比。

(2) 缩略语

① ACL：访问控制列表(Access Control List)。

② APU：辅助(或备用)电源设备(Auxiliary Power Units)。

③ ATS：自动转换开关(Automatic Transfer Switch)。

④ CMDB：配置管理数据库(Configuration Management Database)。

⑤ CPU：中央处理器(Central Processing Unit)。

⑥ HBA：主机总线适配器(Host Bus Adapter)。

⑦ IO：输入/输出(Input/Output)。

⑧ IOP：每秒进行读/写(I/O)操作的次数(Input/Output Operations Per Second)。

⑨ IP：因特网协议(Internet Protocol)。

⑩ LED：发光二极管(Light Emitting Diode)。
⑪ PUE：电源使用效率(Power Usage Effectiveness)。
⑫ QoS：服务质量(Quality of Services)。
⑬ RAID：廉价冗余磁盘阵列(Redundant Arrays of Inexpensive Disks)。
⑭ SAN：存储区域网络(Storage Area Network)。
⑮ SLA：服务级别协议(Service Level Agreement)。
⑯ SoW：工作说明书(Statement of Work)。
⑰ UPS：不间断电源(Uninterrupted Power Supply)。
⑱ VDC：虚拟设备上下文(Virtual Device Context)。
⑲ VLAN：虚拟局域网(Virtual Local Area Network)。
⑳ VPC：虚拟端口通道(Virtual Port Channel)。
㉑ VPN：虚拟专用网(Virtual Private Network)。
㉒ VRF：虚拟路由转发(Virtual Routing and Forwarding)。
㉓ VSS：虚拟交换系统(Virtual Switching System)。
㉔ VSwitch：虚拟交换机(Virtual Switch)。

4. 服务对象和交付内容

(1) 服务对象和交付内容的对应关系

服务对象和交付内容的关系如图2-4所示。

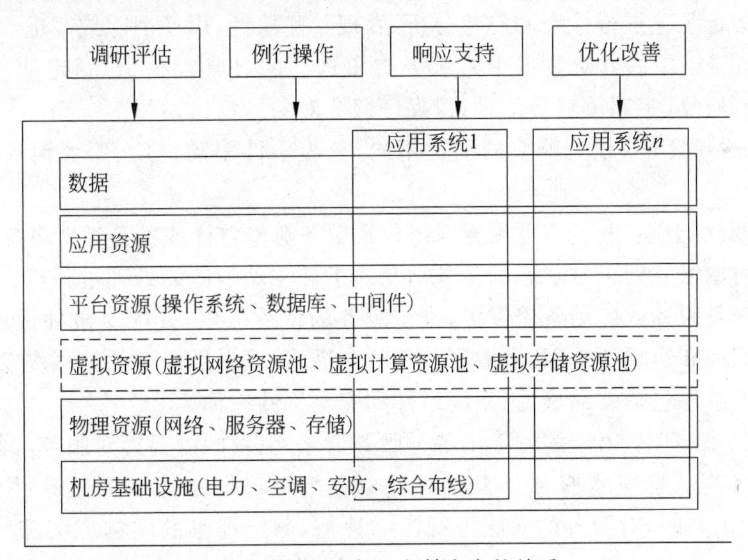

图2-4 服务对象和交付内容的关系

(2) 云数据中心运维服务对象

根据数据中心的特点，数据中心的服务对象分为机房基础设施、物理资源、虚拟资源、平台资源、应用资源和数据6类。这6类对象的集合构成应用系统。除虚拟资源运维服务对象外，其他运维服务对象与传统数据中心运维服务对象相同，这里不再介绍，下面重点介绍虚拟资源运维服务对象。虚拟资源包括虚拟网络资源池、虚拟计算资源池及虚拟存储资源池 3 类虚拟资源。

① 虚拟网络资源池：通过各种网络虚拟化技术（如 VLAN、VPN、VDC、VPC、VRF、VSwitch、VSS 等），将数据中心内的网络设备进行统一管理和调度，构成网络资源池，对业务系统需要的网络资源进行合理、灵活的分配。

② 虚拟计算资源池：指通过虚拟化技术将数据中心内的计算设备进行统一管理和调度，构成计算资源池，对需要不同计算能力的业务系统进行合理、灵活的分配。

③ 虚拟存储资源池：通过虚拟化技术将数据中心存储设备进行统一管理和调度，构成存储资源池，对业务系统需要的存储空间容量进行合理、灵活的分配。

（3）云数据中心运维交付内容

数据中心的服务交付内容包括调研评估服务、例行操作服务、响应支持服务和优化改善服务 4 类。

① 调研评估服务：根据需方、服务相关方或系统运行的需求，对服务对象的运行状况、运行环境进行现状调研、系统分析和评估，并提出相应的建议和服务方案。

② 例行操作服务：按照约定条件触发或按预先规定的常态服务，分为监控、预防性检查和常规作业。

a. 监控：指采用各类工具和技术，对数据中心服务对象的动态指标、静态指标、运行状况和发展趋势等进行记录、分析和告警。

b. 预防性检查：指为保证服务对象的持续正常运行，供方根据服务对象的监控记录、运行条件和运行状况进行检查和趋势分析，发现其脆弱性，以便消除或改进。

c. 常规作业：指供方对数据中心服务对象进行的日常维护，包括定期保养、配置备份、数据备份、恢复、定期重启等活动，以保证服务对象的稳定运行。

③ 响应支持服务：根据响应的前提不同，分为事件驱动响应、服务请求响应和应急响应。

a. 事件驱动响应：由于不可预测原因导致服务对象整体或部分性能下降、功能丧失，触发将服务对象恢复到正常状态的服务活动。事件驱动响应的处理过程首先应争取在最短的时间内恢复服务或启用备份资源，维持服务的持续提供，并应对事件做出分析、明确诱发事件的原因和影响的范围，采取有效的防控措施，减少类似事件的再次发生。事件驱动响应的触发条件包括外部事件、系统事件和安全事件三种。

b. 服务请求响应：由于需方提出各类服务请求，引发的需要针对服务对象、服务等级做出调整或修改的响应型服务。服务请求响应需要根据总体服务策略并参考已有的 SLA/SoW 做出判断，对服务的实施进行影响评估，制定详细的实施方案和回退措施，并在条件允许的情况下执行实施方案和回退方案的测试。变更型响应服务实施完成后，应进行总结，确认已达到预期的目标。此类响应可能涉及服务等级变更、服务范围变更、技术资源变更、服务提供方式变更等。

c. 应急响应：指在数据中心出现跨越预定的应急响应阈值的重大事件、发生重大自然灾害、由于政府部门发出行政指令或需方提出要求时，应当启动应急处理程序。

④ 优化改善服务：包括适应性改进、增强性改进和预防性改进三种类型。

a. 适应性改进：为保持数据中心服务对象在已变化或正在变化的环境中可持续运行而实施的改造。

b. 增强性改进：根据数据中心的运行需求或由于服务对象的缺陷，采取相应改进措施增强数据中心的安全性、可用性和可靠性。

c. 预防性改进：检测和纠正数据中心服务对象运行过程中潜在的问题或缺陷，以降低系统风险，满足数据中心未来可靠运行的需求。

5. 运行维护服务基本策略

(1) 总则

为保证数据中心的业务连续性和信息安全性，应制定有效的运行维护策略来保证服务交付的质量，兼顾运行维护过程(及时和规范)和运行维护结果(可用和安全)，实现"事前防范，风险前移；事中控制，快速响应；事后改进，持续评估"的持续改进原则。

(2) 可用性

供方应采取适当措施，确保按服务协议提供长期、持续的满足需求的优质服务，保持服务对象符合 SLA 的可用性要求。

① 供方在服务实施时，应建立相关的作业流程和响应机制，必要时按需方要求制定系统冗余和备份规范，以满足需方对可用性的要求。

② 进行合理的人员岗位设置和职责定义，应保证专人专岗并设置人员备份。

③ 应配备具有相应能力的人员和必要的工具，并定期进行专业培训，以提高服务可用性。

④ 应选择适用的运行维护技术，以保证服务的可用性。

⑤ 根据运行维护服务级别要求，必要时应建立体系架构的关键健康检查点，并配备相应的运行维护工具，以保证服务水平。

⑥ 供方应根据服务要求配备足够的资源，避免由于资源的缺失导致对服务的可用性带来影响。

(3) 安全性

服务的供、需双方应采取各种安全手段或措施，有效控制数据中心运行维护服务的各个环节，保护数据中心运行维护服务中的物理安全、网络安全、系统安全、应用安全和数据安全。

① 建立适当的信息安全管理机制，以规范数据中心运行维护服务人员的信息安全行为。信息安全管理可参照 GB/T 22080、GB/T 22081 等标准的有关规定执行。

② 应对数据中心运行维护服务人员采取有效的信息安全管理措施，如进行人员背景调查、签订安全保密协议等。

③ 应对数据中心运行维护服务人员进行相关安全管理及安全要求培训，并进行适当的检查，以确保服务人员了解并遵守数据中心安全、保密相关规定。

④ 应充分关注数据中心业务安全需求，结合信息安全技术与管理标准，进行适当的安全评估，提供相应的安全建议，并对服务对象进行适当的监控和保护。

⑤ 应对数据中心安全进行监控、分析，把安全风险控制在可接受范围内，防止安全事

件发生。

⑥ 应建立有效的安全通报机制，以及时通报安全事件相关情况和相应防范处理措施等。

(4) 及时性

供方应采取适当的手段确保提供满足 SLA 时间指标要求的运行维护服务。

① 对事件、问题、变更建立明确的分级策略，并与服务窗口时间、响应时间等指标相匹配。

② 建立可确保满足需方要求的沟通联络机制，保持沟通渠道通畅，以实现对服务需求的及时响应。

③ 建立有效的服务资源调度机制及与服务相关方的协同机制，配置必要的备品备件，以提供及时的服务保障。

④ 特殊时间段(如法定节假日或重大事件期间等)，应提升响应级别，提供必要的现场支持。

⑤ 建立有效机制，周期性对事件级别定义进行更新，以确保定义准确有效。

(5) 规范性

供方应建立适当的服务管理流程、服务活动指导文件或实施规则，以保证服务过程的规范运作。

① 建立有效的服务管理流程文件，以保证服务过程实施规范性。

② 建立或遵循需方的数据中心相关管理制度，如出入场管理制度、安保控制制度等。

③ 对于例行操作服务，应制定详细、可操作的技术手册，以降低操作风险。

④ 对于非例行操作服务(响应支持、优化改善、调研评估)，应在实施前制定详细的实施方案，并进行风险评估及分析，采取相应的风险规避措施和回退手段。

⑤ 在服务过程中进行的任何活动，应建立服务档案，可形成服务报告，保留完整的服务记录。

【本章小结】

本章系统介绍了数据中心的定义、等级、分类及业务发展；云计算服务及云计算数据中心构成，云计算数据中心特点、运营管理框架；云计算数据中心运维管理框架及规范。

云数据中心运维服务管理

学习目标

通过本章学习，读者可熟练掌握云数据中心运维紧密相关的云服务交互与云服务运维两大管理。

为使云数据中心提供7×24h不间断云服务，运维管理人员需依照云数据中心运维管理规范做好云服务交互和云服务运维两大管理。云服务交互管理就是管理云数据中心与云服务用户之间的交互，是对外的统一服务窗口，在整个运营管理中处于最前端。优质的云服务运维是云数据中心运营最终目的，集中化、自动化运维管理是实现云数据中心正常运营的保障。下面详细介绍云服务交互与云服务运维两大管理。

3.1 云服务交互管理

云服务交互管理包含服务目录管理、服务级别管理、服务报告管理、服务计费管理、满意度管理和业务流程管理6个管理功能模块，如图3-1所示。

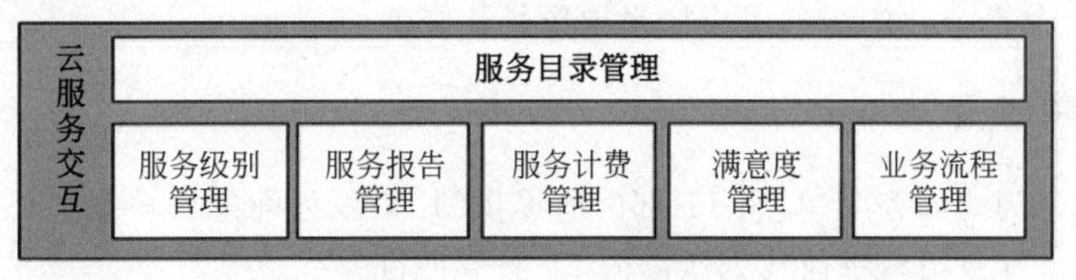

图3-1 云服务交互管理

3.1.1 云服务目录管理

云服务目录是云服务提供方为客户提供并维护已投入或即将投入运营服务的信息，是客户获取云服务的集中式信息来源。云服务目录定义了服务提供方所提供云服务的全部种类以及服务目标，云服务目录管理就是确保业务领域可以准确连贯地看到可用的云服务及服务细节与状态，并保证信息的一致性。

1. 服务目录框架

服务目录可以让云服务提供方和消费者能够很容易地比较云服务供应商所提供的产品和服务是否标准化。服务目录管理将推动服务业务的一致性以及对服务的计量。简单来说,服务目录将赋予云用户更多所需要的信息,使用户在选择产品和服务时如同比较两种苹果的价格一样容易。

对于传统服务目录中的内容,按照 IaaS、PaaS 和 SaaS 的分类重新进行整合。整合完成后,一部分传统服务内容可能还没有包容到云服务中,这类服务可以归入“非云服务”中,因此云计算数据中心的服务目录构架如图 3-2 所示。

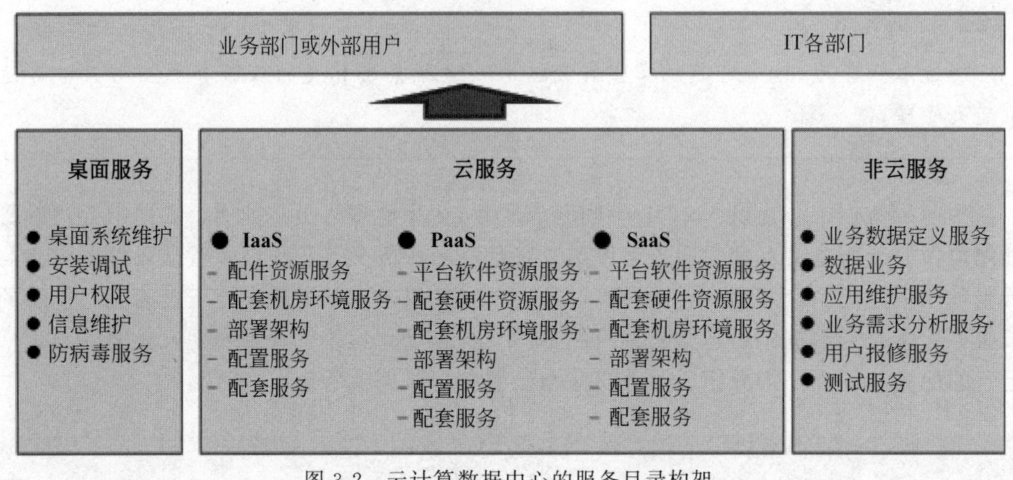

图 3-2 云计算数据中心的服务目录构架

这就是服务目录将会给云服务带来的变化。它将帮助建立一个更开放、透明的云服务市场。这对于那些更依赖云服务的用户来说是一件好事情,同时对于那些希望能够清楚地凸显其产品差异化的服务供应商来说更是件好事。

2. 服务目录管理目标

建立 IT 部门的服务菜单,将 IT 部门所提供的 IT 服务面向用户提供可视化、明确描述的服务目录,方便用户快速找到所需的 IT 服务项目。

① 根据现有的各种 IT 服务,制订服务目录。

② 管理服务目录中的相关信息,包括分类、类型、流程简介等。

③ 保证服务目录中的信息可以准确反映已投入或将投入运营服务的具体细节、状态、接口及与其他服务的依赖关系。

④ 保证服务目录可以准确并有效地被授权者访问与使用。

⑤ 保证服务目录相关信息与其他服务管理流程有效地互动与相互支持。

⑥ 服务目录可灵活地进行自定和修改,便于维护。

3. 管理活动与过程

服务目录由一系列配套的管理活动和措施完成对服务的定义、发布和下线等任务的管理，并以菜单形式加以呈现，如图 3-3 所示。

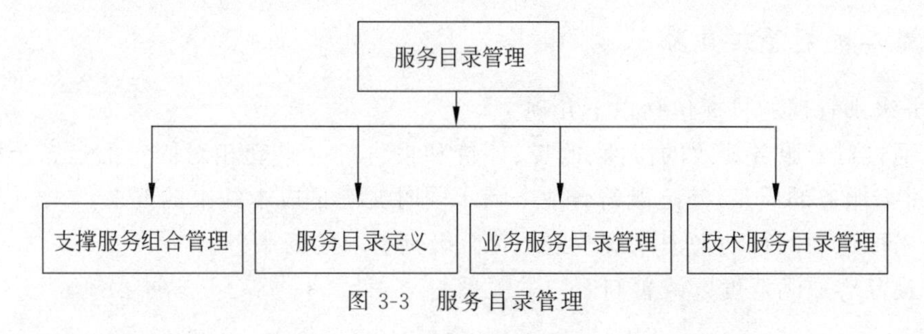

图 3-3 服务目录管理

① 支撑服务组合管理：配合服务组合管理，生成与维护准确的服务目录及相关信息。

② 服务目录定义：书面制定服务目录及相关信息。

③ 业务服务目录管理：通过业务单元的沟通，建立与 IT 服务连续性管理、业务关系管理等服务流程在业务要求、业务流程方面信息的互动，管理业务服务目录及相关信息。

④ 技术服务目录管理：通过与技术单元、供应商的沟通，建议资产与配置管理等服务管理流程在技术信息、资源信息方面等的互动，管理技术服务目录及相关信息。

4. 实施与度量

① 服务目录的可视化。如何使一个服务目录的展现让用户更好地感知、认识和理解，这叫服务目录的可视化。对于服务目录的定义，第一是服务内容或者是服务条目的定义，第二是要让客户更好地认识云服务，可将服务目录分层和打包，并用可视化图形来展现。

② 服务等级划分，SLA 可接受，可预期。要让用户更好地感知和参与到整个服务的生命周期管理，包括从申请、提交，到后端的支持、开通、使用和回收的整个过程的生命周期管理。

③ 服务目录可以与后端服务支撑流程进行整合。比如每项服务要建立一个后端的流程，用户在前端可以查询、搜索和使用，在后端的配置通过服务目录和服务蓝图来体现。前端的服务请求，后端会通过一些自动化产品和监控产品等，实时把这些工具整合在一起。

3.1.2 云服务级别管理

如果服务目录中只有服务部门所提供的服务内容是不够的。比如，有一些需要面向各种客户，而且每一种客户对同一项服务的要求是不一样的，这样很难对不同的服务进行区分。为了确保所有用户满意，有时候只能将所有服务按照最高的标准来提供，这种情况会导致后端的资源产生浪费。越来越多的客户希望能够对以前不同服务的客户、不同客户的需求还有现有的资源,以及所能提供的内容进行区分,就是区分不同的服务级别。从原来的传统服务方式到现在要区分服务等级,一个很重要的方式转变是,要细分不同的客户市场,进而细分不同的客户需求,最终来做不同的服务交付,这是传统的没有任何服务等级的服务方式的一个很重要的改变。

1. 服务级别管理目标

服务级别管理的目标包括以下几项。

① 通过对云服务绩效的协商、监控、评价和报告等一整套相对固定的运营流程来维持和改进云服务的质量,使之既符合业务需求同时又满足成本约束的要求。

② 采取适当的行动来消除或改进不符合级别要求的云服务。

③ 提高客户满意度以改善与客户的关系。

2. 服务级别管理的活动与过程

服务级别管理是对每个 IT 服务提供商组织都非常重要的流程,负责在 SLA(服务级别协议)、SLR(服务级别需求)中约定和记录 IT 活动的服务级别目标与职责。它主要是指规划、协调、起草、约定、监控和报告 SLA 的执行情况,以及持续评审服务成果,用于确保满足客户要求的服务质量并能逐步改进。

根据用户或问题的级别,设定不同的响应和解决时间规则。当响应时限或解决时限到达前进行邮件通知、自动转发或升级问题。

3.1.3 云服务报告管理

对于传统的服务,总结为两个特点:第一,传统服务门户更多管理的是事务,比如对一些故障的处理,或者其他的操作等;第二,传统服务门户也是需要体现出对整个服务的生命周期的管理,包括从服务申请到后端执行、反馈,以及服务的退出过程。

在云计算环境之下,服务门户与传统的 IT 服务门户之间有较大的区别。可以看到,很多客户经常把 IT 传统的服务门户和云计算的服务门户结合在一起。先看一下传统的服务门户是怎么建立的,原来的交付模式是用户发现一个故障后会打电话到某一个 IT 部门,后面通过事件流程受理,这其中问题的预防和解决可能需要有变更的途径处理。在这种传统模式之下,IT 门户是在后端服务流程和前端用户之间,提供一个显现的让用户能够直接接触、使用和参与到整个服务过程的这样一个东西。比如,可以让用户提供门户的概念,客户可以随时报告故障,也可以提供密码申请等服务。

1. 服务报告管理目标

服务报告管理的目标包括以下几项。

① 统一收集服务相关信息。

② 完成对服务用户的报告,并提供报告质量的数据支撑。

③ 完成对运行能力衡量的运行分析报告。

④ 服务衡量和运行能力,发现数据中心短板,指导提升计划。

2. 服务报告管理活动与过程

服务报告管理分成三个过程。

① 服务报告规划。

② 服务报告撰写。

③ 服务报告发布。

3.1.4 云服务计费管理

云计算是指服务的交付和使用模式，通过网络以按需、易扩展的方式获得所需的服务。它旨在通过网络把多个成本相对较低的计算实体整合成一个具有强大计算能力的完美系统。

云服务计费管理，主要是指在精确和可靠的收集 SaaS、IaaS 和 PaaS 的服务资源的各种指标数据，并根据一定的计费算法计算出所提供服务资源的费用，或者预测服务可能的收费额度，并将这些信息展示给用户和云服务的提供商。同时，结合第三方平台提供便捷的支付手段。此外，安全和保密措施也是云服务计费的重要内容。

云服务把计算机资源、平台资源和软件资源虚拟化为服务提供给客户，客户使用这些资源就像使用水电一样。而云服务计费管理则充当云计算“水表”“电表”的角色。云计算是传统的网格计算、分布式计算的商业模式，因此其服务计费的需求正日益凸显。采用适用于各种云服务模式的计费平台，可以降低云服务提供商的实施费用和难度，规范云服务市场，使云服务资源的使用合理化、透明化。

1. 云服务计费目标

通过云服务计费管理，实现如下的管理目标。

① 根据 IT 财务中心计费管理的策略要求，通过技术与管理手段落实具体计费与账单出具的动作。

② 对实际资源暂时进行测量，并进行相应处理，提供相应的服务账单。

③ 把服务质量与计费挂钩，将服务级别协议中涉及的奖惩条款体现到服务账单中。

2. 云服务计费活动过程

云服务计费管理一般包括如下活动过程。

① 计量：通过观测流量，记录使用情况，以及相关的计量策略来跟踪和记录资源的使用情况。

② 收集：访问测量实体提供的数据，收集与收费有关的事件，将它们转发给记账层进一步处理。这一层可以记录各个域的信息，例如虚拟服务器、物理服务器等。

③ 记账：将收集到的信息进行聚合，建立服务记账数据集合或记录，传递给定价层进行定价。

④ 计费：根据具体服务的计费和记价方案，计算记账记录的会话费用。

3. 云服务计费模式

云服务目前主要有免费增值模式、消费模式、分级定价、永久许可模式等。

(1) 免费增值模式

这种收费方式降低了客户进入云服务的门槛，通过提供一些不收费的核心服务，以此来吸引更多的用户采用云服务，当客户想升级到更复杂的级别的时候，需要额外收取相应的费用。这种收费方式是目前很多服务商都选择的收费方式，例如微软的 SkyDrive 等。这种方式很可能会吸引很多客户，使得云服务的基础架构面临着巨大挑战。免费提供的服务可能是消费级的，一般不适合需要较稳定的企业，这种业务会让你的注册用户急速增多，但是却不能保证他们会付费升级。

(2) 消费模式

针对特定的云服务付费进行有针对性的购买，这个是最经典的销售方式，例如亚马逊的云服务收费方式。这种方式的好处是随付随得，使得客户可以添加和删除相应的服务，通常没有处罚或附加费用。目前，很多大型公司都在使用这种方式，预计未来市场会更大。使用这种模式时，供应商不仅要直接针对客户的需求提供服务，还要不断追加销售新的和现有的服务。

(3) 分级定价

这种分级方式在企业中非常常见，定价层通常绑定成一个数量指标，如用户数、模块、数据量和服务器。这种方式针对的客户业务一般未预计到在未来会有显著的增长，这个时候就可以选择向上的服务。在销售过程中，这种方式能够有助于与客户建立长期的合作关系，对企业的未来收益有一定的帮助。

(4) 永久许可模式

这种方式是之前购买软件的旧的方式，通过一次性购买，可以永久采用此款服务，通常捆绑支持和其他专业服务，通过后期的技术服务来赚取相应的费用。微软和甲骨文是这种方式的忠实粉丝，这种方式的最大优势就是终身锁定了用户。

4. 云服务计费案例

下面以腾讯公司曾经推出的腾讯开放平台云服务技术服务费计费标准作为案例介绍云服务计费的模式。

1) 计费标准

(1) 计虚拟机服务计费

虚拟机服务计费即腾讯为应用提供的虚拟机对应的技术服务费。虚拟机服务计费标准如表 3-1 所示。

表 3-1 虚拟机服务计费标准

资源	配置说明(每台)	操作系统	单价(每台日)/元
VC2	4 核 CPU,3.5GB,内存,200G SATA raid0 结构单盘硬盘	SUSE10 64 位 / CentOS6.2 64 位安全版	9.40

续表

资源	配置说明(每台)	操作系统	单价(每台日)/元
VC3	8核 CPU,7GB,内存,300G SATA raid0结构单盘硬盘	SUSE10 64位 / CentOS6.2 64位安全版 / Windows 2008 64位	18.70
VB3	4核 CPU,30GB,内存,100G SAS raid1结构双盘硬盘	SUSE10 64位 / CentOS6.2 64位安全版	32.40
VB5	8核 CPU,30GB,内存,100GB,硬盘	SUSE10 64位	46.80
VB6	4核 CPU,60GB,内存,300GB,硬盘	SUSE10 64位	90.00
VA2	2核 CPU,15GB,内存,350G SAS raid1+0结构双盘硬盘	SUSE10 64位 / CentOS6.2 64位安全版 / Windows 2008 64位	40.50
VA3	4核 CPU,30GB,内存,750GB,硬盘	SUSE10 64位	81.00

(2) CEE服务计费

CEE服务计费标准如表3-2所示。

表3-2 CEE服务计费标准

资源类型	配置说明(每实例)	单价(每实例日)/元	适用场景
微型	1/4核 CPU,250MB内存	0.8	适用于DAU(日活跃用户)在10万户以下的工具类应用,或用于搭建应用测试环境
小型	1核 CPU,1GB内存	3.2	适用于DAU(日活跃用户)在10万户以下的小型游戏类应用,或DAU(日活跃用户)在100万户以下的工具类应用
标准型	2核 CPU,2GB内存	6.4	适用于DAU(日活跃用户)在10万~100万户的中型游戏类应用
大型	4核 CPU,4GB内存	12.8	适用于DAU(日活跃用户)在100万户以上的大型游戏类应用

(3) 以带宽服务计费

带宽服务计费即腾讯为应用提供的带宽服务对应的技术服务费。计费算法和规则如下。

CDN带宽计费:IDC带宽当月总使用量小于等于300Mb/s的部分,单价为1.80元/兆比特每秒;IDC带宽当月总使用量大于300Mb/s的部分,单价为3.60元/兆比特每秒。

IDC带宽计费:以单个应用消耗的所有IDC带宽的总和(外网出流量)作为计费的依据。IDC带宽不满1Mb/s的部分,按实际带宽乘以单价计算价格,不是按照1.80元/兆比特每秒计算。

(4) 云存储服务计费

云存储服务计费即腾讯向应用提供的云存储服务对应的技术服务费。云存储服务分为CMEM和CDB两种解决方案,因此云存储服务计费也分为两种。

CMEM 服务计费即腾讯向应用提供 CMEM 存储解决方案对应的技术服务费，根据数据存储量进行计费。CMEM 服务计费标准如表 3-3 所示。

表 3-3 CMEM 服务计费标准

资　源	配置说明	单价(每 GB 日)/元
CMEM B 型	有热备 每 GB 存储量最大支持 10000 次/秒的访问量(例如，如果申请 10GB 存储，那么访问量上限是 100000 次/秒) 从 2013 年 3 月 5 日起，不支持购买 CMEM B 型	3.20
CMEM C 型	有热备 每 GB 存储量最大支持 10000 次/秒的访问量(例如，如果申请 10GB 存储，那么访问量上限是 100000 次/秒) 从 2013 年 3 月 5 日起，仅支持购买 CMEM C 型	2.00

CDB 服务计费即腾讯向应用提供 CDB 存储解决方案对应的技术服务费，根据实例数量进行计费。CDB 标准版服务计费标准如表 3-4 所示。

表 3-4 CDB 服务计费标准

规格	配置说明(每实例)	单价(每实例日)/元	适用场景
微型	内存 750MB，容量限制 20GB，有热备	5.10	适用于 DAU(日活跃用户)在万人户级别的工具类应用或测试环境
小型	内存 4GB，容量限制 100GB，有热备	27.50	适用于 DAU(日活跃用户)上万人户的小型游戏应用或 DAU(日活跃用户)在百万人级别的工具类应用
标准型	内存 8GB，容量限制 230GB，有热备	60.00	适用于 DAU(日活跃用户)数十万人户的小型游戏应用或 DAU(日活跃用户)在百万人级别的工具类应用
大型	内存 24GB，容量限制 700GB，有热备	164.00	适用于 DAU(日活跃用户)在百万人户级别的大型游戏应用

(5) 外网 IP 计费

外网 IP 计费即腾讯为应用提供的外网 IP 服务对应的技术服务费。计费标准如表 3-5 所示。

(6) 操作系统计费

操作系统计费即腾讯为应用提供的虚拟机上安装的付费操作系统对应的技术服务费。计费标准如表 3-6 所示。

表 3-5 外网 IP 服务计费标准

资　源	单位	单价/元
外网 IP	个/天	1

表 3-6 操作系统服务计费标准

资　源	单位	单价/元
Windows Server 2008 OS	OS/天	5

2）计费方式

云服务费用的扣除机制包含了4个主要的步骤：冻结、解冻、扣除和结算日冻结，如图3-4所示。

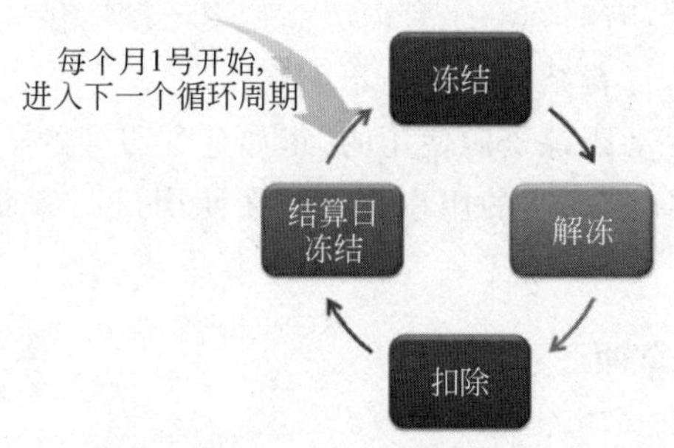

图3-4 计费方式

各步骤的详细描述如表3-7所示。

表3-7 各步骤的详细描述

步骤	步骤名称	步骤详细描述
1	冻结	发生时间：开发者申请云服务时。 冻结机制：冻结的费用并没有实际消耗，至下个结算日（5—8日）会解冻。 系统按照如下计算公式冻结云服务费用： 申请云服务时冻结的费用＝申请的云服务数量×云服务单价×30
2	解冻	发生时间：每月结算日（5—8日）时。 解冻机制：系统会对开发者上个月内（1日至月底）被冻结的云服务费用进行解冻
3	扣除	发生时间：每月结算日（5—8日）时。 扣除机制：系统会按照开发者上个月内（1日至月底）实际使用的云服务费用进行扣除
4	结算日冻结	发生时间：每月结算日（5—8日）时。 结算日冻结机制：系统按照如下计算公式再次冻结云服务费用，直至下个结算日（5—8日）解冻： 结算日时再次冻结的费用＝上个月底最后一天实际使用的云服务数量×30×单价

5. 云服务计费面临的挑战

云服务供应商面临着不少计费挑战。

云服务的复杂性让云资源的使用和最终的成本变得难以跟踪。云服务是相当复杂的。一个单一的“云服务”往往就是众多具有高度特殊性服务和功能的总和，而供应商们必须能够深刻知晓所有这些服务是如何彼此交互的，包括所有服务的相互依存关系。在云爆发的情况下，其核心问题就是发挥作用的资源的数量可能会有较大的不同，这主要取决于客户如何使用这些资源及使用资源的持续时间。

在某些情况下，云服务供应商会发现，即便在客户释放了服务资源之后，资源却仍处于已分配状态。供应商需要知道这些“僵尸资源”何时将被创建，以便于可以创建能够找到和删除它们的服务。

有太多的资源需要手动跟踪。供应商向客户提供的云服务的数量已经达到了一个瓶颈,即手动核计测量资源已成为一种不切实际的做法。使用云爆发的客户可能会在一天之内多次申请和释放资源,有时在一个月内会高达上千次。供应商无法再进行人工跟踪,原因是,如果他们这么做,计费结果往往是不准确的。

还有太多的客户是手动跟踪资源使用的,正如达到服务的临界点一样,也达到服务客户的阈值。在某些时候,因有太多的用户和组织在使用云服务而使供应商无法手动进行跟踪。

3.1.5 云服务满意度管理

1. 云服务满意度目标

云服务可以为众多的消费者提供方便、快捷的云服务。为了保留和吸引客户,在服务交付的过程中,客户关系管理至关重要,其目标是在理解客户及业务基础上,通过有效手段与客户之间建立和维持良好的合作关系。

2. 云服务满意度调查与分析

客户满意度调查是云服务管理中的一个基本环节。客户满意度反映的是客户对云服务的主观感受和相关的服务级别水平。服务提供的成本等服务能力限制因素很可能在客户反映其满意度时被忽略。因此在客户满意度调查的同时,对客户的服务认识、期望值进行综合的管理是进行云服务管理的核心工作之一。

一般来说,客户满意度调查是通过客户满意度调查的设计、执行及对客户满意度调查结果进行分析和改进 4 个阶段来完成的。

① 客户满意度调查设计。

② 进行客户满意度调查。

③ 客户满意度调查结果分析。

④ 客户满意度改进。

3. 云服务满意度管理

① 客户服务报告与评估。

② 客户投诉处理。

③ 客户投诉处理结果反馈。

④ 客户服务质量优化。

3.1.6 云服务流程管理

云服务业务流程是指云基础架构中存在的所有自动化。业务流程肯定不是云所独有的,但却是区分云与其他技术的方面之一。业务流程支持服务目录部署在现有服务中,支持自助服务门户向云基础架构发布服务;更重要的是,业务流程还支持响应特定事件与警报。因此，如果存储空间不足，或者I/O要求太高，那么就可以自动排定一个事件来创建更多空间，或通过动态转移系统来释放特定存储池中的空间或I/O。

企业需要在自己本来的业务之外再增加云服务项目，不管其经济目的是什么，企业开始搭建云之前，云端互通建议要最先完成3个步骤。

(1) 确定搭建云服务的目的，并制定出基本的使用场景

这一点看似人人理解，但实际情况是很多企业还没有制定出好的计划或基本性的设计就开始行动了。记住：搭建云服务时，其承担的责任和那些规模更大的面向公众的云计算提供商是一样的；因此，对于刚刚尝试的项目，在设计和规划环节不要吝惜人力物力。

(2) 确定什么样的信息需要外部化

这些信息包括数据存储在哪里，如何获得数据，以及任何安全或管理事项。这就要求你必须了解数据和元数据的物理地点，以及从源系统到承载云服务系统的集成路径。

(3) 制定一个API服务管理战略

选择最佳的外部化和管理途径。这主要是指服务呈现的机制，包括具体使用什么样的技术。很多公司都提供API管理技术，既有软件形式的也有云计算形式的。然而，更重要的是考虑这些服务在生产过程中要怎样管理，包括用户接入验证和防止服务饱和。服务管理技术可以解决这些问题。

当然，根据最终目标的不同，还有更多的步骤。但是如果从以上3个根本性步骤开始做起，会发现后续工作将方便很多。

3.2 云服务运维管理

在云计算数据中心运营架构中，运维管理提供IaaS层、PaaS层、SaaS层资源的全生命周期的运维管理，实现物理资源、虚拟资源的统一管理，提供资源管理、统计、监控调度、服务掌控等端到端的综合管理能力。云服务运维管理与传统IT运维管理的不同表现为集中化和资源池化。

云服务运维管理需要尽量实现自动化和流程化，避免在管理和运维中因为人工操作带来的不确定性问题。同时，云服务运维管理需要针对不同的用户提供个性化的视图，帮助管理和维护人员查看、定位和解决问题。

云服务运维管理和运维人员面向的是所有的云资源，要完成对不同资源的分配、调度和监控。同时，应能够向用户展示虚拟资源和物理资源的关系和拓扑结构。云服务运维管理的目标是适应上述的变化，改进运维的方式和流程来实现云资源的运行维护管理。

云数据中心运维管理中所涵盖的范围非常广泛，其中主要包括服务发布管理、服务开通管理、服务运行管理、服务质量管理四个方面。

3.2.1 服务发布管理

云服务发布管理主要负责云服务所涉及产品的发布过程，包括服务产品服务能力的建立、测试和交付，同时还负责及时响应业务需求并达到预期目标的服务。

发布管理服务提供便捷的软件发布管理平台，包括发布规划、发布内容管理、发布实

施、发布验收和总结等主要过程。通过安全可靠的发布流程，实现发布包管理，缩短发布周期。

1. 发布管理活动与流程

从发布的管理角度出发，将发布流程分解为 10 个活动：发布申请、策划与评审、发布培训、发布测试、发布沟通、发布推演、发布执行、发布实施、发布验收与发布总结，如图 3-5 所示。

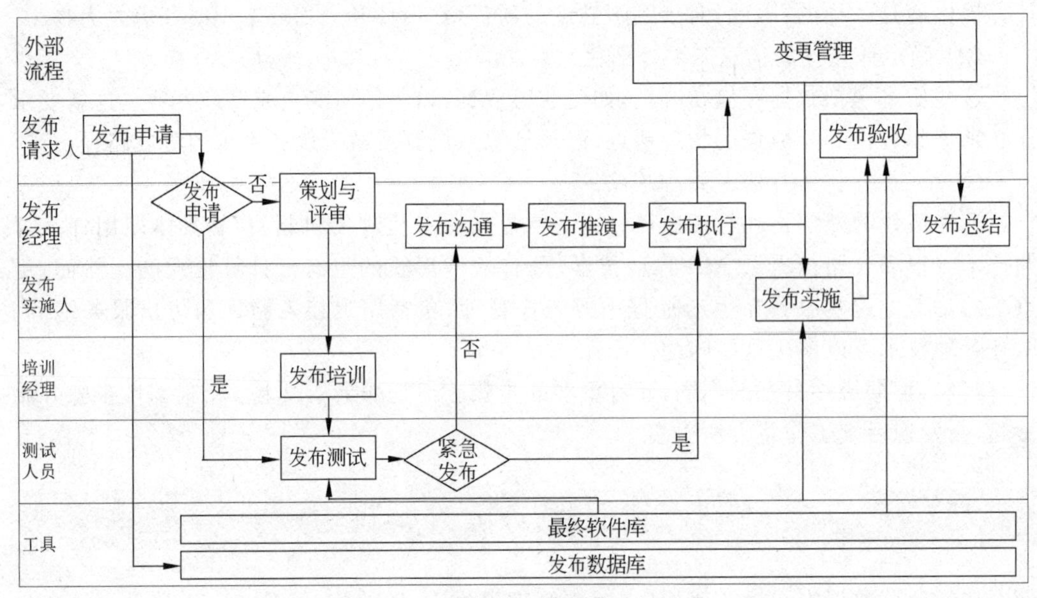

图 3-5　云服务发布管理活动与流程

2. 发布管理实现目标

① 定义发布规划。

② 保证发布包所包括的各个组成部分进行正确的组合。

③ 保证完整的发布在整个发布过程中可以进行维护、记录按要求执行。

3.2.2　服务开通管理

云服务开通管理负责从服务目录接受用户的服务申请，管理审批和服务将会交付的过程，并在交付完成后负责更新配置信息，保证资源计量工作的及时开展。

1. 开通管理目标

① 向用户提供一个请求和获取标准服务的渠道。

② 向用户服务部门提供哪些服务和交付这些服务的过程。

③ 向用户交付标准的服务。

④ 管理服务交付的过程。

⑤ 交付完成后，负责配置信息的及时更新。

2. 开通管理活动与流程

云服务开通管理活动与流程如图 3-6 所示。

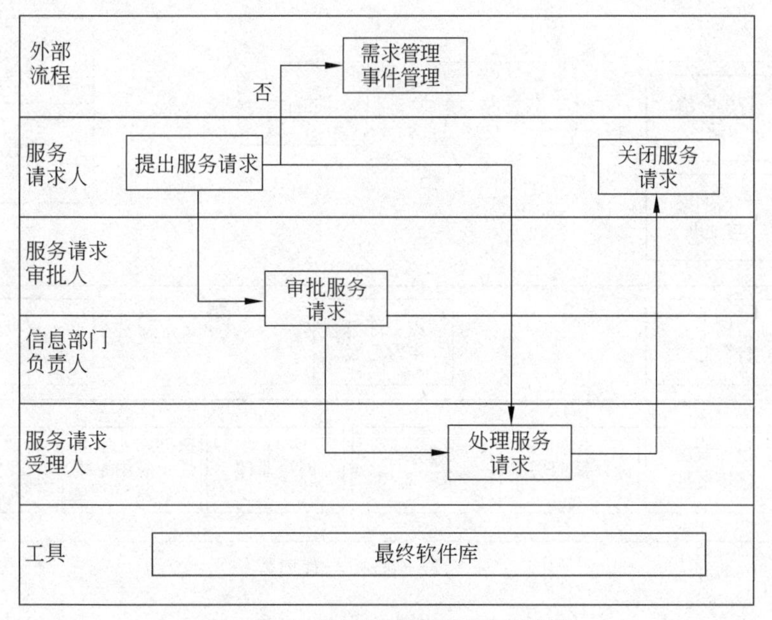

图 3-6 云服务开通管理活动与流程

3.2.3 服务运行管理

1. 监控管理

在监控领域，云计算监控与传统的数据中心基本类似，把监控分成两个层面的工作，即各类资源层面的专业资源监控和数据中心层面的统一监控管理。资源监控管理实时监控、捕获资源的部署状态、使用和运行指标和各类告警信息。

云监控作为云服务的监控管理入口，能让用户快速了解各产品实例的状态和性能。云监控从监测告警、告警数据汇聚、汇聚数据处理到告警集中展现等方面来为用户提供服务。通过云监控管理控制台，用户可以看到当前服务的监控项数据图表，清晰地了解服务运行情况，并通过设置报警规则，管理监控项状态，及时获取异常信息。

监控与管理架构如图 3-7 所示。

监控管理活动与过程包括 5 个活动。

① 告警侦测和过滤。

② 告警判断。

③ 告警处理。

④ 告警关闭。

⑤ 告警监控。

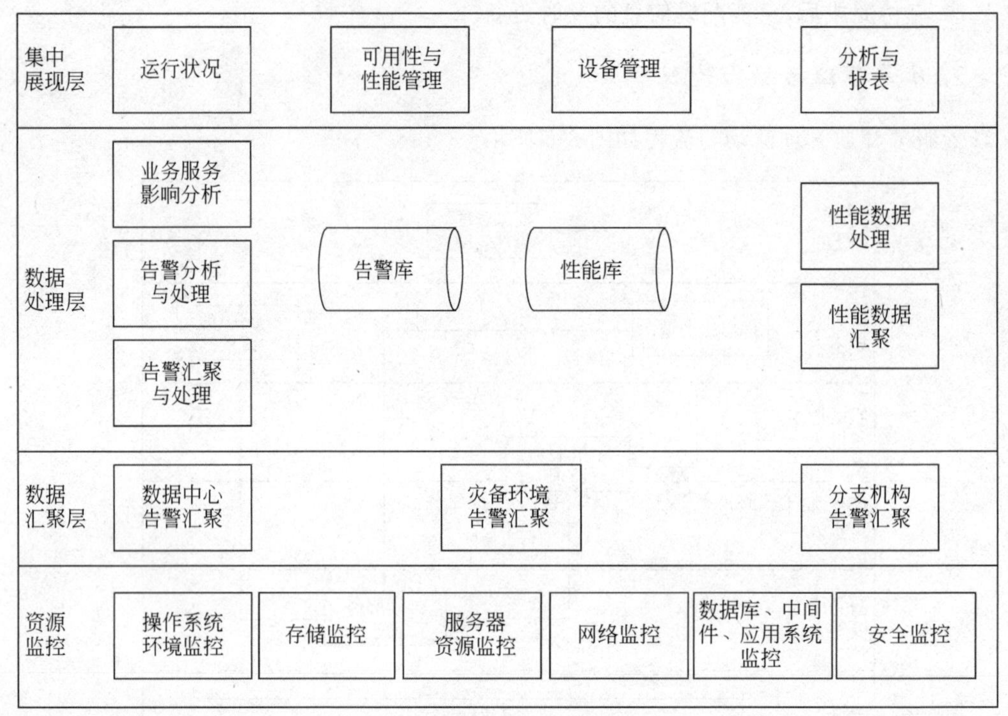

图 3-7　云服务监控与管理架构

监控管理活动流程如图 3-8 所示。

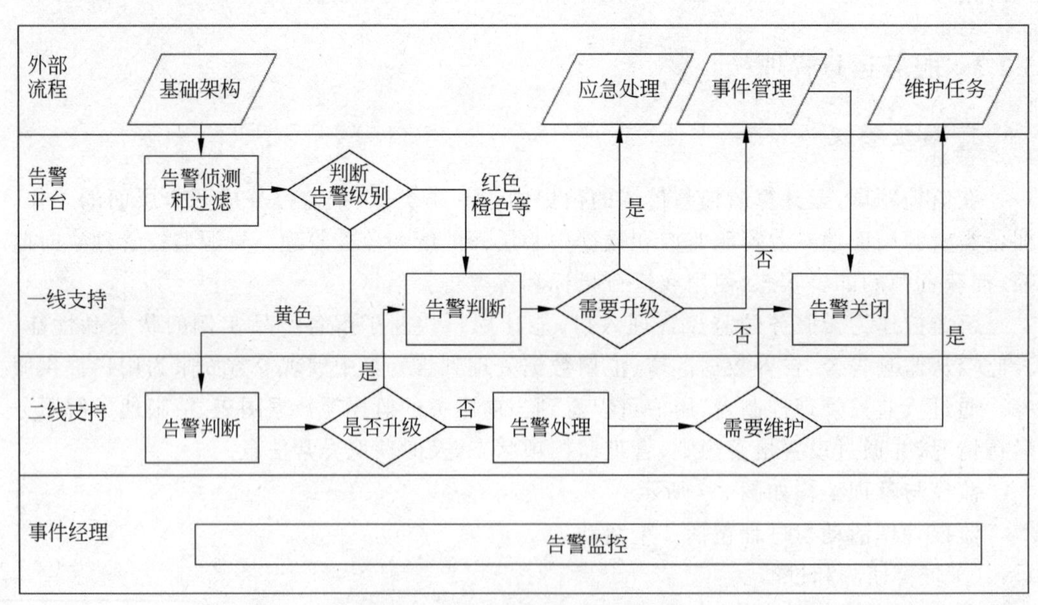

图 3-8　云服务监控管理活动流程

2. 配置管理

配置管理是对用于交付IT服务的所有软件、硬件、文档等资源进行统计的识别、记录、跟踪、控制的流程。配置管理为组织IT服务管理提供了一张及时更新的“技术地图”,为组织的IT服务管理提供了实时的配置信息。

配置管理流程记录和展现配置项的配置属性及历史细节。通过配置管理流程确保配置管理数据库能够准确地反映现存配置项的实际版本状态。

① 支持配置管理工单的创建、修改和关闭,创建时自动记录时间,可手工录入。

② 支持与监控系统关联,能自动获取部分配置信息。

③ 配置管理工单能对应不同的配置类型进行分类。

④ 配置管理流程能在流程引擎中进行定义,可以灵活地根据实际情况进行调整。

⑤ 配置管理流程的表单属性可以灵活定制,满足以后的扩展需求。

⑥ 支持通知功能,使不同组别或部门间保持沟通。

⑦ 流程状态变更或者指派发生变化时,系统能够自动以邮件或短信等方式及时通知到相关人员。

⑧ 根据服务级别协议,对流程环节处理超时,提供升级和告警机制。

⑨ 配置项的属性可以灵活定制,满足以后的扩展需求。

3. 知识管理

建立规范的知识管理流程,对事件、问题解决方案进行分析评估并生成知识记录,为用户、服务台客服、IT服务支持人员提供支持。

(1) 知识记录识别、分类和记录

通过手工录入,对事件解决方案、问题解决方案进行自动分析生成等方式,评估生成知识记录工单。

(2) 知识记录评审和发布

对提交的知识记录进行评审,评审通过后更新知识库并发布。

(3) 知识使用和评价

用户和IT支持人员可以通过多种方式方便地查找知识库,并能对知识的完整性、准确性、有效性进行评价反馈。

(4) 知识记录维护

对知识库里的知识记录进行全生命周期管理,包括新建、使用、终止等。

4. 故障管理

云计算平台在运营过程中出现各种故障是不可避免的,在出现故障时如何保障服务快速恢复,如何保障用户数据的安全,这些是至关重要的。因此需要一整套比较完备的应急预案,在发生故障时能够有条不紊地按照预案操作,最大程度地缩短维护时间,提高服务质量。

(1) 应急预案管理流程的目标

快速、安全、高效是应急预案管理流程的目标,具体分为以下内容。

① 应急预案等级分类。

② 应急预案等级管理。

③ 应急预案演练。

④ 应急预案演练总结。

⑤ 应急预案更新优化。

(2) 应急预案设计

针对不同的应用场景设计不同的应急预案。在设计预案之初要对应用场景做详细的分析,依据分析设计对应的方案。预案在正式加入预案管理库之前要做环境模拟测试,找出其中的不足,并不断改进直至可靠。

(3) 应急预案演练

定期对各种预案在测试环境下进行演练,以提高面对真实故障环境时的处置能力。在演练过程中要严格按照预案的内容进行操作,一方面是规范演练的过程,另一方面也是在查找方案的漏洞。在不断地演练中使维护工程师逐步熟练操作步骤及流程。

具体内容为预案等级选择、预案选择、预案实施。

(4) 应急预案效果分析及总结

应急预案演练后要及时分析该演练过程中出现的问题,对问题进行归纳总结并提出处理方法。要客观分析哪些是人为因素造成的,哪些是方案本身有问题造成的,针对不同的问题提出不同的解决方法。

(5) 应急预案优化

依据预案效果分析报告及时更新预案内容,包括处理流程、预案内容等相关内容。

5. 变更管理

在云技术、大数据、移动技术出现后,无论组织计划或者决定使用哪种技术时,变更管理都是非常重要的一部分。然而,由于过去几年云服务的关注点一直放在敏捷、快速部署方面,以至于大家都没有意识到这一概念。把业务移动到 SaaS 模型中不仅技术受影响,还有各种业务影响。业务操作和业务流程可以打包成服务,就可以迅速地交付出去。

(1) 变更请求和记录

该步骤是变更管理流程的起点,变更请求和发布请求必须由此开始。该步骤包括收集变更请求和发布请求的必备信息,创建请求并定义执行请求的途径,如标准、紧急途径、验证和维护配置数据库。

(2) 变更评估和审批

变更的审批者将从 IT 和业务的角度来评估及检查变更请求所产生的影响,确保能够在实施变更时,既能满足业务的要求,同时又对服务造成的影响最小。

(3) 变更计划和排程

该步骤始于得到审批的请求,结束于确定的请求的计划实施日程。几个请求(变更请求)之间的冲突将在这个步骤中解决,并确定请求的最终实施时间。

(4) 变更实施

通过本步骤,将经过审批的请求在生产环境中实施。

(5) 变更完成后评审和关闭

本步骤的目的是考察提出的请求是否达到了预期的效果、用户是否接受实施结果。如果未能达到预期的结果,同样也需要评估。出于管理的目的,还需衡量投入的资源,并在请求单中记录这些信息。所有这些信息都将有助于流程的改进。

3.2.4 服务质量管理

服务质量管理遵循服务等级协议(Service-Level Agreement,SLA)要求,按照资源的实际使用情况而进行服务质量审核与管理,如果服务质量没有达到预先约定的 SLA 要求,自动化地进行动态资源调配,或者给出资源调配建议由管理者进行资料的调派,以满足 SLA 的要求。

云服务提供过程中需要对相互竞争的云服务提供商所提供的服务进行比较,并对它们自身的能力进行考核。此类比较应包括在"类似"或"同等"基础上的"定量"对比(如消费量、使用期限等),以及对一系列服务保证属性进行的"定性"对比(如弹性度、服务水平程度等)。为了能够在有限的网络资源内更好地为用户提供差异化服务,云网络的业务提供过程不仅需要从技术层面考虑业务质量需求、网络服务能力,还需要兼顾用户体验、投资成本、网络收益等面向运营流程的各个方面。目前,运营商通常选择与用户签订 SLA 的方式对提供的服务质量进行保障。

1. 风险管理

关于云计算风险的争论一直没有停歇过。这不是因为那些大企业关注的风险加剧了,也不是因为有新的风险出现,而是因为云计算技术导致了更多的买方不确定性。虽然云计算的成熟度已经足以使厂商能够根据市场变化快速地交付产品和服务,但厂商的认知还有提升空间。由于风险和价值的评估本身就在不断变化中,云计算的价值体现仍不明朗。

那么,在当前的环境下,云风险管理的哪些方面是 IT 主管们最为关注的呢?最重要的不在于云服务提供商本身,而是大企业缺乏一种针对云计算的统一框架。诸如数据隐私和安全等技术相关的云计算风险本身就处于快速的变化中,即使技术本身也因服务或提供商的不同而存在显著区别。缺乏对这些技术和提供商的统一应对方法是最大的风险,因为这会导致原本合适的外包协议恰得其反。

2. 风险管理因素

① 缺乏评估云服务提供商的统一方法。CEB 前期的研究表明,有些关于云服务的错误会立刻导致对厂商的误判。很多企业还未开始厂商评估标准的改进。

② 缺乏应用整合和迁移到云服务的明确指导。应该采用参考体系架构的模式,从而使开发人员、项目经理和业务伙伴能协调一致地进行风险管理。

③ 在 IT 转向云服务的过程中,缺乏与关键人物的有效沟通。对于厂商来说,一般倾

向于绕过 IT 主管直接和业务部门打交道，因为这样可以将合同金额提高 50%到 100%，还能将销售周期缩短 50%到 80%。为了形成统一的评估框架和体系指导，IT 主管需要向业务端传达后者所能理解的业务目标，让业务端形成明确的预期，并且指出哪些问题需要 IT 部门与业务部门之间共同解决。

当需要和业务伙伴或服务商一起评估风险时，最后一项就显得尤为重要。对大部分 IT 团队来说，消除这些风险并非难事，但有个前提是必须对厂商管理框架进行革新。当前大多数厂商管理框架都太过于重视技术或服务商，而有些 IT 组织已经开始质疑这一点。比如，是否需要在应用层而非基础架构层提供冗余性？

3. 风险管理评估

领先一步的企业已经认识到，应该基于参考架构来考虑用于云风险管理的工具，例如，根据业务发展路线图来进行评估。

① 新的价值来源。

② 将云服务与更宏观体系集成的模式和标准。

③ 确保云服务安全的决策框架和指导。

那些可以成功管理云计算技术和风险的大企业认识到，无论市场如何变化，云计算可能都将是未来技术体系的必然组成。而且企业都会需要参考模型来定义云服务所扮演的角色。最大的风险不在于技术或者服务提供商，而在于因为无法充分利用云计算而丧失的机会。

【本章小结】

本章详细介绍了服务目录管理、服务级别管理、服务报告管理、服务计费管理、服务满意度管理和服务业务流程管理六大云服务交互管理功能模块；阐述了服务发布管理、服务开通管理、服务运行管理、服务质量管理四大云数据中心运行维护管理模块。

云数据中心软件资源管理

学习目标

通过本章的学习，云计算运维工程师能够了解云计算数据中心常用软件的基本情况，掌握操作系统的分类和安装，理解中间件的概念并能使用常用的中间件，熟悉常用数据库的安装和维护，学会数据备份的方式和编写简单备份脚本，了解信息安全技术的概念和常用的安全管理软件。

软件是一系列按照特定顺序组织的计算机数据和指令的集合。一般来讲软件被划分为系统软件、应用软件和介于这两者之间的中间件。软件并不只是包括可以在计算机（这里的计算机是指广义的计算机）上运行的计算机程序，与这些计算机程序相关的文档一般也被认为是软件的一部分，简单地说软件就是程序加文档的集合体。云计算数据中心软件资源运维就是对上述的软件资源进行运行维护与管理，本章将从操作系统、中间件、数据库、数据备份、安全软件五个方面介绍软件资源运维。

4.1 操作系统

操作系统（Operating System，OS）是管理和控制计算机硬件与软件资源的计算机程序，是直接运行在“裸机”上的最基本的系统软件，任何其他软件都必须在操作系统的支持下才能运行。操作系统是用户和计算机的接口，同时也是计算机硬件和其他软件的接口。操作系统的功能包括管理计算机系统的硬件、软件及数据资源，控制程序运行，改善人机界面，为其他应用软件提供支持，让计算机系统所有资源最大限度地发挥作用，提供各种形式的用户界面，使用户有一个好的工作环境，为其他软件的开发提供必要的服务和相应的接口等。操作系统管理着计算机硬件资源，同时按照应用程序的资源请求来分配资源，如划分 CPU 时间、开辟内存空间、调用打印机等。

当前的操作系统按应用领域来分有桌面操作系统、服务器操作系统和嵌入式操作系统，其中服务器操作系统主要有 Windows、Linux、UNIX。由于 UNIX 系统大多是与硬件配套并且是商业软件，作为云计算运维人员主要需要掌握 Windows 和 Linux 服务器操作系统。

4.1.1 Windows 操作系统

Windows 服务器操作系统相比 Windows 桌面操作系统需要承担额外的管理、配置、稳定、安全等功能。20 世纪 90 年代早期，微软（Microsoft）公司和 IBM 公司组建了一个联合计划，目标是创建一个下一代的操作系统。该项目的结果是诞生了 OS/2，但由于 Microsoft 公司和 IBM 公司在很多重要问题上不能达成共识而最后分裂，OS/2 至今仍属于 IBM 公司。Microsoft 公司在研发 OS/2 NT 的基础上进一步优化，并把名称改为 Windows NT，确定了服务器操作系统的架构，在此之后 Microsoft 公司又发布了 Windows 4.0、Windows 2000、Windows Server 2003、Windows Server 2008、Windows Server 2012 等。

要做好 Windows 服务器的运维，需要掌握以下几个概念，并且能够在具体操作系统中进行操作和实现。

1. 新技术文件系统（New Technology File System，NTFS）

NTFS 是 Windows NT 环境的文件系统。NTFS 是 Windows NT 家族（如 Windows 2000、Windows XP、Windows Vista、Windows 7 和 Windows 8.1 等）的限制级专用的文件系统（操作系统所在的盘符的文件系统必须格式化为 NTFS 的文件系统，4096 簇环境下）。NTFS 取代了老式的文档分配表（File Allocation Table，FAT）文件系统。NTFS 对 FAT 和高性能文件系统（High Performance File System，HPFS）作了若干改进，例如，支持元数据，并且使用了高级数据结构，以便于改善性能、可靠性和磁盘空间利用率，并提供了若干附加扩展功能。

NTFS 提供长文件名、数据保护和恢复，并通过目录和文件许可实现安全性。NTFS 支持大硬盘和在多个硬盘上存储文件（称为卷）。NTFS 提供内置安全性特征，它控制文件的隶属关系和访问。如果要在磁盘操作系统（Disk Operation System，DOS）下读写 NTFS 分区文件，则可以借助第三方软件。从 DOS 或其他操作系统上不能直接访问 NTFS 分区上的文件。现如今，Linux 系统上已可以使用 NTFS-3G 对 NTFS 分区进行完美读写，不必担心数据丢失。

2. 域（Domain）

域是 Windows 网络中独立运行的单位，域之间相互访问则需要建立信任关系（Trust Relation）。信任关系是连接在域与域之间的桥梁。当一个域与其他域建立了信任关系后，2 个域之间不但可以按需要相互进行管理，还可以跨网分配文件和打印机等设备资源，使不同的域之间实现网络资源的共享与管理，以及相互通信和数据传输。域既是 Windows 网络操作系统的逻辑组织单元，也是 Internet 的逻辑组织单元，在 Windows 网络操作系统中，域是安全边界。

3. 工作组

工作组是一群计算机的集合，它仅仅是一个逻辑的集合，各自计算机还是各自管理的，你要访问其中的计算机，还是要到被访问计算机上来实现用户验证的。而域不同，域是一个有安全边界的计算机集合,在同一个域中的计算机彼此之间已经建立了信任关系,在域内访问其他机器,不再需要被访问机器的许可了。

4. 用户账户

用户账户是用来记录用户的户名和口令、隶属的组、可以访问的网络资源,以及用户的个人文件和设置。每个用户只有在域控制器中有一个用户账户,才能访问服务器及使用网络上的资源。

5. 权限

权限管理,一般指根据系统设置的安全规则或者安全策略,用户可以访问而且只能访问自己被授权的资源。

6. 共享

共享是指对网络中某一台服务器上的资源设置权限许可,同一局域网内的其他计算机能够访问这些资源。

7. 防火墙

防火墙是一项信息安全的防护系统,依照特定的规则来允许或限制传输的数据通过。

8. 互联网信息服务(Internet Information Services,IIS)

IIS是由微软公司提供的基于运行Microsoft Windows的互联网基本服务。IIS是一种网页(Web)服务组件,其中包括Web服务器、文件传输协议(File Transfer Protocol,FTP)服务器、网络新闻组传输协议(Network News Transfer Protocol,NNTP)服务器和简单邮件传输协议(Simple Mail Transfer Protocol,SMTP)服务器,分别用于网页浏览、文件传输、新闻服务和邮件发送等方面,使得在网络(包括互联网和局域网)上发布信息成了一件很容易的事。

4.1.2 Linux操作系统

Linux起源于一个学生的简单需求。林纳斯·本内迪克特·托瓦兹(Linus Benedict Torvalds),也就是Linux的作者与主要维护者,在上大学时所买得起的唯一软件是Minix。Minix是一个类似UNIX的简单操作系统,被用来辅助教学。Linus对Minix不是很满意,于是决定自己编写软件。他以学生时代熟悉的UNIX作为原型,在一台Intel 386 PC上开始了他的工作。他的进展很快,受工作成绩的鼓舞,他将这项成果通过互联网与其他同学共享,主要用于学术领域。有人看到了这个软件并开始分发,每当出现新问题时,有人会立刻找到解决办法并加入其中,很快Linux就成为一个操作系统。值得注意的是,Linux并没有包括UNIX源码,它是按照公开的可移植操作系统接口(Portable Operating System Interface of UNIX,POSIX)标准重新编写的,Linux大量使用了免费软件基金的GNU软件,同时Linux自身也是用它们构造而成的。

1994年3月,Linux 1.0发布;1996年,Linux 2.0核心发布;2001年,2.4核心发布;2003年,2.6核心发布。各个国家和厂商为了自己的利益和安全,在Linux内核的基础上开发了自己的Linux操作系统,如美国红帽公司的Red Hat Enterprise Linux、Canonical的Ubuntu、德国SUSE Linux AG公司的SUSE Linux等。下面分别介绍这些厂商的Linux操作系统。

1. Red Hat Enterprise Linux

目前世界上使用最多的Linux操作系统是红帽公司发布的,具备很好的图形界面,无论是安装、配置还是使用都十分方便,而且运行稳定。红帽公司是由马克·埃文(Marc Ewing)和鲍勃·杨(Bob Young)在1995年创建的,Red Hat Enterprise Linux(缩写RHEL)是红帽公司的Linux系统之一,包含Red Hat Enterprise Linux (Server including virtualization)和Red Hat Enterprise Linux Virtualization Platform。2004年4月30日,Red Hat公司正式停止对Red Hat 9.0版本的支持,标志着Red Hat Linux的免费时代正式结束。从此Red Hat公司不再开发桌面版的Linux发行包,而将全部力量集中在服务器版的开发上,也就是Red Hat Enterprise Linux版。2005年10月,RHEL 4发布。2007年3月,RHEL 5发布。2010年3月,更新至RHEL 5.5。

2010年11月10日发布了RHEL 6的正式版(红帽官方已经不用RHEL这个简称,其全称叫做Red Hat Enterprise Linux),包含更强大的可伸缩性和虚拟化特性,并全面改进系统资源分配和功能。红帽产品和技术部总裁保罗·科米尔(Paul Cormier)将这个操作系统看作云部署的基础单元,以及Windows Server的潜在替代品。新版带来了一个完全重写的进程调度器和一个全新的多处理器锁定机制,并利用NVIDIA图形处理器的优势对GNOME和KDE做了重大升级,新的系统安全服务守护程序(SSSD)功能允许集中身份管理。RHEL 6内置的新组件有GCC 4.4(包括向下兼容RHEL 4和5组件)、OpenJDK 6、Tomcat 6、Ruby 1.8.7和Rails 3、PHP 5.3.2与Perl 5.10.1,数据库前端有PostgreSQL 8.4.4、MySQL 5.1.47和SQLite 3.6.20。

红帽在2020年4月发布了旗舰版企业操作系统——Red Hat Enterprise Linux 8.2。基于Red Hat Enterprise Linux 8.2操作系统,企业可整合裸机服务器、虚拟机、基础设施即服务(Infrastructure as a Service,IaaS)和平台即服务(Platform as a Service,PaaS),以构建一个强大稳健的数据中心环境,满足不断变化的业务需求。

2. Ubuntu

Ubuntu由马克·舍特尔沃斯(Mark Shuttleworth)创立。Ubuntu是一个以桌面应用为主的Linux操作系统,其名称来自非洲南部祖鲁语或豪萨语的“ubuntu”一词,意为人们之间的忠诚和联系。Ubuntu基于Debian发行版和Gnome桌面环境,由全球化的专业开发团队Canonical Ltd打造的开源GNU/Linux操作系统,其首个版本于2004年10月20日发布,为桌面虚拟化提供支持平台,为GNU/Linux的普及特别是桌面普及做出了巨大贡献,由此使更多人共享开源的成果与精彩。从11.04版起,Ubuntu发行版放弃了Gnome桌面环境,改为Unity,与Debian的稳健的升级策略不同,它每6个月会发布一个新版本。Ubuntu的目标在于为一般用户提供一个最新的、同时又相当稳定的主要由自由软件构建而成的操作系统。Ubuntu的运作主要依赖Canonical有限公司的支持，同时Ubuntu具有庞大的社区力量，用户可以方便地从社区获得帮助。2013年1月3日，Ubuntu正式发布面向智能手机的移动操作系统。

对于过去的版本，用户可以通过船运服务(Shipit)获得免费的安装光盘。Ubuntu 6.06版有提供免费船运服务，然而其后的Ubuntu 6.10版却没有提供免费的船运邮寄光盘服务，用户只可由网站下载光盘映像文件刻录并安装。Ubuntu 6.06发布时，曾有消息指出往后不会再对非长期支持版提供船运服务，但在Ubuntu 7.04版推出时，船运服务再度启动，而此版并非长期支持版。在Ubuntu 11.04发布前夕，船运服务被停止。

Ubuntu共有6个长期支持版本(Long Term Support，LTS)，分别是Ubuntu 6.06、8.04、10.04、12.04与14.04。Ubuntu 12.04和14.04桌面版与服务器版都有5年支持周期。对于之前的长期支持版本，桌面版为3年，服务器版为5年。

Debian依赖庞大的社区，而不依赖任何商业性组织和个人。Ubuntu使用Debian的大量资源，同时其开发人员作为贡献者也参与Debian社区开发。而且，许多热心人士也参与Ubuntu的开发。

Ubuntu所有系统相关的任务均需使用sudo指令是它的一大特色，这种方式比传统的使用系统管理员账号进行管理的方式更为安全，此为Linux、UNIX系统的基本思维之一。Windows在较新的版本内也引入了类似的UAC机制，但用户数量不多。同时，Ubuntu也相当注重系统的易用性，标准安装完成后(或Live CD启动完成后)就可以立即投入使用。简单地说，就是安装完成以后，用户无须再费神安装浏览器、Office套装程序、多媒体播放程序等常用软件，一般也无须下载及安装网卡、声卡等硬件设备的驱动(但部分显卡需要额外下载的驱动程序，且不一定能用包库中所提供的版本)。Ubuntu的开发者与Debian和Gnome开源社区合作密切，其各个正式版本的桌面环境均采用Gnome的最新版本，通常会紧随Gnome项目的进展而及时更新(同时，也提供基于KDE、XFCE等桌面环境的派生版本)。Ubuntu与Debian使用相同的deb软件包格式，可以安装绝大多数为Debian编译的软件包，虽然不能保证完全兼容，但大多数情况下是通用的。

3. SUSE Linux

SUSE Linux原来是德国的SuSE Linux AG公司发行维护的Linux发行版，是此公司的注册商标。1994年，他们首次推出了SLS/Slackware的安装光盘，命名为S.u.S.E. Linux 1.0。其后，它综合了Florian La Roche的Jurix distribution(也是一个基于Slackware的发行版)，于1996年推出了完全由自家打造的发行版S.u.S.E. Linux 4.2。其后，SUSE Linux采用了不少Red Hat Linux的特质。2004年，这家公司被Novell公司收购。2010年11月22日，Novell公司宣布，它已同意接受Attachmate集团的收购。2011年4月27日，Attachmate集团完成了对Novell(包括SUSE业务)的收购，并把Novell拆分成两个独立部门运营，SUSE作为一个独立的业务部门。

Novell公司改进SUSE Linux，创建了一些企业用或高级桌面应用的Linux版本，主要产品版本有SUSE Linux Enterprise Server(SLES)、SUSE Linux Enterprise Desktop

(SLED)、SUSE Manager、SUSE Studio 等。

SUSE 收录了 Linux 下的多个桌面环境(如 KDE、GNOME)和一些窗口管理器(如 Window Maker、Blackbox)。YaST2 安装程序也会让使用者选择使用 Gnome、KDE 或者不安装图形界面。SUSE 已经为使用者提供了一系列多媒体程序,如 K3B(CD/DVD 烧录)、Amarok(音乐播放器)和 Kaffeine(影片播放器)。它也收录了其他文字阅读和处理软件,如 PDF 格式文件阅读软件等。

SUSE 的 Yast 是以 RPM 为基础的操作系统安装与设置工具,也是 SUSE Linux 发行版的主要特性之一。SUSE 有一个综合管理程序控制面板,这很重要。管理员可以方便地通过 SUSE 的综合管理工具面板来获得新的软件。在 SUSE 早期版本,SUSE 会损坏一些手动创建的配置。Linux 的早期管理员都有过 SUSE 损坏了大量手工创建的配置的经历。然而,SUSE 的配置现在已经有完善的告警机制,管理员们可以放心地使用 SUSE。在新近的 SUSE 版本里,SUSE 会自动备份配置文件和显示手动修改过的配置,SUSE 这样的机制可以保证最大化的配置丢失风险。即使是有经验的 Linux 管理员,SUSE 也是事半功倍的好用的工具。一些 SUSE 服务,包括多个 SUSE 配置文件需要捆绑在一起。管理员不必找出是哪些 SUSE 配置文件,因为 SUSE 提供了一个通用的接口,这让管理员可以方便地配置复杂的 SUSE 配置文件。使用 SUSE 并不意味着管理员必须将 SUSE 运行在图形窗口模式下。虽然 SUSE 有一个可靠的图形窗口版本。SUSE 和无图形窗口模式 100%兼容,对于 SUSE 远程服务器来说这也不是问题,而且 SUSE 使用标准的 SSH 协议,通过 SecureCRT、Putty 等标准 SSH 工具都可以远程进行 SUSE 管理。

4.1.3 安装操作系统

操作系统是最基本的软件资源,运维人员经常需要安装和重装操作系统,在此基础上再来安装和维护其他软件。下面将介绍操作系统的几种常用的安装方式,并详细讲解其中一种方式的安装步骤。

1. 操作系统安装方式

(1) 用硬盘安装操作系统

这种方法对所有计算机都适用。安装要点如下。

① 下载硬盘安装器到计算机的非系统盘,下载操作系统到非系统盘。

② 启动硬盘安装器,按提示选择计算机文件夹中的系统文件后,一直单击下一步,重启计算机安装系统。

③ 这种安装方法的优点是不需要进入 BIOS 设置启动,安装步骤简单,适用于初学安装系统的人员。

(2) 用光盘安装系统

这种安装系统的方法,适用于安装有光驱的计算机,没有光驱的计算机是不能用这种方法来安装系统的。安装要点如下。

① 启动计算机,向光驱中插入系统安装光盘,按 Delete 或者其他键(视主板类型和计

算机型号而确定按什么键)进入 BIOS,设置计算机从光盘启动,再按 F10 键保存。计算机自动重启进入系统安装界面,按提示进行操作直到系统安装完成。

② 系统安装完成后,重启计算机,开机时再进入 BIOS,设置计算机从硬盘启动,再按 F10 键保存,以后开机就是从硬盘启动了。

③ 安装完系统后,更新驱动程序。

(3) 制作 U 盘启动盘安装系统

安装要点如下。

① 制作启动盘(Windows 7 系统用 4GB U 盘,Windows XP 系统用 2GB U 盘),下载制作 U 盘启动盘的软件工具,安装、启动,按提示制作好 U 盘启动盘。

② 下载一个你要安装的系统文件,压缩型系统文件解压到 U 盘的 GHO 文件夹中,ISO 型系统文件直接复制到 U 盘的 GHO 文件夹中,U 盘启动盘就做好了。

③ 用 U 盘安装系统时,向计算机 USB 接口插入 U 盘启动盘,开机,按 Delete 键或其他键(视主板类型和计算机型号而确定按什么键)进入 BIOS,设置从 USB 启动,再按 F10 键保存。计算机自动启动进入安装系统界面,按提示安装系统。

④ 安装完成后,拔出 U 盘,计算机自动重启,单击从本地硬盘启动电脑,继续完成系统安装。

⑤ 系统安装完成后,重启计算机,开机时再进入 BIOS,设置计算机从硬盘启动,再按 F10 键保存,以后开机就是从硬盘启动了。

⑥ 安装完系统后,要更新驱动程序。

(4) 用下载的 ISO 文件安装操作系统

虚拟机上安装操作系统常用这种方式。在物理机上安装要点如下。

① 解压后的文件中有 setup 安装文件,双击 setup 文件就可以安装系统,在安装系统的过程中,注意安装中的提示,按提示操作就可以了。

② 系统安装完成后,在 C 盘(系统盘)残留有一个 Windows(old)文件,占用 C 盘大量空间,需要手动删除。

(5) 用 Ghost 安装器安装系统

这种安装方法同样适用于所有计算机安装系统,安装方法简单,操作容易。安装要点如下。

① 将下载的系统文件中的 Ghost 安装器.exe 和 Ghost 文件,复制到非系统盘中,如 D 盘。

② 运行 D:\Ghost 安装器.exe,单击【是】按钮,再单击【确定】按钮,计算机重启,进入系统安装界面,按提示安装系统。

③ 系统安装完成后,更新驱动程序。

④ 系统安装完成后,在 C 盘残留有一个 Windows(old)文件,占用 C 盘大量空间,需要手动删除。

⑤ 这种安装方式的缺点是安装的系统文件是 Ghost 系列系统文件。

2. 操作系统安装实例

下面将在 VMware Workstation 12 上用 Windows Server 2008 R2 Enterprise 的 ISO 文件安装操作系统。

① 下载和安装 VMware Workstation 12,安装后运行界面如图 4-1 所示。

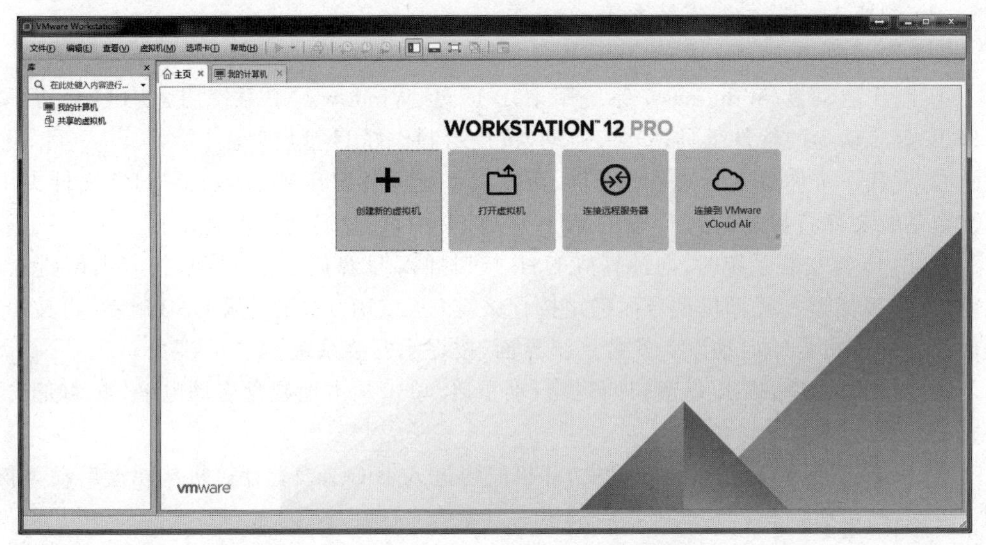

图 4-1　VMware Workstation 12 界面

② 单击首页的【创建新的虚拟机】按钮,进入如图 4-2 所示页面,可以选择【典型】选项或【自定义】选项,这里采用自定义模式安装。

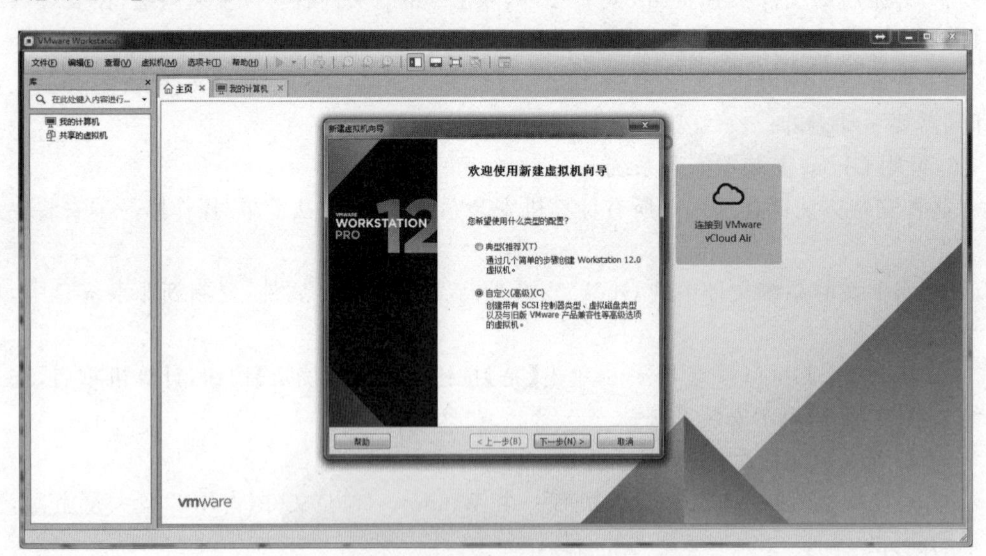

图 4-2　虚拟机安装模式

③ 接下来一直单击【下一步】按钮,直到出现如图 4-3 所示页面,选择【安装程序光盘

映像文件】选项，单击【浏览】按钮，选择下载好的操作系统安装包的ISO文件。

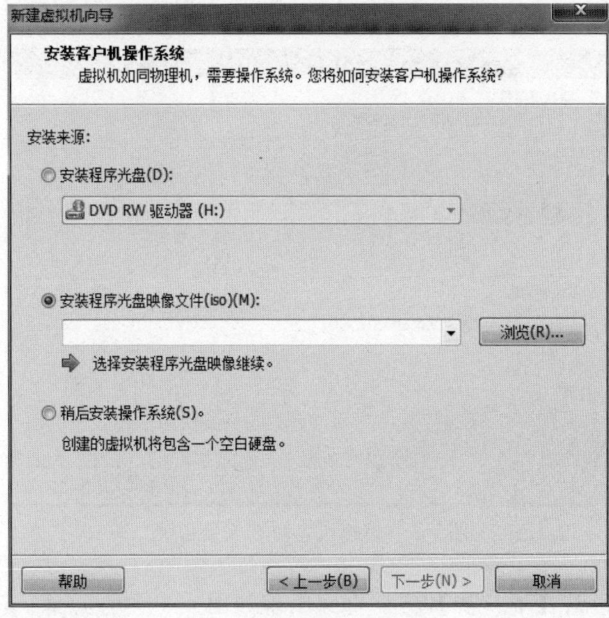

图 4-3 虚拟机安装来源

④ 单击【下一步】按钮，可以输入产品密钥，也可以不输。选择要安装的操作系统版本，输入操作系统账号和密码，也可不输入密码，如图4-4所示。

图 4-4 产品密钥

⑤ 单击【下一步】按钮，如果上一步没有输入产品密钥，会弹出提示框，单击【是】按钮

来继续安装，在接下来的页面中填写虚拟机显示的名称和指定虚拟机安装的位置，如图 4-5 所示。

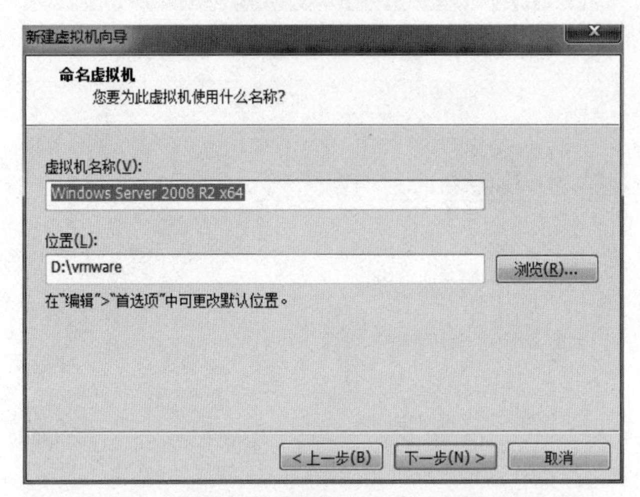

图 4-5 虚拟机名称和安装位置

⑥ 接下来一直单击【下一步】按钮，直到出现如图 4-6 所示页面。其间可对相应配置做些调整，也可全选默认值。

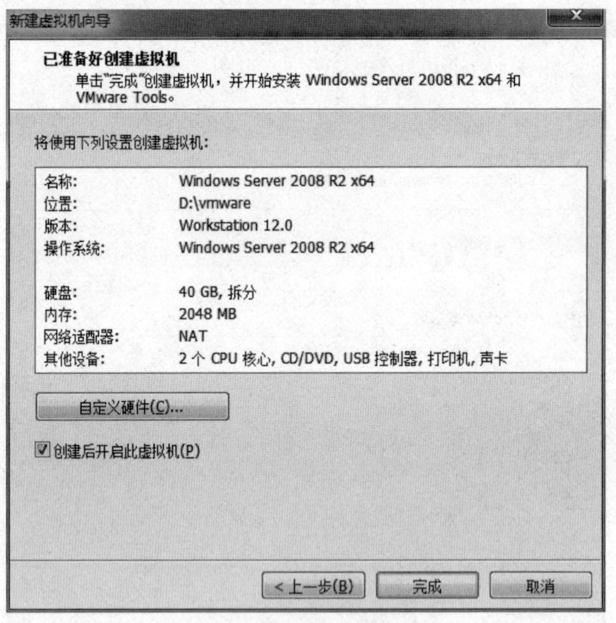

图 4-6 完成虚拟机配置

⑦ 单击【完成】按钮，操作系统开始自动安装，过程如图 4-7 所示。

⑧ 安装完成后，会自动进入操作系统并弹出初始配置任务页面。如果在第④步中没有输入产品密钥，可以单击【激活 Windows】按钮，在弹出的"Windows 激活"对话框中输入产品密钥即可激活，如图 4-8 所示。

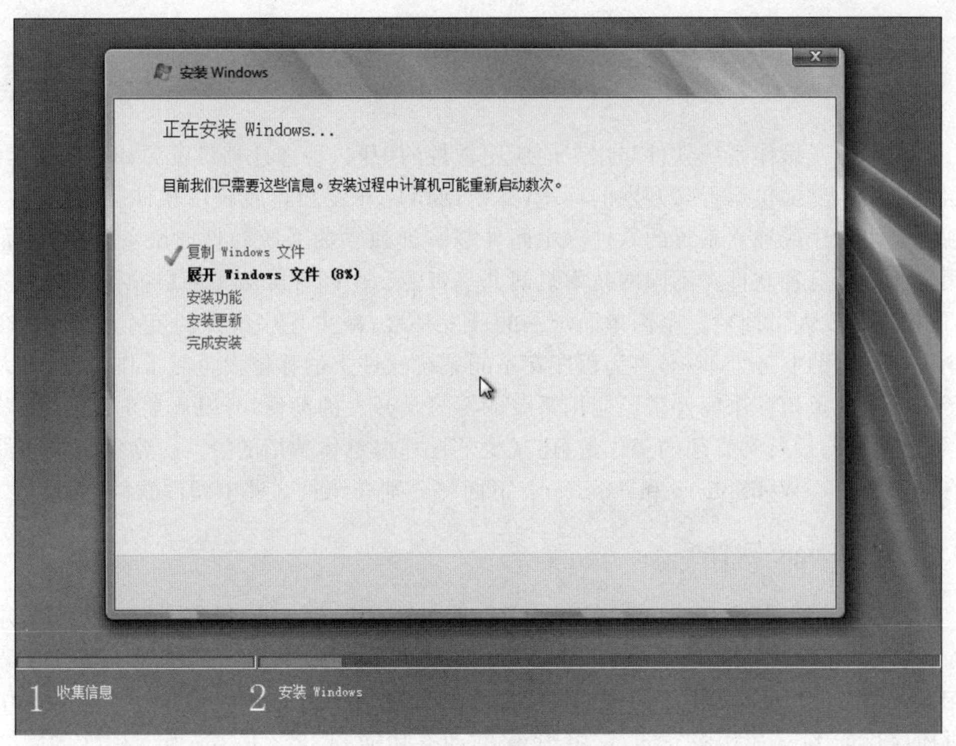

图 4-7 操作系统自动安装

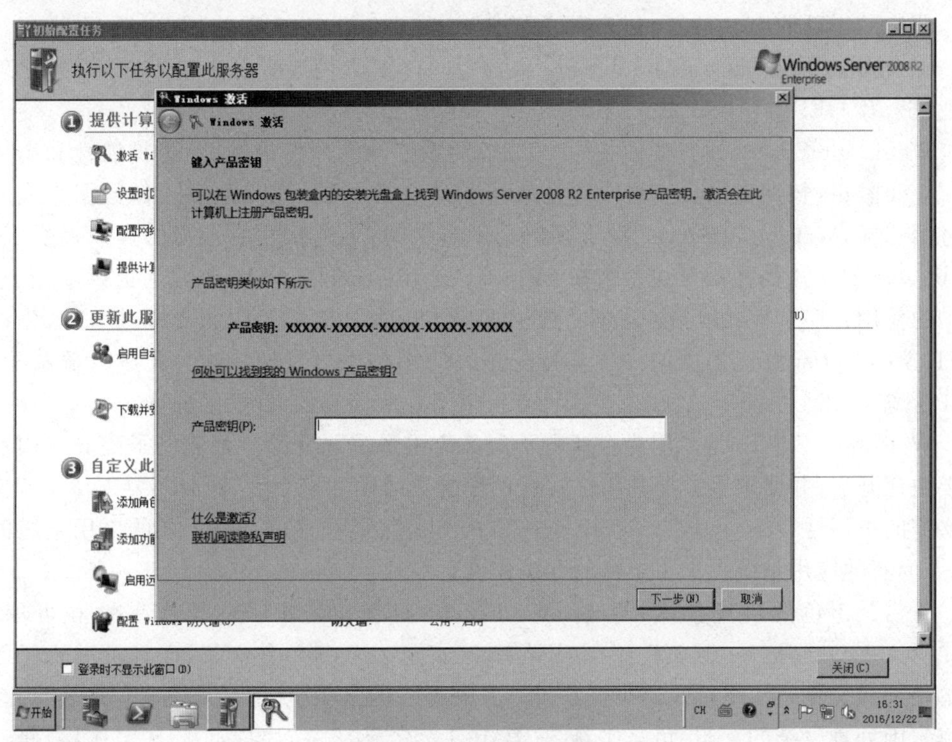

图 4-8 初始配置任务

4.2 中　间　件

中间件处于操作系统软件与用户的应用软件的中间，管理计算机资源和网络通信，为上层的应用软件提供运行与开发的环境，并帮助用户开发和集成应用软件。它是连接两个独立应用程序或独立系统的软件。中间件是一种独立的系统软件或服务程序，分布式应用软件借助这种软件在不同的技术之间共享资源。中间件屏蔽了底层操作系统的复杂性，使程序开发人员面对一个简单而统一的开发环境，减少程序设计的复杂性，将其注意力集中在自己的业务上，不必再为程序在不同系统软件上的移植而重复工作，从而大大减少了技术上的负担。中间件带给应用系统的不只是开发的简便、开发周期的缩短，也减少了系统的维护、运行和管理的工作量，还减少了计算机总体费用的投入。常用的中间件软件有 WebLogic、WebSphere 和 Tomcat。下面将分别介绍这 3 种中间件软件。

4.2.1　WebLogic 软件

WebLogic 最早由 WebLogic Inc.开发，后并入 BEA 公司，最终 BEA 公司又并入 Oracle 公司。WebLogic 是一个 Application Server，确切地说是一个基于 Java EE 架构的中间件。WebLogic 是用于开发、集成、部署和管理大型分布式 Web 应用、网络应用和数据库应用的 Java 应用服务器，它将 Java 的动态功能和 Java Enterprise 标准的安全性引入大型网络应用的开发、集成、部署和管理之中。

此产品也延伸出 WebLogic Portal、WebLogic Integration 等企业用的中间件(但当下 Oracle 公司主要以 Fusion Middleware 融合中间件来取代这些 WebLogic Server 之外的企业包)，及 OEPE(Oracle Enterprise Pack for Eclipse)开发工具。

WebLogic Server 拥有处理关键 Web 应用系统问题所需的性能、可扩展性和高可用性。WebLogic 长期以来一直被认为是市场上最好的 J2EE 工具之一。像数据库或邮件服务器一样，WebLogic Server 对于客户是不可见的，为连接在它上面的客户提供服务。WebLogic 最常用的使用方式是为在 Intranet 或 Internet 上的 Web 服务提供安全、数据驱动的应用程序。WebLogic Server 提供了对 Oracle J2EE 架构的支持，Oracle 公司的 J2EE 架构是为企业级提供的一种支持分布式应用的整体框架。它为集成后端系统(如 ERP 系统、CRM 系统)及实现企业级计算提供了一个简易的、开放的标准。

WebLogic Server 是专门为企业电子商务应用系统开发的。企业电子商务应用系统需要快速开发，并要求服务器端组件具有良好的灵活性和安全性，同时还要支持关键任务所必需的扩展性和高可用性。WebLogic Server 简化了可移植及可扩展的应用系统的开发，并为其他应用系统提供了丰富的互操作性。

凭借其出色的群集技术，WebLogic Server 拥有最高水平的可扩展性和可用性。BEA WebLogic Server 既实现了网页群集，又实现了 EJB 组件群集，而且不需要任何专门的硬件或操作系统支持。网页群集可以实现透明的复制、负载平衡及表示内容容错；组件群集则处理复杂的复制、负载平衡、EJB 组件容错及状态对象(如 EJB 实体)恢复。无论是网页群集，还是组件群集，对于电子商务解决方案所要求的可扩展性和可用性都是至关重要的。共享的客户机/服务器、数据库连接、数据缓存和EJB都增强了性能表现。这是其他Web应用系统所不具备的。

1. WebLogic优势

① 对业内多种标准的全面支持,包括EJB、JSP、JMS、JDBC、XML和WML,使Web应用系统的实施更为简单,并且保护了投资,同时也使基于标准的解决方案的开发更加简便。

② WebLogic Server以其高扩展的架构体系闻名于业内,包括客户机连接的共享、资源池化,以及动态网页和EJB组件群集。

③ 凭借对EJB和JSP的支持,以及WebLogic Server的Servlet组件架构体系,可加快投放市场速度。这些开放性标准与WebGain Studio配合时可简化开发,并可发挥已有的技能,迅速部署应用系统。

④ WebLogic Server的特点是与领先数据库、操作系统和Web服务器紧密集成。

⑤ 其容错、系统管理和安全性能已经在全球数以千计的关键任务环境中得以验证。

2. WebLogic功能

① 在使用IP地址的一台计算机上,或在使用群集捆绑在一起的多台计算机上,或在通过代理服务器管理的多台计算机上建立拥有相同域名的不同站点。

② 部署基于J2EE标准编写的服务器Java代码,包括Servlet、JSP、JavaBean和EJB。

③ 使用J2EE扩展网络服务集成分布式系统,包括用于数据库连接的JDBC、用于信息传递的JMS、用于网络目录访问的JNDI、用于分布式事务处理的JTA和用于电子邮件处理的JavaMail。

④ 部署使用远程方法调用(Remote Method Invocation,RMI)的纯Java分布式应用程序。

⑤ 通过使用RMI-IIOP(RMI over Internet Inter-ORB Protocol)部署近似CORBA的分布式应用系统。

⑥ 通过使用安全套接层(SSL)和WebLogic的内在支持为用户验证和授权,实现强大的安全性。

⑦ 通过将多个WebLogic服务器组成一个群集提供高可用性、负载均衡和容错功能。

⑧ 利用Java的多平台能力在Windows NT/2000、Sun Solaris、HP/UX和其他WebLogic支持的操作系统上部署WebLogic服务器。

⑨ 在任一平台上,通过使用基于Web的管理和监视工具,可在网络上轻松管理一个或多个WebLogic服务器。

3. WebLogic高可用性

下列WebLogic Server功能和工具可支持对具有高可用性和可伸缩性的应用程序的部署。

① WebLogic Server 群集通过在 WebLogic Server 的多个实例之间分配工作负载，为应用程序提供可伸缩性和可靠性。基于正在处理的工作量，传入请求可路由到群集中的某个 WebLogic Server 实例。出现硬件故障或其他故障时，会话状态可供其他群集结点使用，从而可以恢复故障结点的工作。此外，还可以实现群集，以便在发生故障时将服务迁移到其他结点的情况下，将服务承载在单个计算机上。除了在群集内跨服务器复制 HTTP 会话状态之外，WebLogic Server 还可以跨多个群集复制 HTTP 会话，从而在多个地理区域、电网和互联网服务提供商中扩展可用性和容错功能。

② 工作管理器基于定义的规则并通过监视实际运行时性能统计数据来确定工作的优先级。然后，该信息将用于优化应用程序的性能。工作管理器可全局应用到某个 WebLogic Server 域或特定应用程序组件。

③ 超载保护为 WebLogic Server 提供了检测、避免超载情况的能力和从超载情况下恢复过来的能力。

④ 网络通道通过基于流量类型将网络流量分隔到网络通道中，促进了对网络资源的有效使用。

⑤ WebLogic Server 持久性存储是用于需要持久性的 WebLogic Server 子系统及服务的内置高性能存储解决方案。例如，持久性存储可以存储持久性 JMS 消息或暂时存储使用存储转发功能发送的消息。持久性存储支持基于文件的存储的持久性或已启用 JDBC 的数据库的持久性。

⑥ 存储转发服务可使 WebLogic Server 在分布于各 WebLogic Server 实例中的各应用程序之间可靠地传递消息。如果发送消息时该消息目标不可用(由于网络问题或系统故障)，则这些消息将保存到本地服务器实例中，并且在消息目标可用后，这些消息将立即转发到此远程目标。

⑦ 可立即用于企业部署的工具方便了应用程序从开发阶段到生产环境的部署和迁移。

⑧ 生产重新部署可使企业部署其应用程序的新版本而不必中断在较旧版本上正在进行的工作。

4.2.2 WebSphere 软件

WebSphere 是 IBM 的软件平台，提供了可靠、灵活和健壮的软件。它包含了编写、运行和监视全天候的工业强度的随需应变 Web 应用程序和跨平台、跨产品解决方案所需要的整个中间件基础设施，如服务器、服务和工具，它的产品有 WebSphere Portal、WebSphere MQ、WebSphere Application Server（WAS）、WebSphere Commerce、WebSphere Studio 等。

WebSphere 是一个模块化的平台，基于业界支持的开放标准，可以通过受信任和持久的接口，将现有资产插入 WebSphere，可以继续扩展环境。WebSphere 可以在许多平台上运行，包括 Intel、Linux 和 z/OS。

WebSphere 是随需应变的电子商务时代的最主要的软件平台，可用于企业开发、部署和整合新一代的电子商务应用，如 B2B，并支持从简单的网页内容发布到企业级事务处理的商业应用。WebSphere 可以创建电子商务站点，把应用扩展到联合的移动设备，整合已有的应用并提供自动业务流程。

WebSphere Application Server 是该设施的基础,其他所有产品都在它之上运行。WebSphere Process Server 基于 WebSphere Application Server 和 WebSphere Enterprise Service Bus,它为面向服务的体系结构(Service Oriented Architecture,SOA)的模块化应用程序提供了基础,并支持应用业务规则,以驱动支持业务流程的应用程序。高性能环境还将 WebSphere Extended Deployment 作为其基础设施的一部分。其他 WebSphere 产品提供了广泛的其他服务。下面将重点介绍其中的 WebSphere Application Server。

1. WAS 体系结构

WebSphere Application Server 体系结构主要由单元、结点、服务、概要文件、部署服务器和结点代理组成。

(1) 单元

单元(Cell)是整个分布式网络中一个或多个结点的逻辑分组。单元是一个配置概念,是管理员将结点间的逻辑关联起来的实现方法。管理员根据具体的业务环境,制定对其整体系统集成环境有意义的规则来定义和组织构成单元的结点。就一般情况来说,可以将单元看作是最大的作用域。在 IBM WAS ND 产品中,管理配置数据都存储在 XML 文件中。单元保留了它每个结点中每台服务器的主配置文件。同时每个结点和服务器也有其自己的本地配置文件。如果服务器已经属于单元,则对于本地结点或服务器配置文件的更改都是临时的,当在本地提交的更改生效时,本地更改覆盖单元配置,但是当执行单元配置文档同步到结点的操作时,在单元级别上对主控服务器和主结点配置文件所做的更改将会替换对该结点所做的任何临时更改。

(2) 结点

结点(Node)是受管服务器的逻辑分组。结点通常与具有唯一 IP 地址的逻辑的或物理的计算机系统对应,结点不能跨多台计算机。结点分为受管结点与非受管结点。

(3) 服务

服务(Server)就是所谓的应用服务实例(Application Server Instance),这是我们实际要部署应用的地方。如果是非 ND 版本,则属于单一服务(Single Server)版本,那么一个结点中只能有一个应用服务实例,否则可有多个服务。

(4) 概要文件

概要文件(Profile)是指独立应用程序服务器的运行时环境,它包含服务器在运行时环境中操作的所有文件。Node 是管理上使用的概念,Profile 是实际的概要文件,它们代表同一事物。

(5) 部署服务器

部署服务器(Deployment Manager)用来为单元中的所有元素提供单一的控制管理,它是一个特殊的结点,是使用 DMGR 部署管理概要模板创建的。

(6) 结点代理

结点代理(Node Agent)是将管理请求交至服务器的管理代理程序。结点代理进程在每个受管结点上运行,它执行特定于结点的管理功能,包括配置同步、文件传输、请求路由和服务器进程监视。

2. WAS 安装

(1) 创建 WAS 启动用户

① 创建 wasadmin 用户的根目录。

```
mkdir -p /home/wasadmin
```

② 创建组和用户。

```
mkgroup -a wasadmins
mkuser pgrp='wasadmins' home='/home/wasadmin' shell='/usr/bin/ksh'wasadmin
```

(2) 运行安装程序

① root 账号运行./install,将出现如图 4-9 所示的图形化界面,单击 Next 按钮。

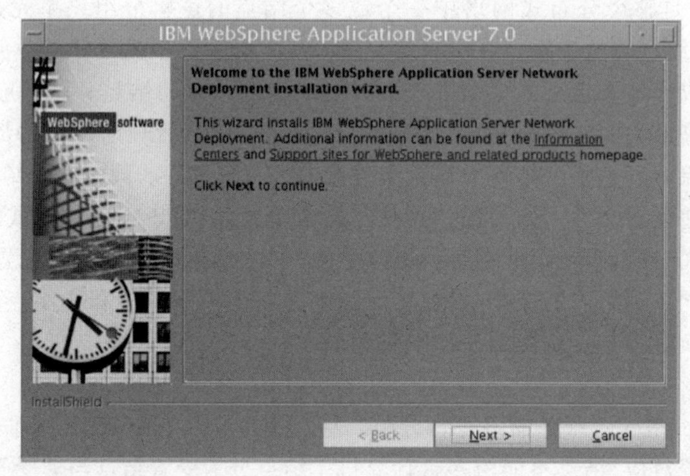

图 4-9　安装启动界面

② 在弹出的界面上选择 Application server 选项,如图 4-10 所示,单击 Next 按钮。

③ 在弹出的界面上输入用户名 wasadmin,输入密码 password,如图 4-11 所示,单击 Next 按钮。

④ WAS 开始安装,如图 4-12 所示。

(3) 创建概要文件

64 位的 Java 语言开发工具包(Java Development Kit,JDK)安装 WAS 后是没有 Profile 的,需要手工创建 Profile。

```
/home/wasadmin/IBM/WebSphere/AppServer/bin/managerprofiles. sh - createName
Appsrv01 -profilePath /home/wasadmin/IBM /WebSphere/AppServer/profiles/
AppSrv01 -templatePath /home/wasadmin/IBM /WebSphere/AppServer/
profileTemplates/default -hostName testWas
```

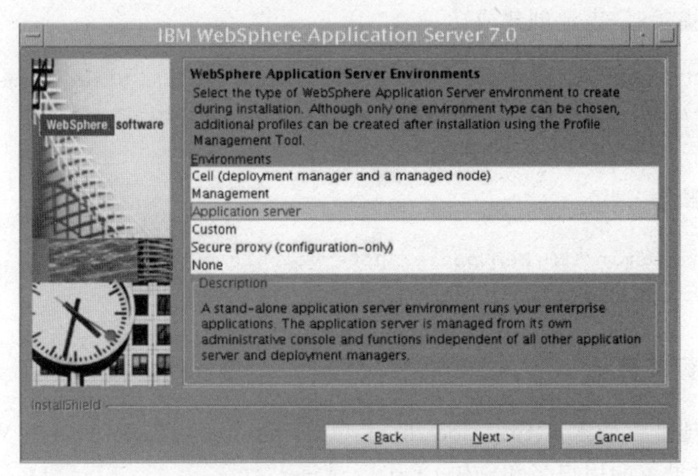

图 4-10　选择 Application Server

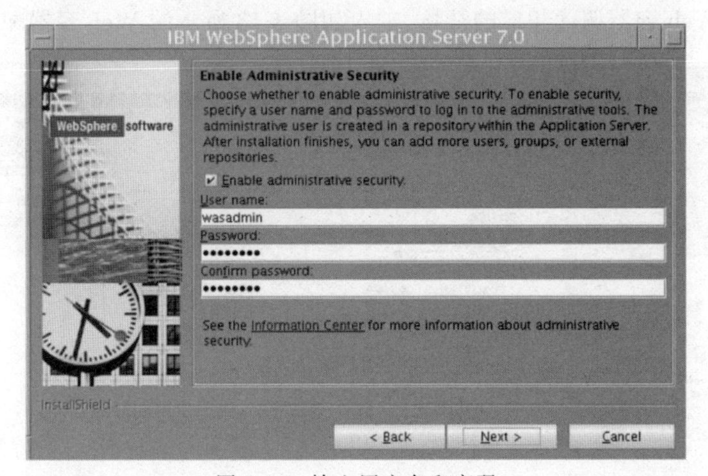

图 4-11　输入用户名和密码

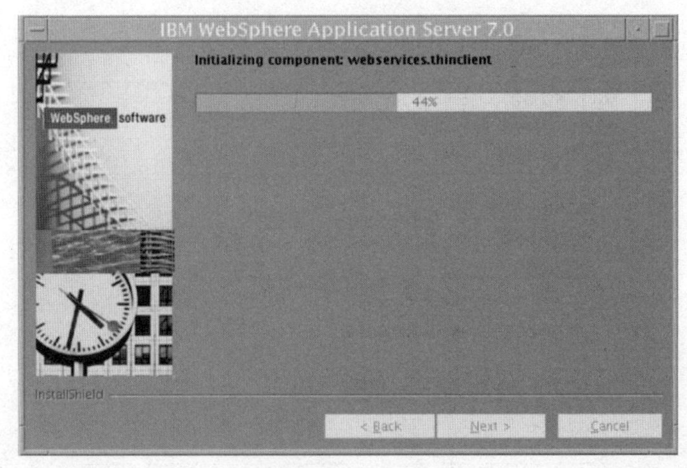

图 4-12　安装过程

出现如下提示时，表示创建成功。

```
INSTCONFSUCCESS: Success: Profile Appsrv01 now exists. Please consult /washome/WebSphere/AppServer/profiles/AppSrv01/logs/AboutThisProfile. txt for more information about this profile.
```

(4) 启动服务

```
cd /home/wasadmin/IBM/WebSphere/AppServer/bin/
./startServer.sh server1
```

3. WAS 参数调优

在浏览器地址栏输入 http://localhost:9060/admin，进入 WAS 7.0 WEB 管理控制台，输入安装时设置的用户名和密码，单击登录进入。

(1) Web 容器调优

① 单击 Web 容器调优相应的链接，进入如图 4-13 所示的 Web 容器配置页面。

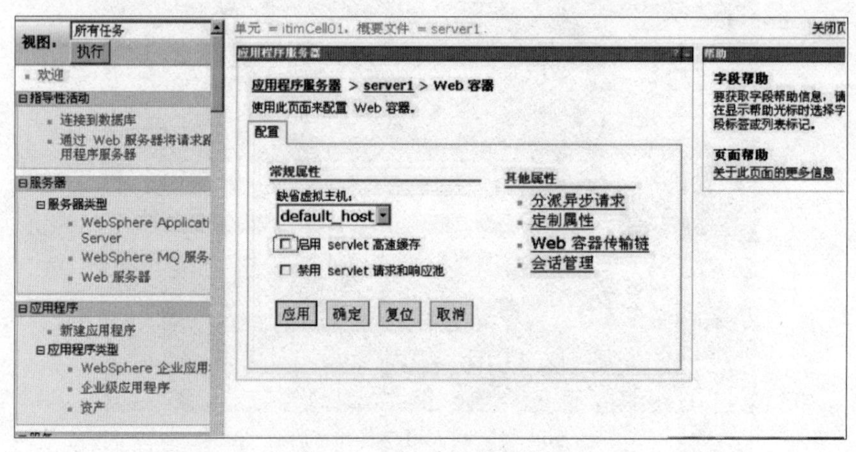

图 4-13　Web 容器配置页面

② 勾选【启用 servlet 高速缓存】按钮，如图 4-14 所示。

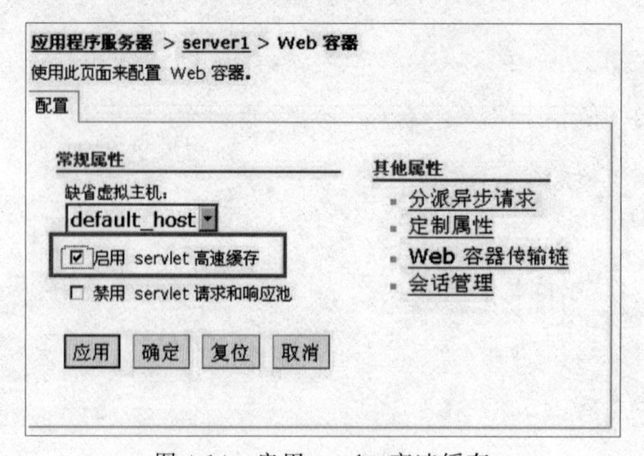

图 4-14　启用 servlet 高速缓存

③ 单击会话管理链接,进入会话管理调整页面,把最大会话量改成4096,单击确定保存,如图4-15所示。

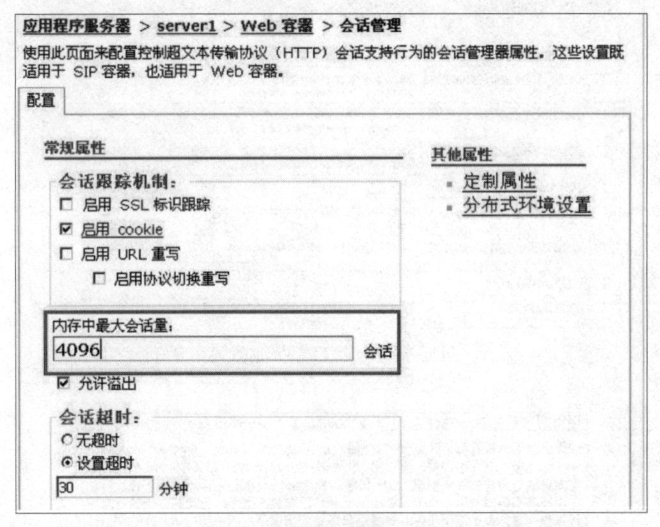

图4-15 调整最大会话量

(2) 调整线程池

① 单击相应的链接,进入如图4-16所示的线程池配置页面。

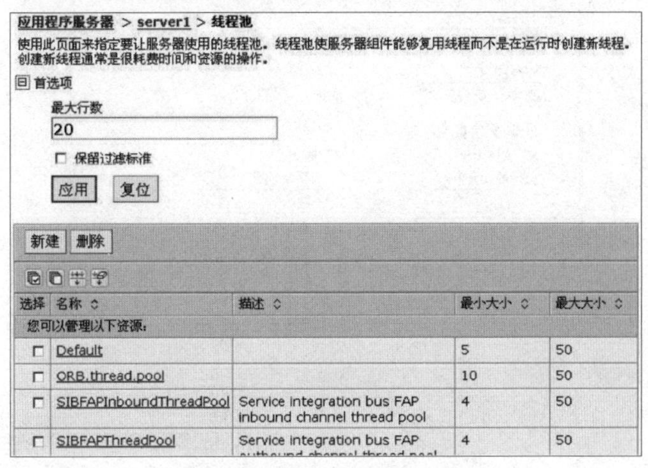

图4-16 线程池配置页面

② 把相应的线程池大小调整成如图4-17所示。

(3) 调整JVM日志

① 单击相应链接,进入如图4-18所示的JVM日志配置页面。

② 将System.out和System.err日志文件相应的值分别改成如图4-19和图4-20所示。

(4) Java虚拟机参数调优

① 单击相应的链接,进入如图4-21所示的Java虚拟机配置页面。

② 调整的值如图4-22所示。

新建 删除

选择	名称	描述	最小大小	最大大小
您可以管理以下资源：				
☐	Default		5	50
☐	ORB.thread.pool		10	50
☐	SIBFAPInboundThreadPool	Service integration bus FAP inbound channel thread pool	4	50
☐	SIBFAPThreadPool	Service integration bus FAP outbound channel thread pool	4	50
☐	SIBJMSRAThreadPool	Service Integration Bus JMS Resource Adapter thread pool	35	41
☐	TCPChannel.DCS		5	20
☐	WMQCommonServices	WebSphere MQ common services thread pool	1	40
☐	WMQJCAResourceAdapter	wmqJcaRaThreadPoolDescription	5	25
☐	WebContainer		50	150
☐	server.startup	This pool is used by WebSphere during server startup.	1	3

图 4-17 调整线程池大小

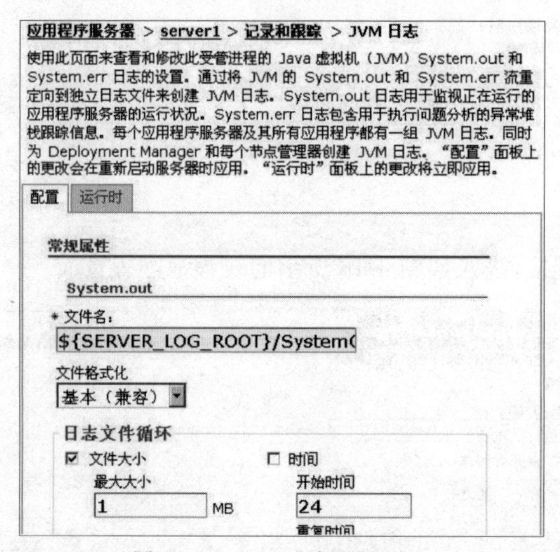

图 4-18 JVM 日志配置页面

System.out
* 文件名：
${SERVER_LOG_ROOT}/System(
文件格式化
基本（兼容）
日志文件循环
☑ 文件大小 ☐ 时间
最大大小 20 MB
开始时间 24
重复时间 24 小时数
历史日志文件的最大数。数目范围是 1 到 200。
10
安装的应用程序输出
☑ 显示应用程序打印语句
☑ 格式化打印语句

图 4-19 配置 System.out 日志文件

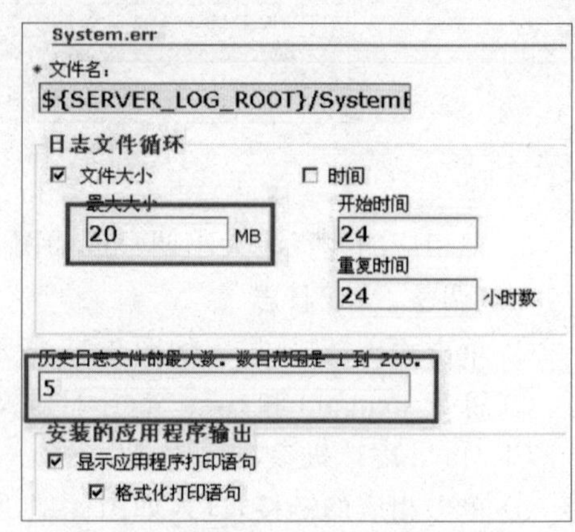

图 4-20 配置 System.err 日志文件

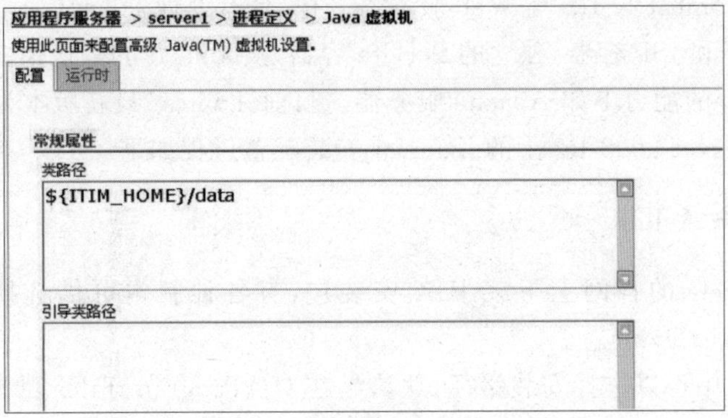

图 4-21 Java 虚拟机配置页面

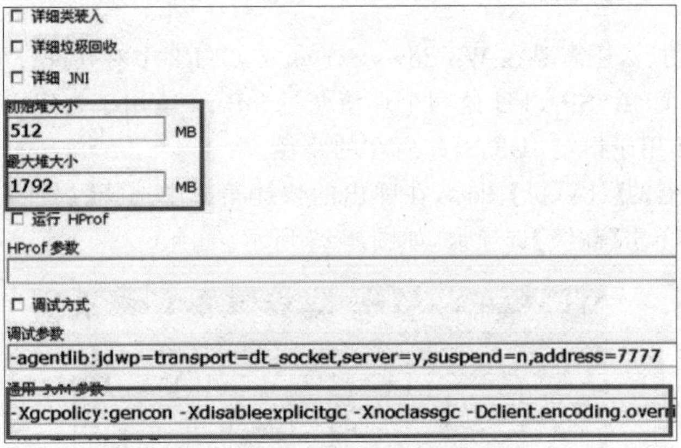

图 4-22 配置 Java 虚拟机

4.2.3 Tomcat 软件

Tomcat 是 Apache 软件基金会(Apache Software Foundation)Jakarta 项目中的一个核心项目,由 Apache、Sun(已被 Oracle 公司收购)和其他一些公司及个人共同开发而成。由于有了 Sun 的参与和支持,最新的 Servlet 和 JSP 规范总是能在 Tomcat 中得到体现,Tomcat 5 支持最新的 Servlet 2.4 和 JSP 2.0 规范。因为 Tomcat 技术先进、性能稳定,而且免费,因而深受 Java 爱好者的喜爱并得到了部分软件开发商的认可,成为目前比较流行的 Web 应用服务器。

Tomcat 服务器是一个免费的开放源代码的 Web 应用服务器,属于轻量级应用服务器,在中小型系统和并发访问用户不是很多的场合下被普遍使用,是开发和调试 JSP 程序的首选。对于一个初学者来说,可以这样认为,当在一台机器上配置好 Apache 服务器后,可利用它响应 HTML(标准通用标记语言下的一个应用)页面的访问请求。实际上 Tomcat 部分是 Apache 服务器的扩展,但它是独立运行的,所以当你运行 Tomcat 时,它实际上作为一个与 Apache 独立的进程单独运行。

当配置正确时,Apache 为 HTML 页面服务,而 Tomcat 实际上运行 JSP 页面和

Servlet。另外，Tomcat 与 IIS 等 Web 服务器一样，具有处理 HTML 页面的功能，另外它还是一个 Servlet 和 JSP 容器，独立的 Servlet 容器是 Tomcat 的默认模式。不过，Tomcat 处理静态 HTML 的能力不如 Apache 服务器。目前 Tomcat 最新版本为 9.0。

Windows Server 2008 R2 上的 Tomcat 安装配置过程如下。

1. 下载和安装 JDK

① 可在 Oracle 的官网上下载 JDK 安装包，有各种版本可供选择，这里选择 jdk-8u111-windows-x64.exe。

② 安装过程中可以选择安装路径，默认是在 C:\Program Files 目录下，如果无须更改，则一直点下一步，提示安装成功后点关闭即可。

2. 配置 JDK 环境变量

JDK 安装成功后，还需要在 Windows Server 2008 R2 中对其进行配置。这里主要需要配置 PATH 和 CLASSPATH 这两个环境变量。PATH 用于指定 JDK 命令所在的路径，CLASSPATH 用于指定 JDK 类库所在的路径。

① 右击桌面上的【计算机】图标，在弹出的快捷菜单中选择【属性】选项，即可打开系统属性配置界面，单击【高级】选项卡，如图 4-23 所示。

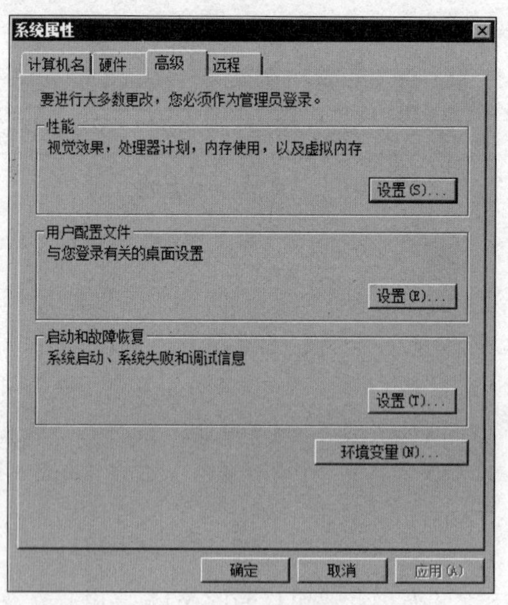

图 4-23　系统属性界面

② 单击界面上的【环境变量】按钮，进入环境变量配置界面，如图 4-24 所示。在配置界面中有用户变量和系统变量两种，其中用户变量所配置的环境变量适用于某个用户，系统变量所配置的环境变量适用于本机上的所有用户。

③ 单击用户变量处的【新建】按钮，进入新建用户变量的界面。输入变量名 PATH，变量值 C:\Program Files\Java\jdk1.8.0_111\bin，如图 4-25 所示，单击【确定】按钮。

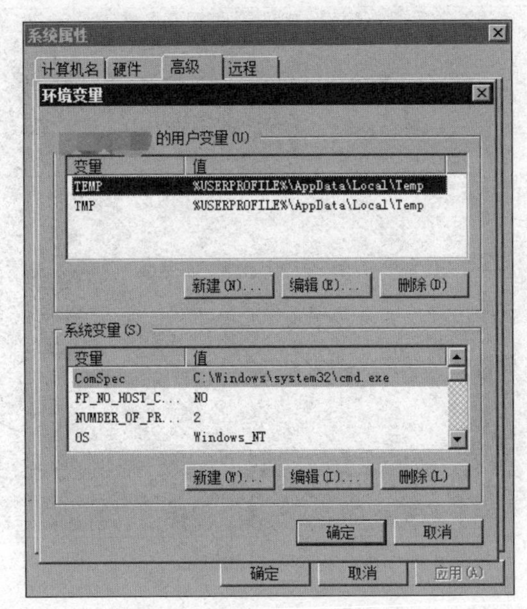

图 4-24　环境变量配置界面

④ 采用第③步的操作，输入变量名 CLASSPATH，变量值.；C:\Program Files\Java\jdk1.8.0_111\lib，如图 4-26 所示。

图 4-25　配置 PATH 用户变量

图 4-26　配置 CLASSPATH 用户变量

⑤ 新建用户变量完成后，用户变量列表中增加了 PATH 和 CLASSPATH 两个变量，单击环境变量配置界面的【确定】按钮，完成 JDK 环境变量的配置。

3. 检查 JDK 安装配置

① 依次单击 Windows 上的【开始】按钮和【运行】选项，在打开的对话框中输入 cmd，单击“确定”按钮，如图 4-27 所示。

② 在弹出的界面中依次输入 java -version 和 javac 命令，如果提示找不到命令，就说明 JDK 的环境变量没有设置正确，如图 4-28 所示。

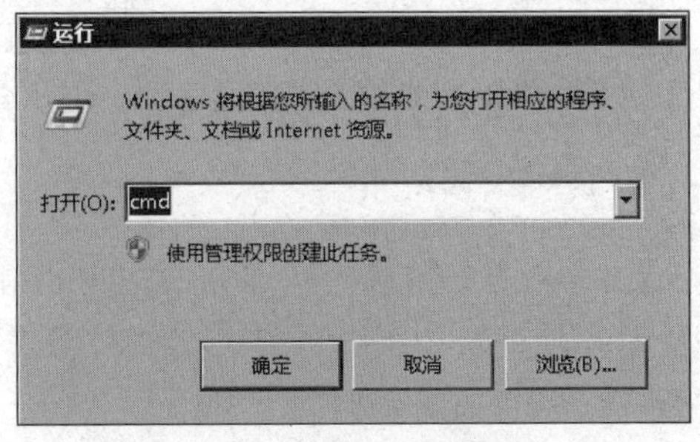

图 4-27　运行 cmd 命令

4. 安装 Tomcat

① 打开 Apache Tomcat 的下载页面，有

```
管理员: C:\Windows\system32\cmd.exe
Microsoft Windows [版本 6.1.7601]
版权所有 (c) 2009 Microsoft Corporation。保留所有权利。

C:\Users\Administrator>java -version
java version "1.8.0_111"
Java(TM) SE Runtime Environment (build 1.8.0_111-b14)
Java HotSpot(TM) 64-Bit Server VM (build 25.111-b14, mixed mode)

C:\Users\Administrator>javac
用法: javac <options> <source files>
其中, 可能的选项包括:
  -g                         生成所有调试信息
  -g:none                    不生成任何调试信息
  -g:{lines,vars,source}     只生成某些调试信息
  -nowarn                    不生成任何警告
  -verbose                   输出有关编译器正在执行的操作的消息
  -deprecation               输出使用已过时的 API 的源位置
  -classpath <路径>            指定查找用户类文件和注释处理程序的位置
  -cp <路径>                   指定查找用户类文件和注释处理程序的位置
  -sourcepath <路径>           指定查找输入源文件的位置
  -bootclasspath <路径>        覆盖引导类文件的位置
  -extdirs <目录>              覆盖所安装扩展的位置
  -endorseddirs <目录>         覆盖签名的标准路径的位置
  -proc:{none,only}          控制是否执行注释处理和/或编译。
  -processor <class1>[,<class2>,<class3>...] 要运行的注释处理程序的名称; 绕过默
```

图 4-28　运行测试命令

多个版本可以下载,根据运行环境选择适当的版本,这里选择下载 64-bit Windows zip,如图 4-29 所示。

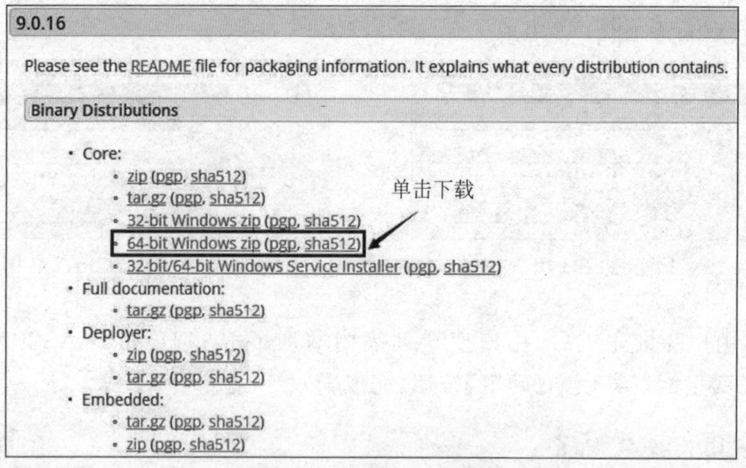

图 4-29　Tomcat 下载页面

② 将下载好的 Tomcat 放到想安装的目录下,右击 Tomcat 安装包,在弹出的快捷菜单中选择【解压到当前文件夹】选项,如图 4-30 所示。

5. 运行 Tomcat

① 在命令行里进入到 Tomcat 的 bin 目录下,输入 startup.bat 后按 Enter 键,可以看到提示环境变量中 JAVA_HOME 和 JRE_HOME 都没有定义,至少需要定义一个才能运行 Tomcat,如图 4-31 所示。

② 参照上文中配置 JDK 环境变量的方式配置 JAVA_HOME 用户变量,变量名为

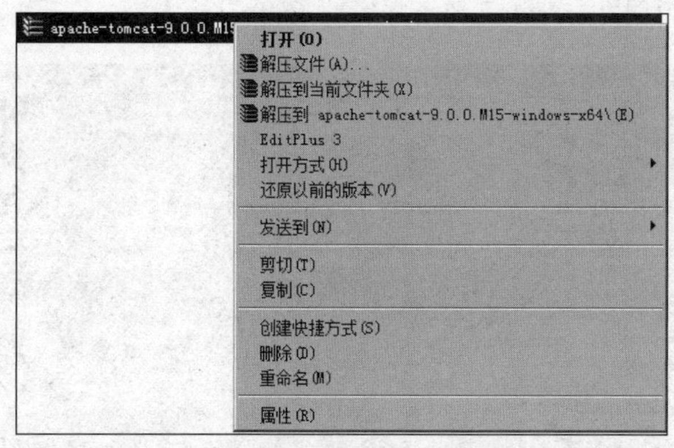

图 4-30 解压 Tomcat 安装包

```
管理员: C:\Windows\system32\cmd.exe
Microsoft Windows [版本 6.1.7601]
版权所有 (c) 2009 Microsoft Corporation。保留所有权利。

C:\Users\Administrator>E:

E:\>cd apache-tomcat-9.0.0.M15

E:\apache-tomcat-9.0.0.M15>cd bin

E:\apache-tomcat-9.0.0.M15\bin>startup.bat
Neither the JAVA_HOME nor the JRE_HOME environment variable is defined
At least one of these environment variable is needed to run this program
E:\apache-tomcat-9.0.0.M15\bin>_
```

图 4-31 没有配置 JAVA_HOME

JAVA_HOME,变量值为 C:\Program Files\Java\jdk1.8.0_111。

③ 重新打开命令行,输入 startup.bat 后按 Enter 键,可能会出现如图 4-32 所示的结果。这是由于 Tomcat 默认的 8080 端口已经被其他应用程序占用了,需要更换端口。

```
        at sun.reflect.NativeMethodAccessorImpl.invoke0(Native Method)
        at sun.reflect.NativeMethodAccessorImpl.invoke(Unknown Source)
        at sun.reflect.DelegatingMethodAccessorImpl.invoke(Unknown Source)
        at java.lang.reflect.Method.invoke(Unknown Source)
        at org.apache.catalina.startup.Bootstrap.load(Bootstrap.java:311)
        at org.apache.catalina.startup.Bootstrap.main(Bootstrap.java:494)
Caused by: java.net.BindException: Address already in use: bind
        at sun.nio.ch.Net.bind0(Native Method)
        at sun.nio.ch.Net.bind(Unknown Source)
        at sun.nio.ch.Net.bind(Unknown Source)
        at sun.nio.ch.ServerSocketChannelImpl.bind(Unknown Source)
        at sun.nio.ch.ServerSocketAdaptor.bind(Unknown Source)
        at org.apache.tomcat.util.net.NioEndpoint.bind(NioEndpoint.java:210)
        at org.apache.tomcat.util.net.AbstractEndpoint.init(AbstractEndpoint.jav
a:941)
        at org.apache.coyote.AbstractProtocol.init(AbstractProtocol.java:542)
        at org.apache.coyote.http11.AbstractHttp11Protocol.init(AbstractHttp11Pr
otocol.java:68)
```

图 4-32 端口被占用

④ 进入 Tomcat 的 conf 目录,用记事本打开 server.xml 文件,搜索 8080,并将其改为其他值,这里改为 8088。

⑤ 重新打开命令行,输入 startup.bat 后按 Enter 键,出现如图 4-33 所示的运行结

果，没有错误信息，说明 Tomcat 已经正常启动了。

```
Tomcat
30-Dec-2016 08:40:53.046 信息 [localhost-startStop-1] org.apache.catalina.startu
p.HostConfig.deployDirectory Deploying web application directory E:\apache-tomca
t-9.0.0.M15\webapps\host-manager
30-Dec-2016 08:40:53.127 信息 [localhost-startStop-1] org.apache.catalina.startu
p.HostConfig.deployDirectory Deployment of web application directory E:\apache-t
omcat-9.0.0.M15\webapps\host-manager has finished in 80 ms
30-Dec-2016 08:40:53.130 信息 [localhost-startStop-1] org.apache.catalina.startu
p.HostConfig.deployDirectory Deploying web application directory E:\apache-tomca
t-9.0.0.M15\webapps\manager
30-Dec-2016 08:40:53.287 信息 [localhost-startStop-1] org.apache.catalina.startu
p.HostConfig.deployDirectory Deployment of web application directory E:\apache-t
omcat-9.0.0.M15\webapps\manager has finished in 156 ms
30-Dec-2016 08:40:53.289 信息 [localhost-startStop-1] org.apache.catalina.startu
p.HostConfig.deployDirectory Deploying web application directory E:\apache-tomca
t-9.0.0.M15\webapps\ROOT
30-Dec-2016 08:40:53.334 信息 [localhost-startStop-1] org.apache.catalina.startu
p.HostConfig.deployDirectory Deployment of web application directory E:\apache-t
omcat-9.0.0.M15\webapps\ROOT has finished in 45 ms
30-Dec-2016 08:40:53.367 信息 [main] org.apache.coyote.AbstractProtocol.start St
arting ProtocolHandler [http-nio-8088]
30-Dec-2016 08:40:53.400 信息 [main] org.apache.coyote.AbstractProtocol.start St
arting ProtocolHandler [ajp-nio-8009]
30-Dec-2016 08:40:53.439 信息 [main] org.apache.catalina.startup.Catalina.start
Server startup in 4035 ms
```

图 4-33　Tomcat 正常启动

⑥ 打开本地浏览器，在浏览器地址栏输入 http://localhost:8088/，其中 8088 相应换成更改的端口号，按 Enter 键，运行结果如图 4-34 所示。

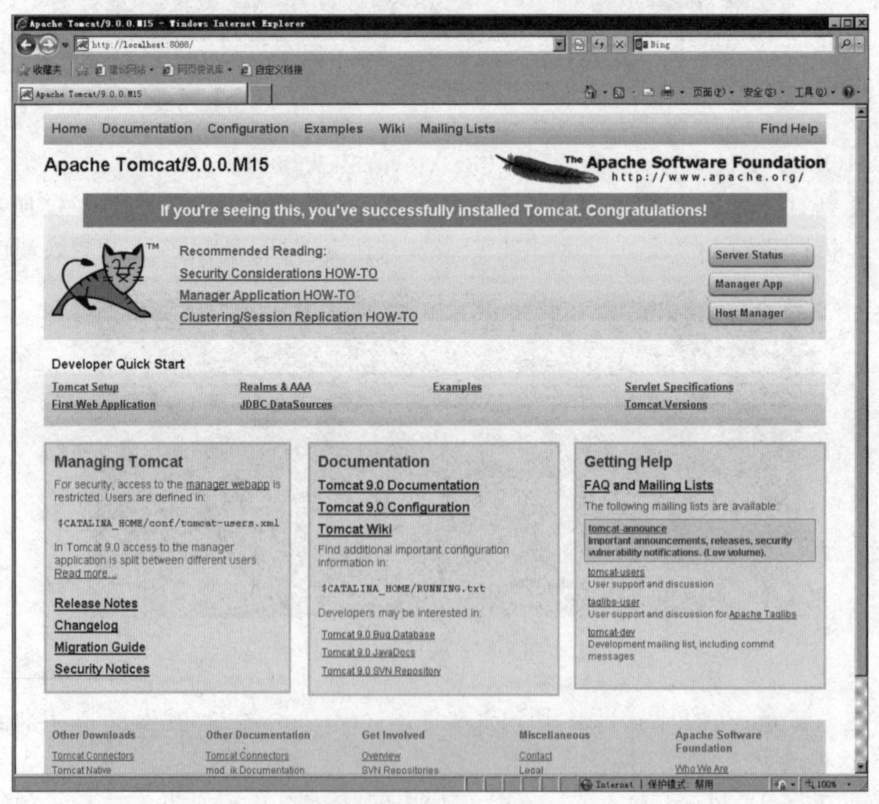

图 4-34　浏览器打开 Tomcat

⑦ 做好的网站可以放在 Tomcat 的 webapps 目录下，浏览器地址栏输入 http://localhost:8088/网站文件夹名，即可打开相应的网站。

4.3 数据库

数据库是按照数据结构来组织、存储和管理数据的仓库，从最简单的存储各种数据的表格到能够进行海量数据存储的大型数据库系统都在各个方面得到了广泛的应用。数据库的应用领域相当广泛，从一般事务处理到各种专门化数据的存储与管理，都可以建立不同类型的数据库。

首先使用"DataBase"一词的是美国系统发展公司在为美国海军基地在20世纪60年代研制数据中引用，几十年以来关系型数据库发展很快，主导关系型数据库的数据管理系统有 Sybase、DB2、MySQL、Oracle、PostgreSQL，这些产品支持 Windows、Linux 等不同的操作系统。微软的 SQL Server 也是非常成熟的关系型数据库，但只能运行于 Windows 操作系统。近年，随着互联网 Web 2.0 网站的兴起，传统的关系数据库在应付 Web 2.0 网站，特别是超大规模和高并发的 SNS 类型的 Web 2.0 纯动态网站时已经显得力不从心，暴露了很多难以克服的问题，而非关系型的数据库（也称 NoSQL）则由于其本身的特点得到了非常迅速的发展，如 Membase、MongoDB、Hypertable 等。下面将重点介绍开源的 PostgreSQL 和 SQL Server 数据库。

4.3.1 PostgreSQL

PostgreSQL 是以加州大学伯克利分校计算机系开发的 POSTGRES，现在已经更名为 PostgreSQL，版本 4.2 为基础的对象关系型数据库管理系统（ORDBMS）。PostgreSQL 支持大部分 SQL 标准并且提供了许多其他现代特性：复杂查询、外键、触发器、视图、事务完整性、MVCC。同样，PostgreSQL 可以用许多方法扩展，比如，通过增加新的数据类型、函数、操作符、聚集函数、索引，免费使用、修改和分发 PostgreSQL，不管是私用、商用还是学术研究使用。

1. PostgreSQL 安装

① 从 PostgreSQL 官网 http://www.enterprisedb.com/products-services-training/pgdownload 根据安装环境下载相应的 PostgreSQL 安装包，这里下载 postgresql-9.6.1-1-windows-x64，如图 4-35 所示。

② 双击运行，如图 4-36 所示，单击 Next 按钮。

③ 在安装的过程中，选择安装目录和数据存放目录，也可以取默认值，分别如图 4-37 和图 4-38 所示。

④ 设置本地 PostgreSQL 数据库密码，密码设置好后需要记住，在后面连接数据库时需要用到，如图 4-39 所示。

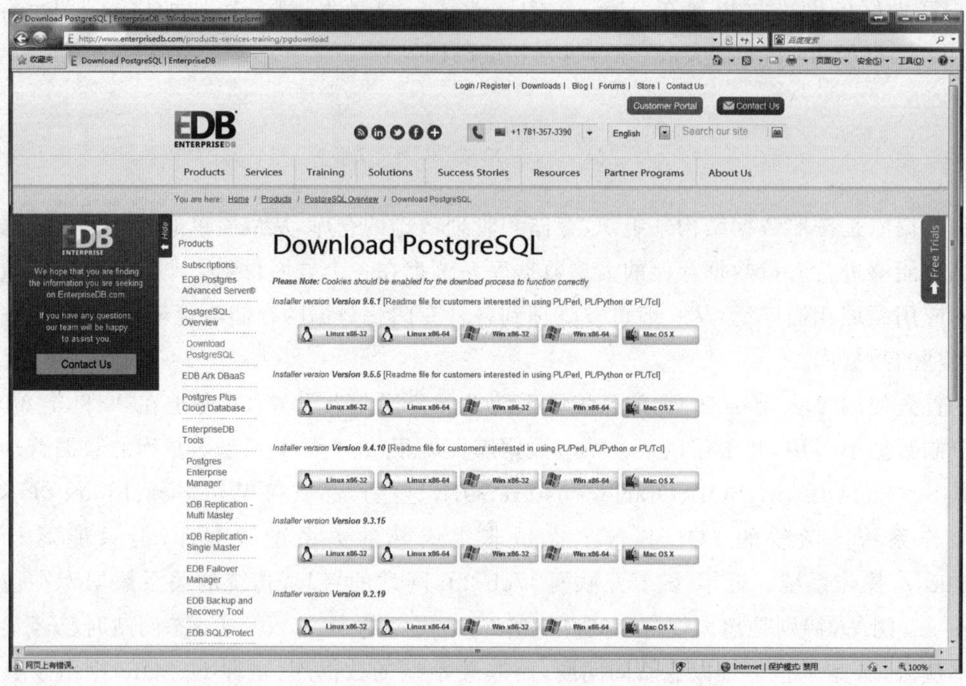

图 4-35　PostgreSQL 下载页面

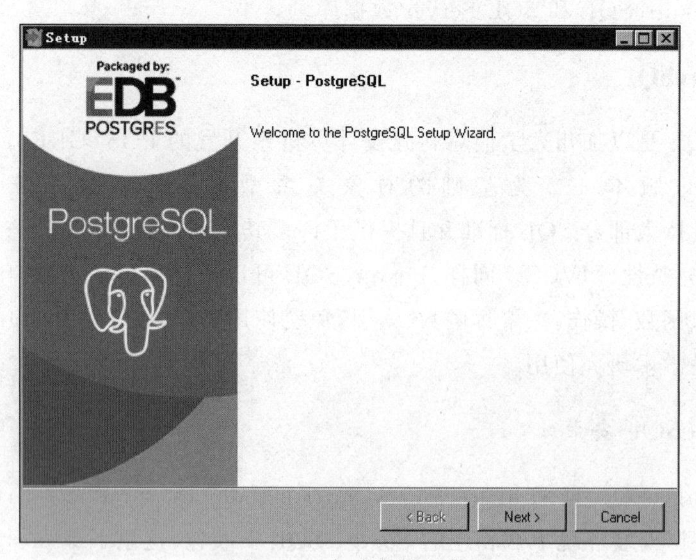

图 4-36　启动安装程序

⑤ 设置本地 PostgreSQL 数据库监听端口，这里一般取默认值 5432 即可，如图 4-40 所示。

⑥ 本土化 Locale 一般选择 Chinese(Simplified)，Singapore 选项，如图 4-41 所示。

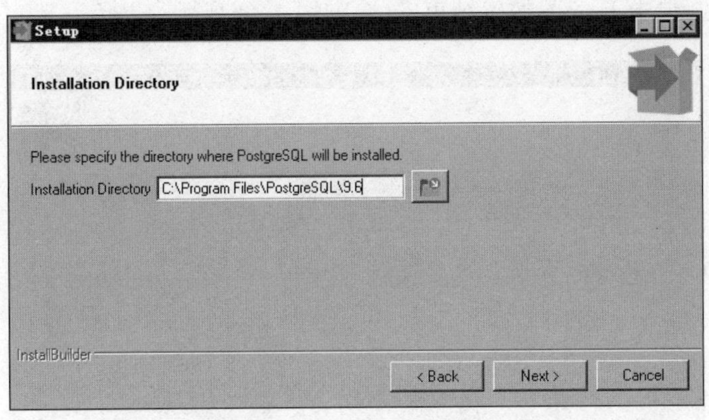

图 4-37 选择安装目录

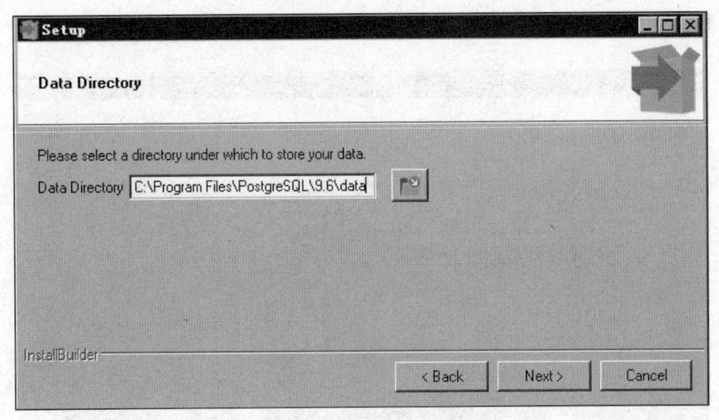

图 4-38 选择数据文件存放目录

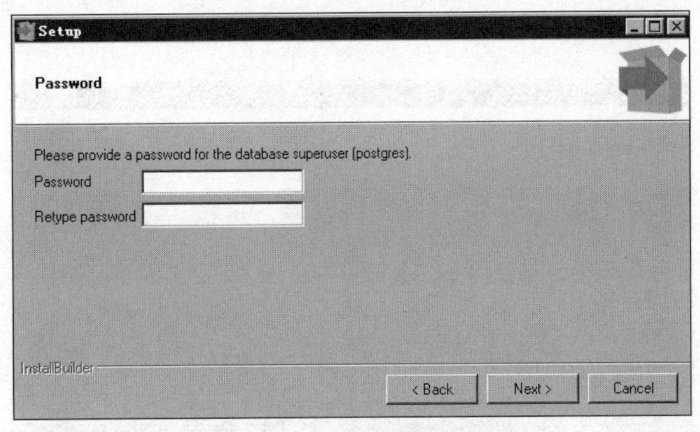

图 4-39 输入数据库密码

⑦ 信息配置好后，安装程序开始正式进行安装，如图 4-42 所示，安装过程如图 4-43 所示。

⑧ 安装完成后，会提示是否需要安装附加的工具、驱动和应用等，如果需要就勾选，

不需要就不勾选,单击 Finish 按钮结束安装,如图 4-44 所示。

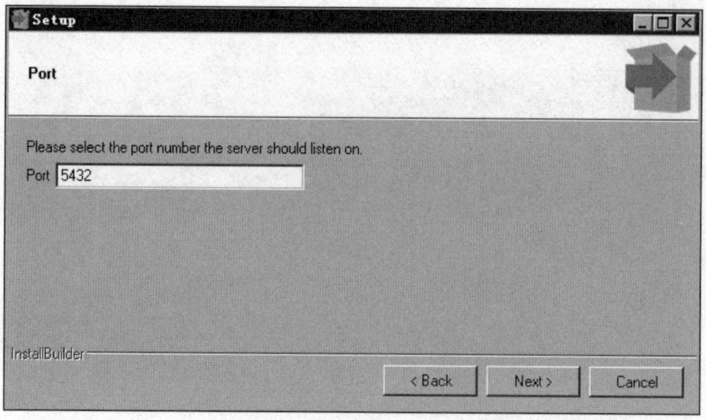

图 4-40　输入数据库监听端口

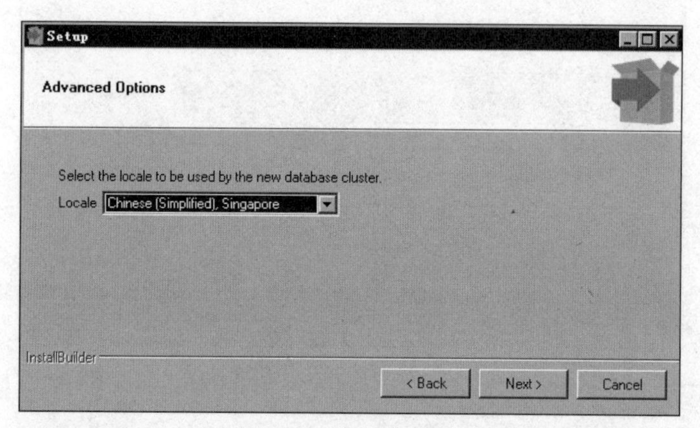

图 4-41　本土化选项

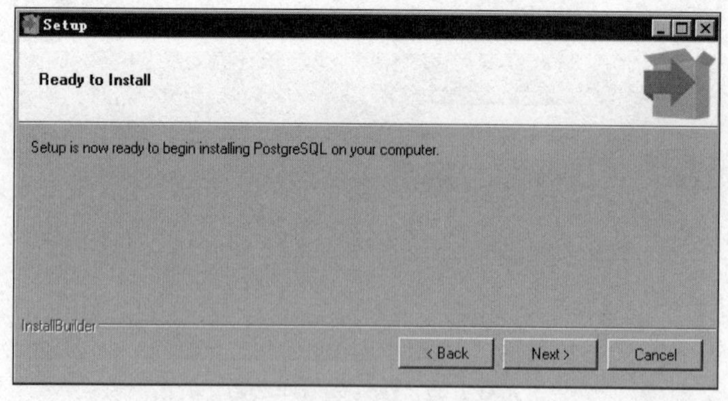

图 4-42　正式开始安装

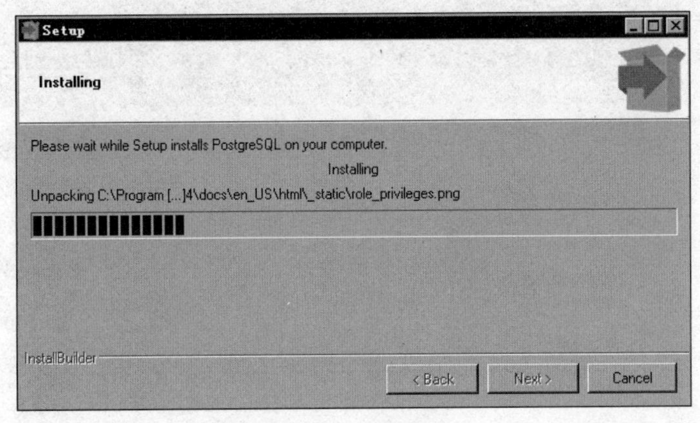

图 4-43　安装过程

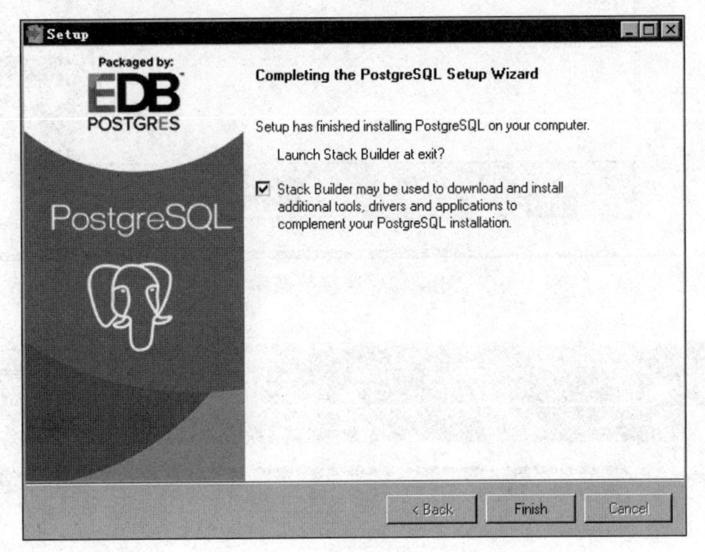

图 4-44　结束安装

2. PostgreSQL 管理

(1) 管理界面

① 依次选择【开始】→【所有程序】→PostgreSQL 9.6→pgAdmin 4 选项，启动 PostgreSQL 数据库管理界面。

② 右击 Servers 选项，在弹出的快捷菜单中选择 Create→Server 选项，在弹出的界面中配置需要连接的 PostgreSQL 数据库的信息，单击 Save 按钮，如图 4-45 所示。如果是在安装 PostgreSQL 数据库的服务器上运行 pgAdmin 4，会在 Servers 的下方出现本机上的 PostgreSQL 数据库连接，双击 PostgreSQL 9.6 选项，会弹出密码输入框，输入安装时设置的密码，单击 OK 按钮即可，如图 4-46 所示。

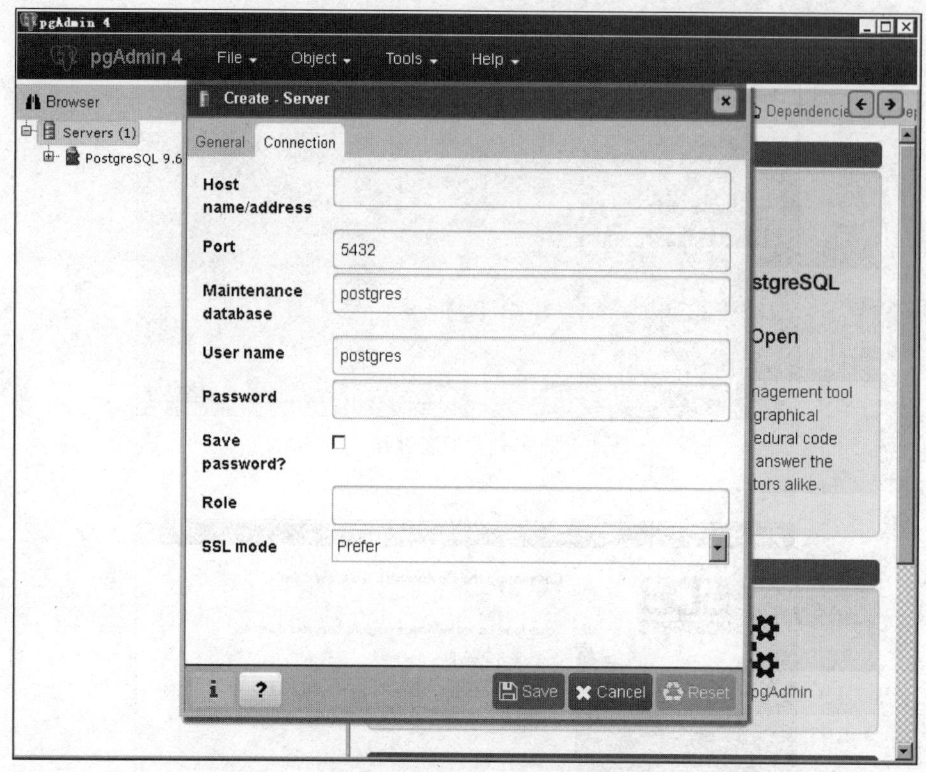

图 4-45 连接数据库

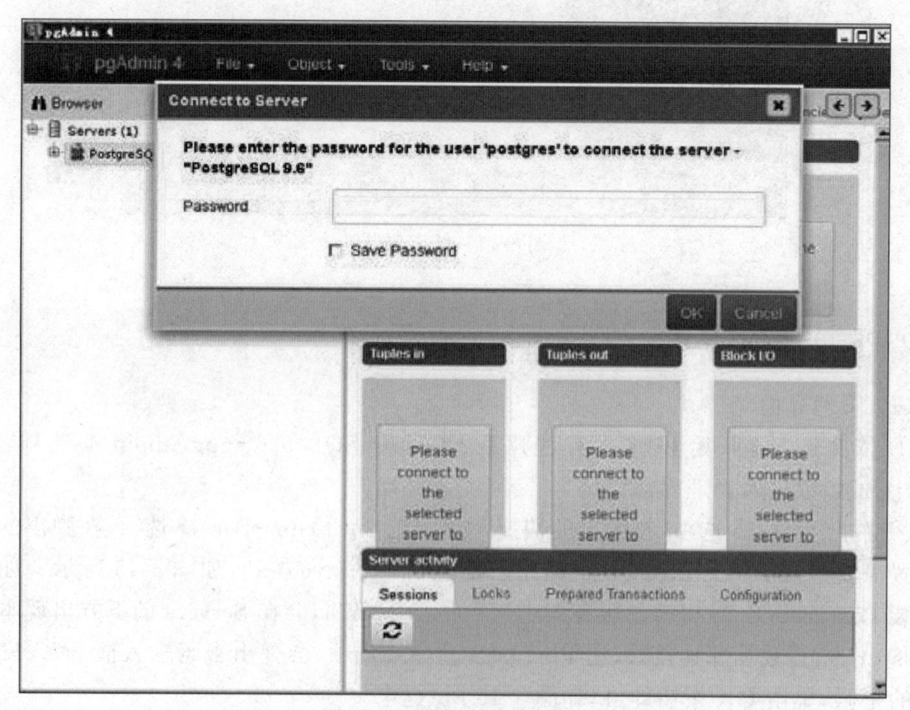

图 4-46 连接本地数据库

(2) 新建用户

① 连接后,在左侧的 Browser 选项中展开 Servers 下的 PostgreSQL 9.6 选项,右击 Login/Group Roles 选项,在弹出的快捷菜单中选择 Create→Login/Group Role 选项,如图 4-47 所示。

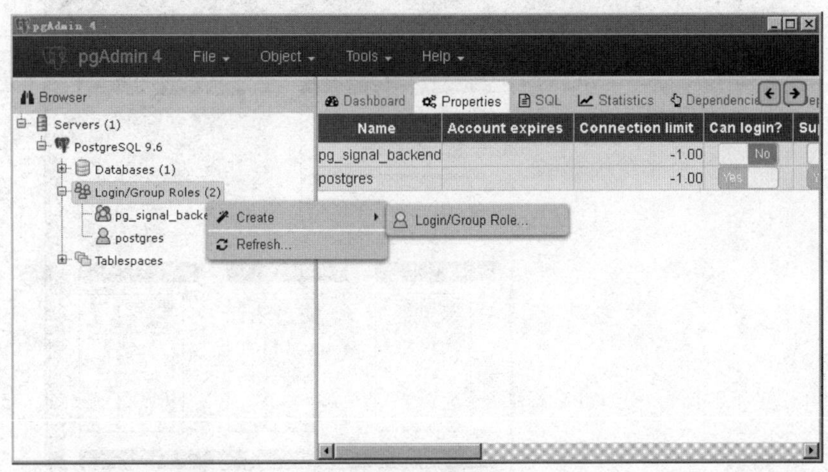

图 4-47 创建用户

② 在弹出的配置界面的 General 选项下输入用户名,在 Definition 选项下输入密码,如图 4-48 所示。

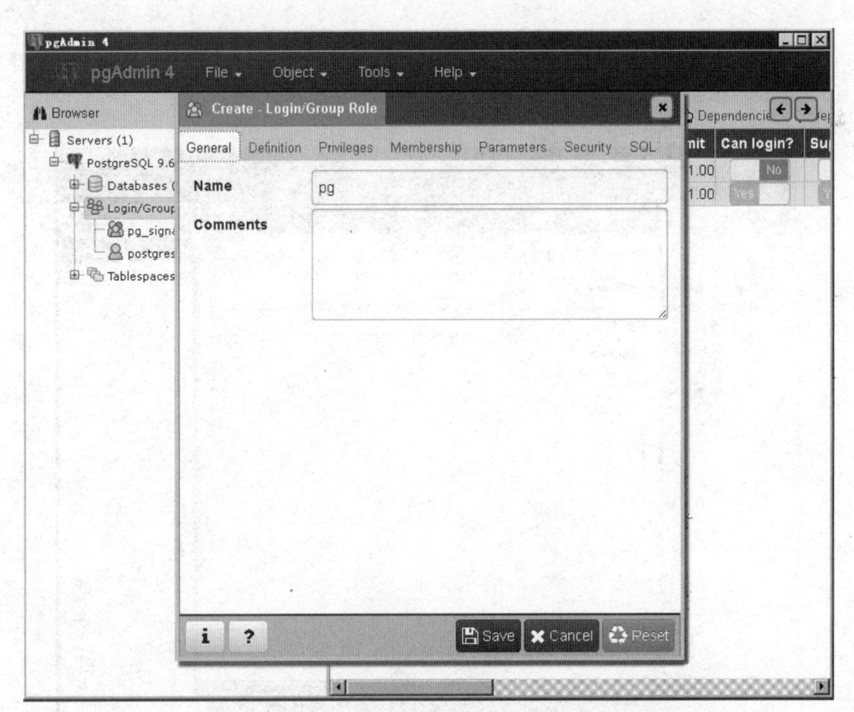

图 4-48 输入用户信息

(3) 新建数据库和数据表

① 连接后,在左侧的 Browser 选项里展开 Servers 下的 PostgreSQL 9.6 选项,右击 Databases 选项,在弹出的快捷菜单中选择 Create→Database 选项,如图 4-49 所示。

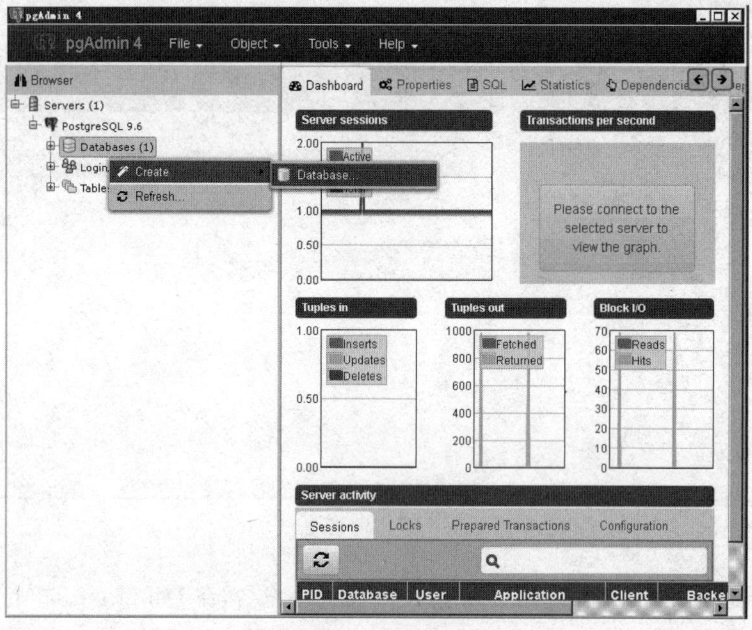

图 4-49　创建数据库

② 在弹出的配置界面的 General 选项卡中输入用户名并选择数据库所属用户,单击 Save 按钮,如图 4-50 所示。

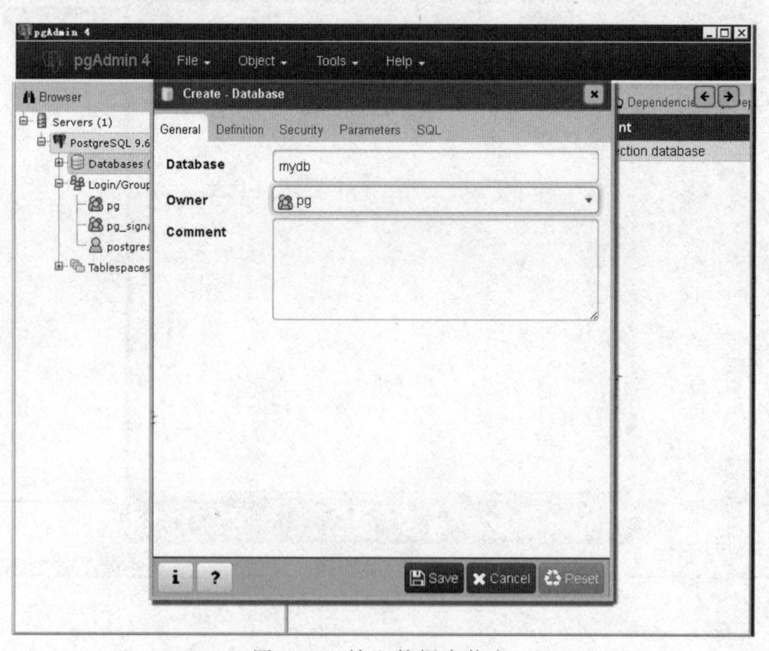

图 4-50　输入数据库信息

③ 依次展开 Databases→mydb→Schemas→public 选项，右击 Tables 选项，在弹出的快捷菜单中选择 Create→Table 选项，如图 4-51 所示。

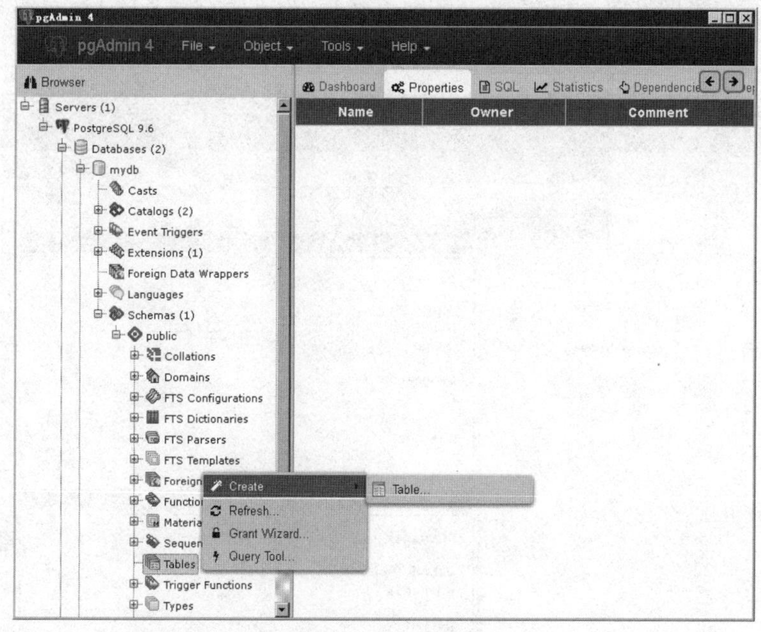

图 4-51　创建数据表

④ 在弹出的界面上进行数据表的配置，如图 4-52 所示。在 General 选项卡中可以输入表名和配置表的所属用户等。在 Columns 选项卡中可以输入字段名和配置数据类型、数据长度、是否为关键字段、精度、是否可以为空等信息。

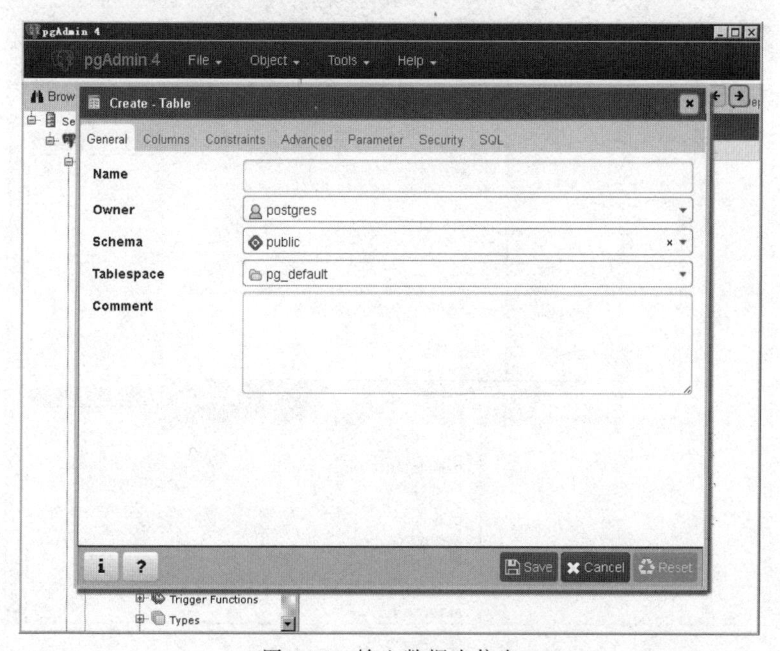

图 4-52　输入数据表信息

(4) 备份数据库

① 第一次使用备份功能时,需要配置命令路径。选择 File→Preferences 选项,如图 4-53 所示。在弹出的界面上选择 Binary path 选项,将安装目录下的 bin 文件的目录输入 PostgreSQL Binary Path 文本框,单击 OK 按钮,如图 4-54 所示。

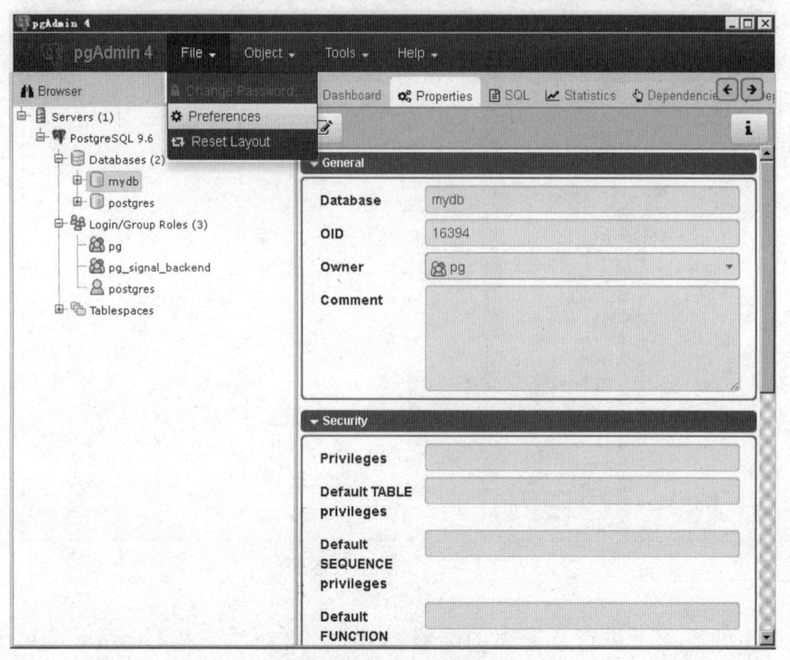

图 4-53 进入配置界面

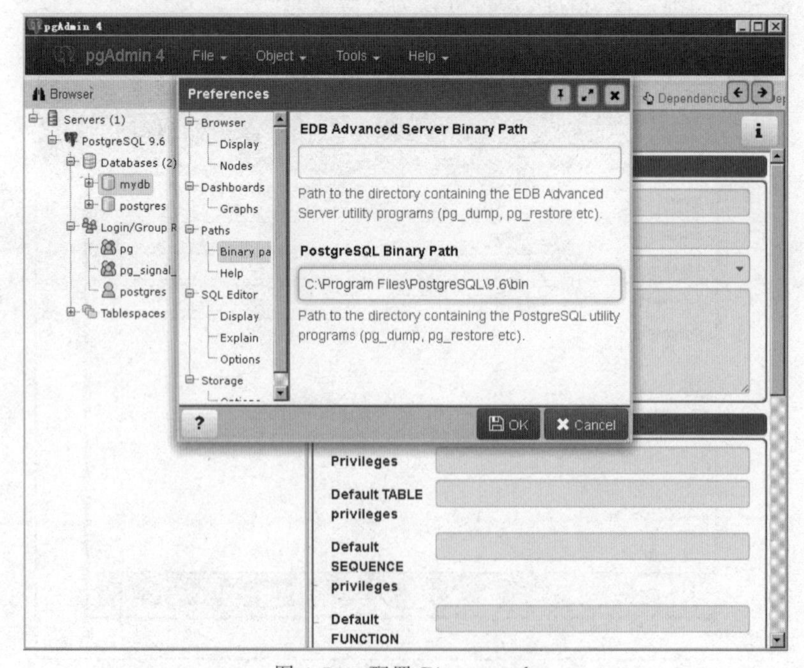

图 4-54 配置 Binary path

② 右击需要备份的数据库，在弹出的快捷菜单中选择 Backup 选项，如图 4-55 所示。在弹出的界面上输入备份地址、名称、格式、所属用户等，如图 4-56 所示。

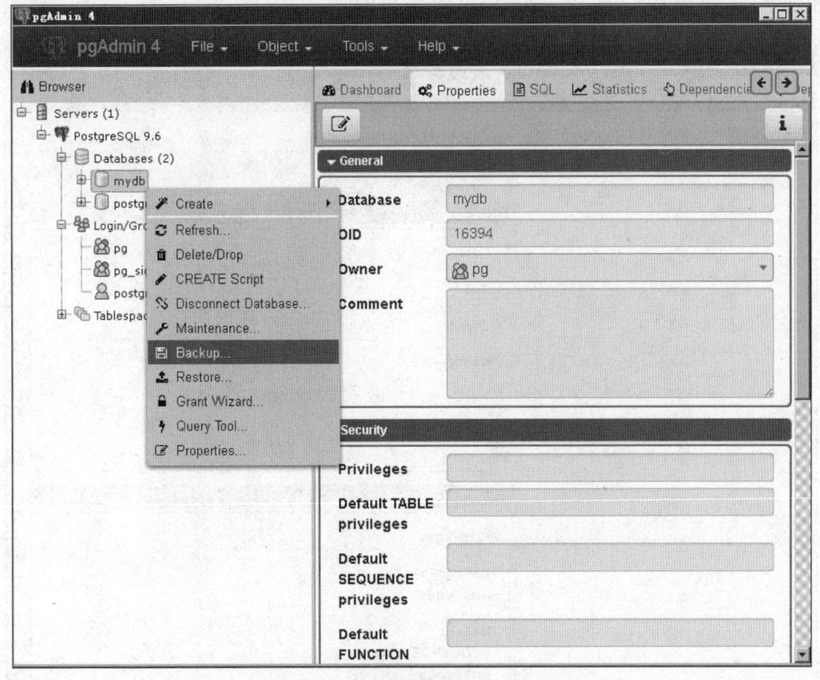

图 4-55　进入数据库备份界面

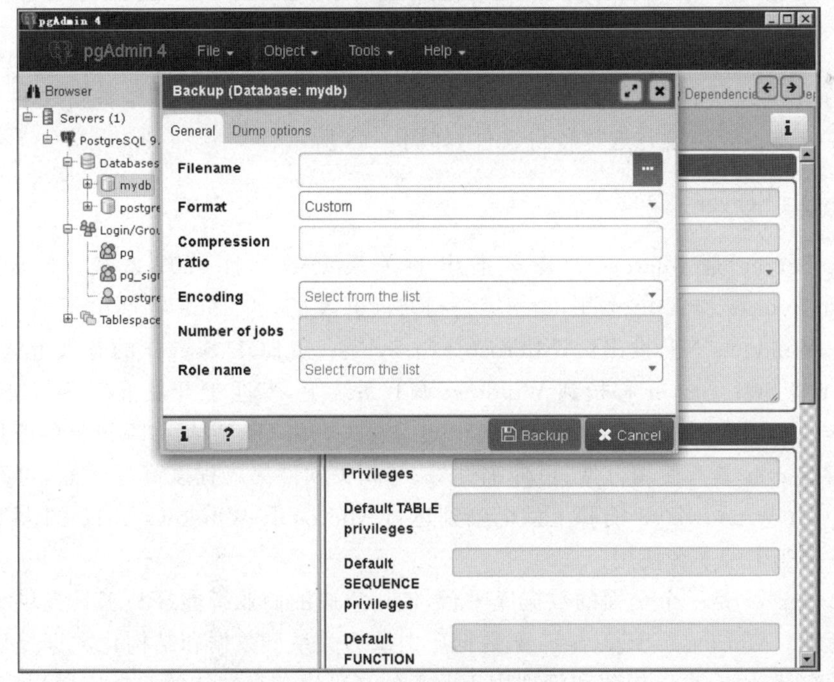

图 4-56　数据库备份界面

(5) 恢复数据库

① 新建一个空的数据库,数据库名与数据库所有者与备份文件一致。右击新建的数据库,在弹出的快捷菜单中选择 Restore 选项,如图 4-57 所示。

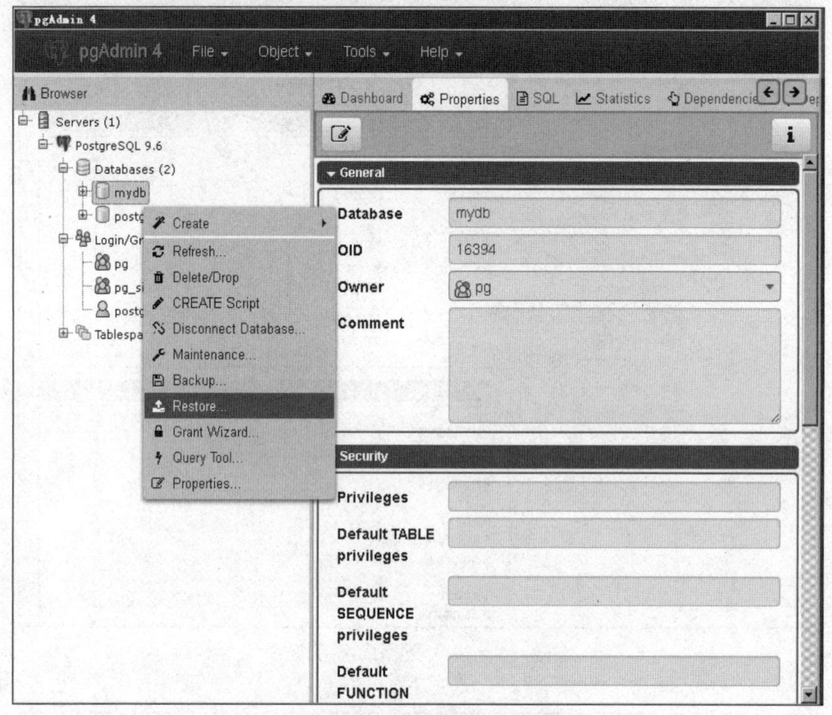

图 4-57 进入数据库恢复界面

② 在弹出的界面中,选择备份文件的格式及所有者,注意要与备份文件一致,在 Filename 文本框处浏览并选择备份文件,如图 4-58 所示。

4.3.2 SQL Server

SQL Server 是 Microsoft 公司推出的关系型数据库管理系统。它最初是由 Microsoft、Sybase 和 Ashton-Tate 三家公司共同开发的,于 1988 年推出了第一个 OS/2 版本。在 Windows NT 推出后,Microsoft 与 Sybase 在 SQL Server 的开发上分道扬镳。Microsoft 将 SQL Server 移植到 Windows NT 系统上,专注于开发推广 SQL Server 的 Windows NT 版本。Sybase 则较专注于 SQL Server 在 UNIX 操作系统上的应用。

SQL Server 具有使用方便、可伸缩性好、与相关软件集成程度高等优点,可跨越从运行 Microsoft Windows 98 的膝上型电脑到运行 Microsoft Windows 2012 的大型多处理器的服务器等多种平台使用。

SQL Server 是一个全面的数据库平台,使用集成的商业智能(BI)工具提供了企业级的数据管理。Microsoft SQL Server 数据库引擎为关系型数据和结构化数据提供了更安全可靠的存储功能,可以构建和管理用于业务的高可用和高性能的数据应用程序。

SQL Server 的版本有 SQL Server 7.0、SQL Server 2000、SQL Server 2005、SQL

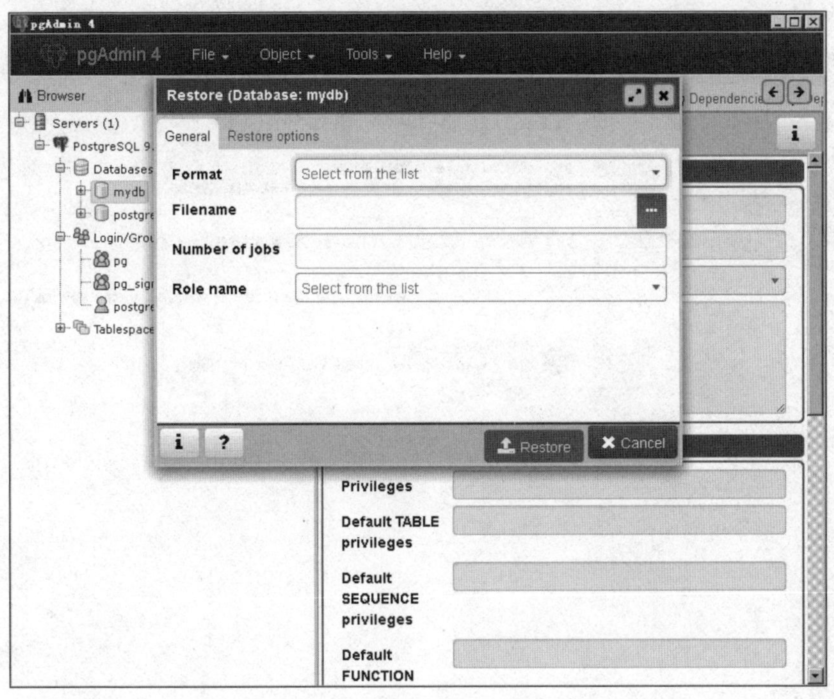

图 4-58 数据库恢复界面

Server 2008、SQL Server 2012、SQL Server 2014 等。微软一直将 SQL Server 2014 定位为混合云平台，这意味着 SQL Server 数据库更容易整合 Windows Azure。例如，从 SQL Server 2012 Cumulative Update 2 开始，能够将数据库备份到 Windows Azure BLOB 存储服务上。

SQL Server 2014 引入了智能备份(Smart Backups)概念，其中 SQL Server 将自动决定要执行完全备份还是差异备份，以及何时执行备份。SQL Server 2014 还允许将本地数据库的数据和日志文件存储到 Azure 存储上。此外，SQL Server Management Studio 提供了一个部署向导，它可以轻松地将现有本地数据库迁移到 Azure 虚拟机上。

SQL Server 2014 还增加了一个功能，允许将 Azure 虚拟机作为一个 Always On 可用性组副本。可用性组(Availability Groups)特性最初在 SQL Server 2012 中引入，提供了支持高可用性数据库的故障恢复服务。它由 1 个主副本和 1～4 个次副本(SQL Server 2014 增加到 8 个)构成。主副本可以运行一个或多个数据库；次副本则包含多个数据库副本。Windows Azure 基础架构服务支持在运行 SQL Server 的 Azure 虚拟机中使用可用性组。这意味着用一个虚拟机作为次副本，然后支持自动故障恢复。

1. SQL Server 安装

① 运行安装包，弹出安装中心界面，如图 4-59 所示。

② 选择【全新安装或向现有安装添加功能】选项，会运行安装程序支持规则。若有失败项，则进行相应的修改后再单击【重新运行】按钮。若没有失败项，则单击【确定】按钮，

如图 4-60 所示。

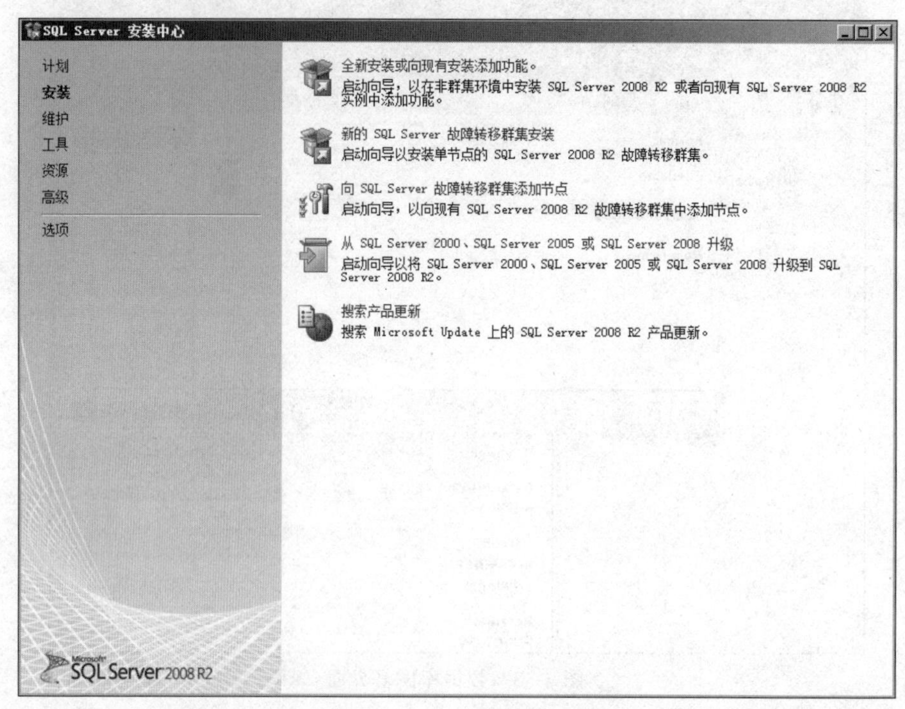

图 4-59　安装中心界面

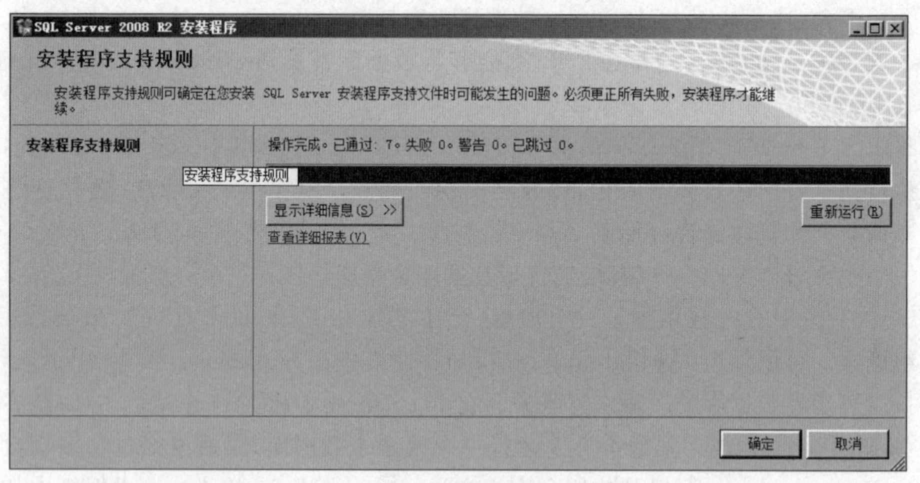

图 4-60　安装程序支持规则

③ 输入产品密钥，单击【下一步】按钮，如图 4-61 所示。

④ 勾选【我接受许可条款】选项，单击【下一步】按钮，如图 4-62 所示。

⑤ 在设置角色界面，勾选【SQL Server 功能安装】选项，单击【下一步】按钮，如图 4-63 所示。

⑥ 在功能选择界面，勾选需要安装的功能，也可以单击【全选】按钮，单击【下一步】按

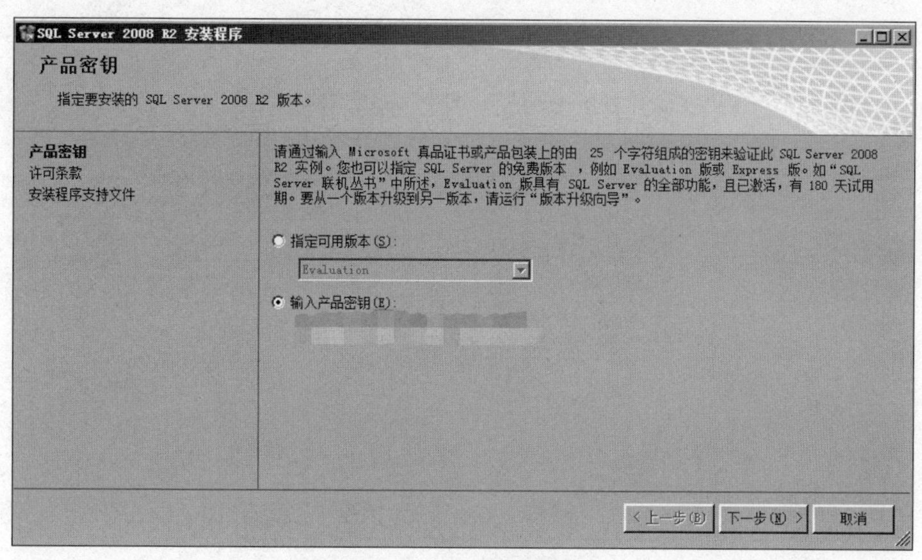

图 4-61　产品密钥界面

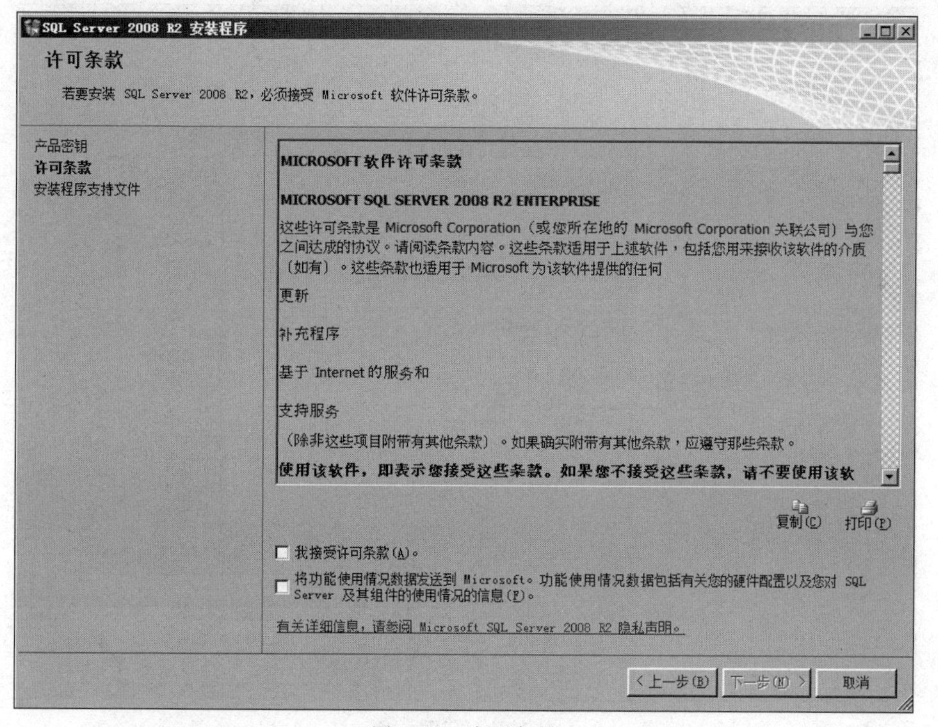

图 4-62　许可条款

钮，如图 4-64 所示。

⑦ 在服务器配置界面，可以配置服务账户，如图 4-65 所示。

⑧ 在数据库引擎配置界面，可以设置身份验证模式，也可以给 sa 账户设置密码，如图 4-66 所示。

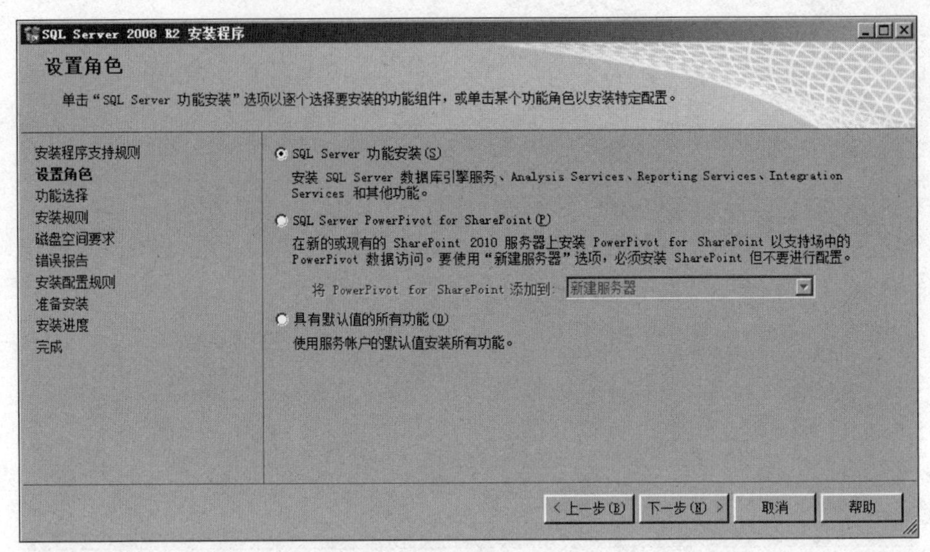

图 4-63　设置角色

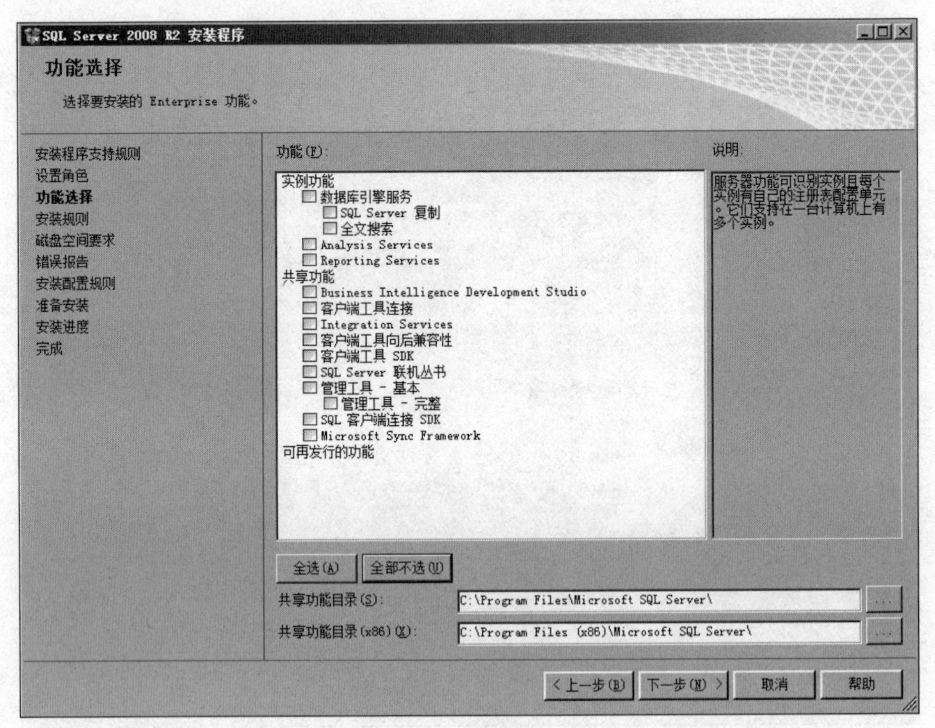

图 4-64　功能选择

⑨ 配置完成以后进入准备安装界面，单击【安装】按钮，开始正式安装数据库，如图 4-67 所示。

⑩ 安装完成以后，单击【关闭】按钮，完成数据库安装，如图 4-68 所示。

SQL Server 2008 R2 安装程序
服务器配置
指定服务帐户和排序规则配置。
安装程序支持规则
设置角色
功能选择
安装规则
实例配置
磁盘空间要求
服务器配置
数据库引擎配置
Analysis Services 配置
Reporting Services 配置
错误报告
安装配置规则
准备安装
安装进度
完成
服务帐户
排序规则
Microsoft 建议您对每个 SQL Server 服务使用一个单独的帐户(M)。
服务
帐户名
密码
启动类型
SQL Server 代理
NT AUTHORITY\SYSTEM
手动
SQL Server Database Engine
NT AUTHORITY\NETWOR...
自动
SQL Server Analysis Services
NT AUTHORITY\NETWOR...
自动
SQL Server Reporting Services
NT AUTHORITY\NETWOR...
自动
SQL Server Integration Servi...
NT AUTHORITY\NETWOR...
自动
SQL 全文筛选器后台程序启动器
NT AUTHORITY\LOCAL ...
手动
SQL Server Browser
NT AUTHORITY\LOCAL ...
已禁用
对所有 SQL Server 服务使用相同的帐户(U)
< 上一步(B)
下一步(N) >
取消
帮助

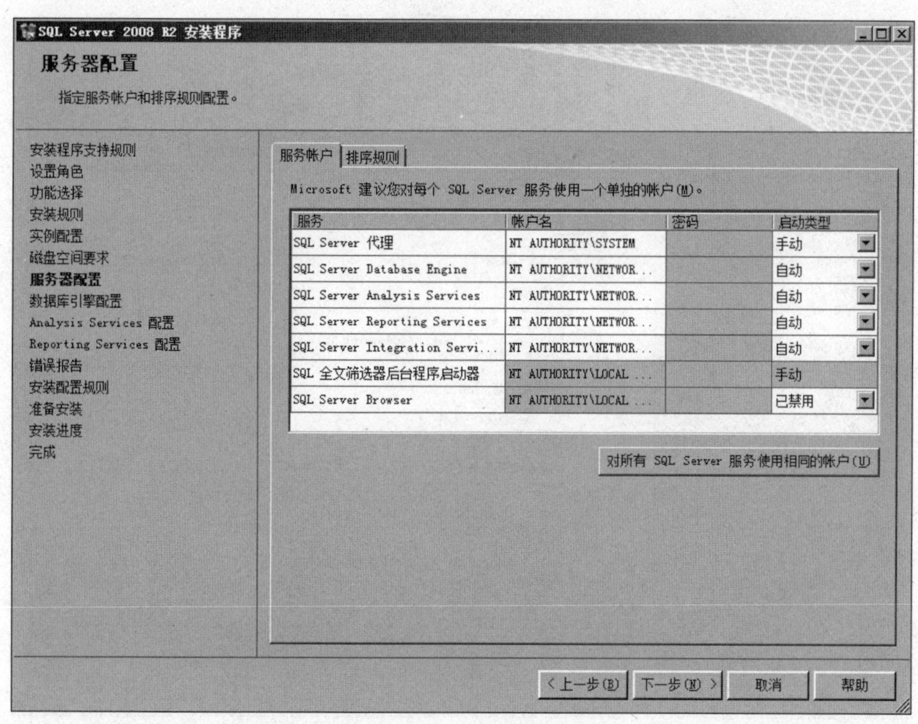

图 4-65 服务器配置

SQL Server 2008 R2 安装程序
数据库引擎配置
指定数据库引擎身份验证安全模式、管理员和数据目录。
安装程序支持规则
设置角色
功能选择
安装规则
实例配置
磁盘空间要求
服务器配置
数据库引擎配置
Analysis Services 配置
Reporting Services 配置
错误报告
安装配置规则
准备安装
安装进度
完成
帐户设置
数据目录
FILESTREAM
为数据库引擎指定身份验证模式和管理员。
身份验证模式
Windows 身份验证模式(W)
混合模式(SQL Server 身份验证和 Windows 身份验证)(M)
为 SQL Server 系统管理员(sa)帐户指定密码。
输入密码(E):
确认密码(O):
指定 SQL Server 管理员
SQL Server 管理员对数据库引擎具有无限制的访问权限。
添加当前用户(C)
添加(A)...
删除(R)
< 上一步(B)
下一步(N) >
取消
帮助

图 4-66 数据库引擎配置

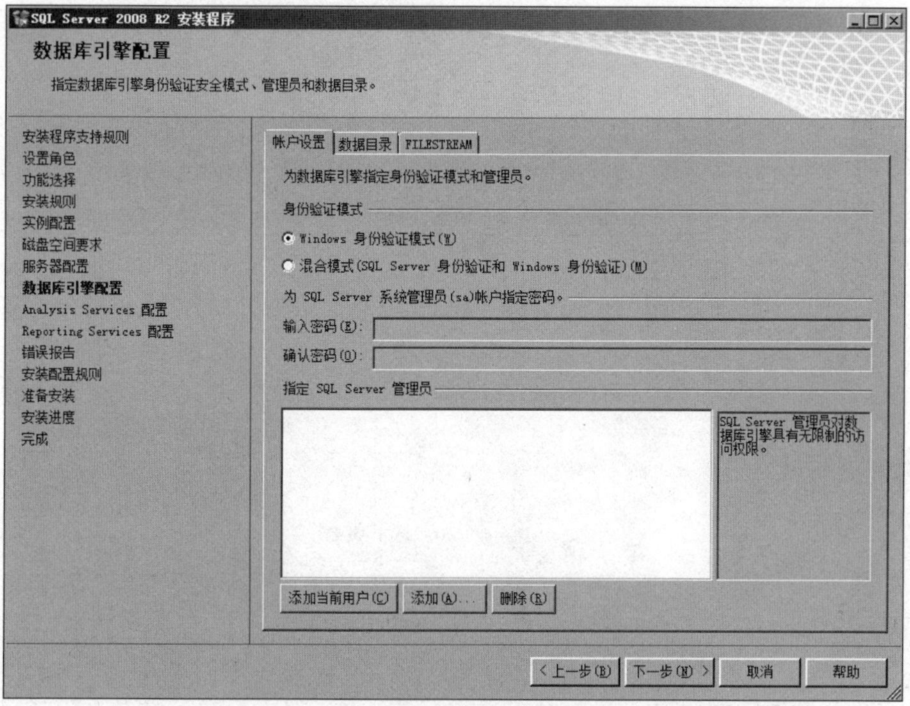

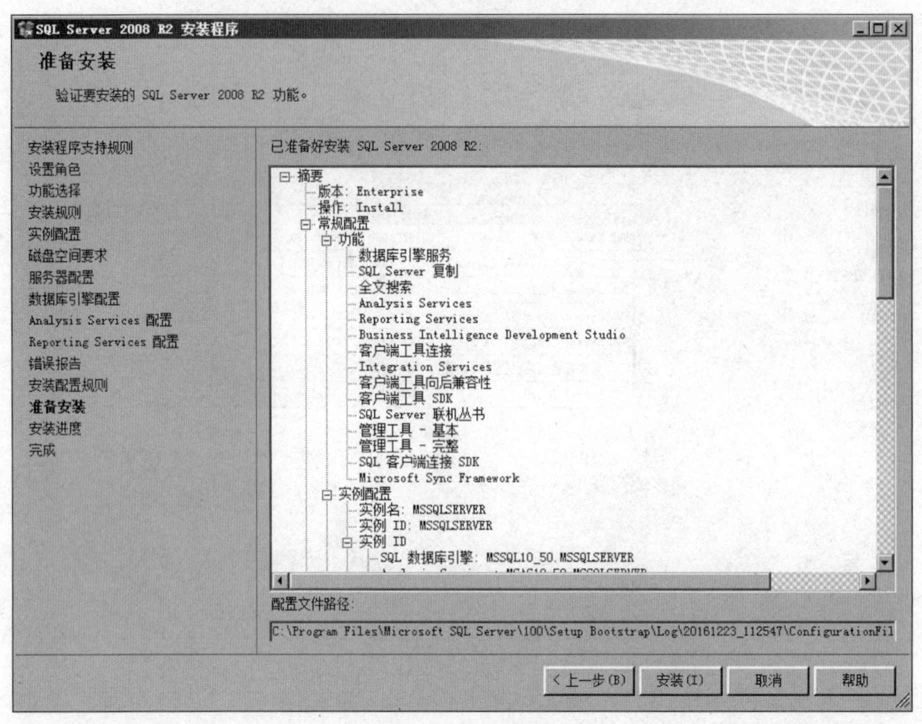

图 4-67 准备安装

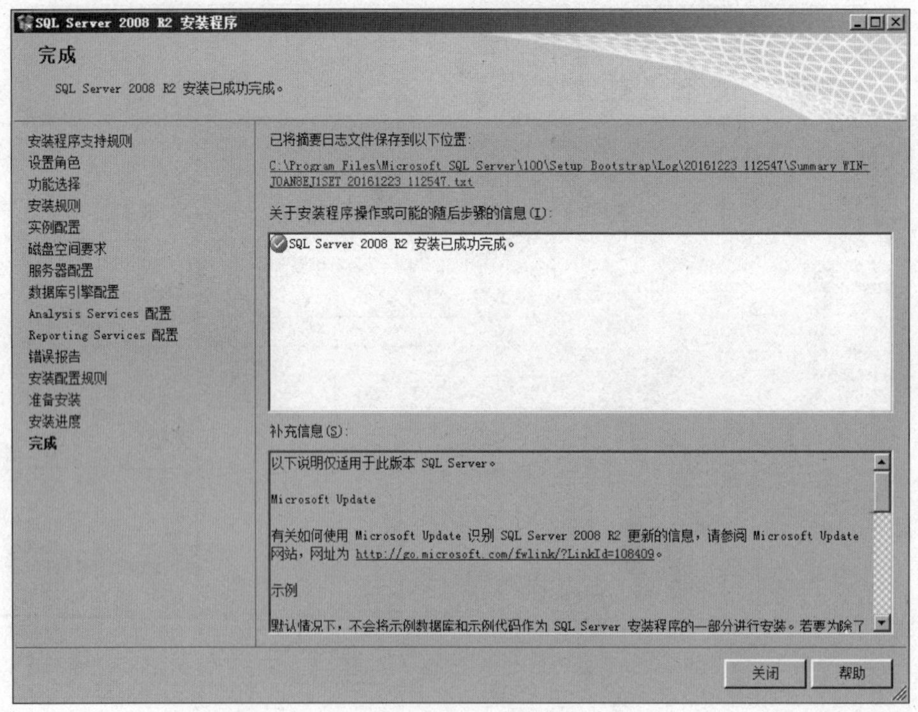

图 4-68 安装完成

2. SQL Server 操作

(1) 图形界面

依次选择【开始】→【所有程序】→ Microsoft SQL Server 2008 R2 → SQL Server Management Studio 选项,启动 SQL Server 数据库管理图形界面,启动后会弹出连接界面,如图 4-69 所示。

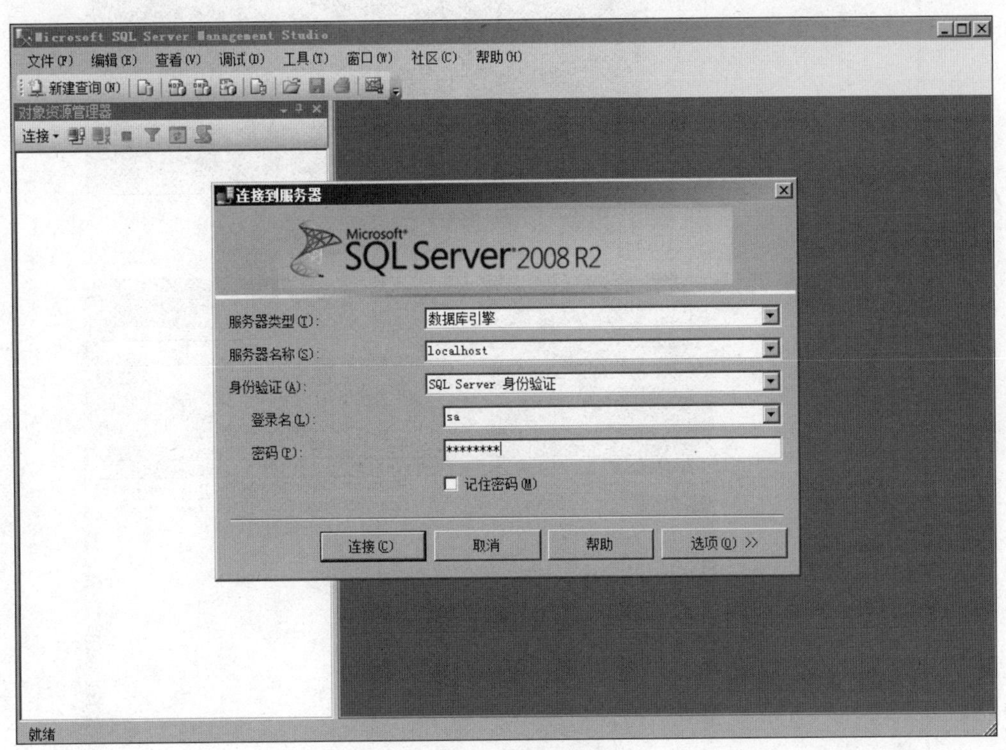

图 4-69 连接界面

在服务器名称处输入服务器的 IP 地址,如果是本机连接,可以输入 localhost。身份验证处可以选择 Windows 身份验证,也可以选择 SQL Server 身份验证。用户名和密码按相应的验证方式输入,如果是用 SQL Server 身份验证,可以用安装过程中设置的 sa 账号和密码连接。输入完连接信息后,单击【连接】按钮。

(2) 创建数据库和数据表

① 连接后,在左侧的【对象资源管理器】选项中展开相应的服务器名称,这里用的是 localhost,右击【数据库】选项,在弹出的快捷菜单中选择【新建数据库】选项,如图 4-70 所示。

② 在弹出的界面中输入数据库名称,并选定所有者,单击【确定】按钮,如图 4-71 所示。

③ 在左侧的对象资源管理器中会出现新建的数据库,展开该数据库,右击【表】选项,在弹出的快捷菜单中选择【新建表】选项,即可进行建表操作,如图 4-72 所示。

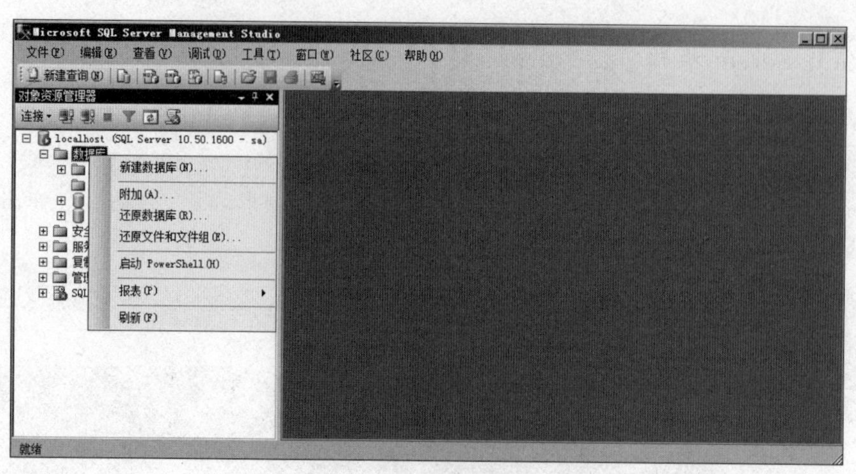

图 4-70　新建数据库

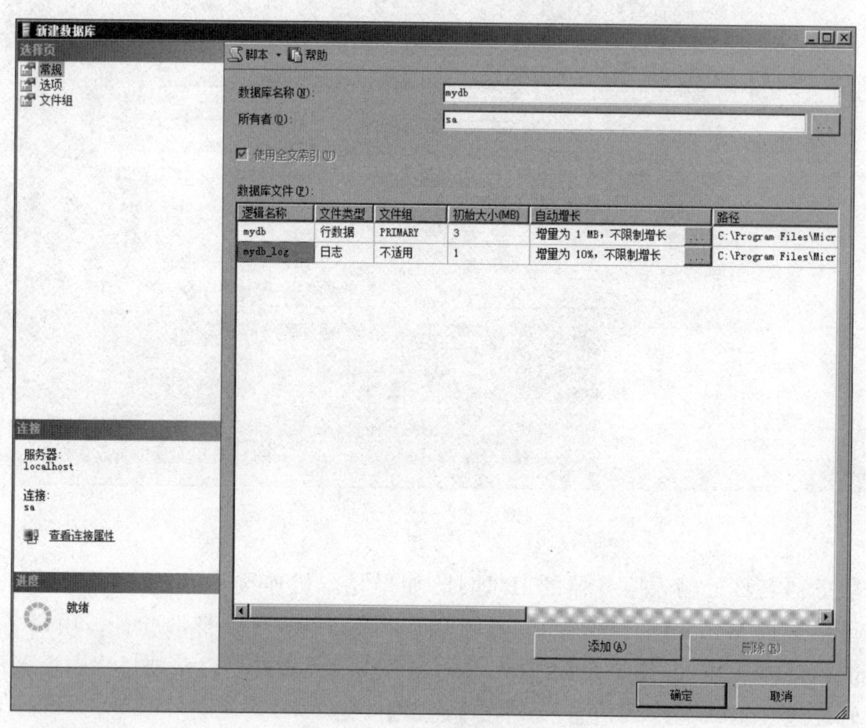

图 4-71　输入数据库信息

(3) 备份数据库

① 在对象资源管理器中右击想要备份的数据库，在弹出的快捷菜单中选择【任务】→【备份】选项，如图 4-73 所示。

② 在弹出的界面中填写备份集的名称，添加备份路径，最后单击【确定】按钮即可进行备份，如图 4-74 所示。

(4) 恢复数据库

① 新建一个数据库，右击该数据库，在弹出的快捷菜单中选择【任务】→【还原】→【数

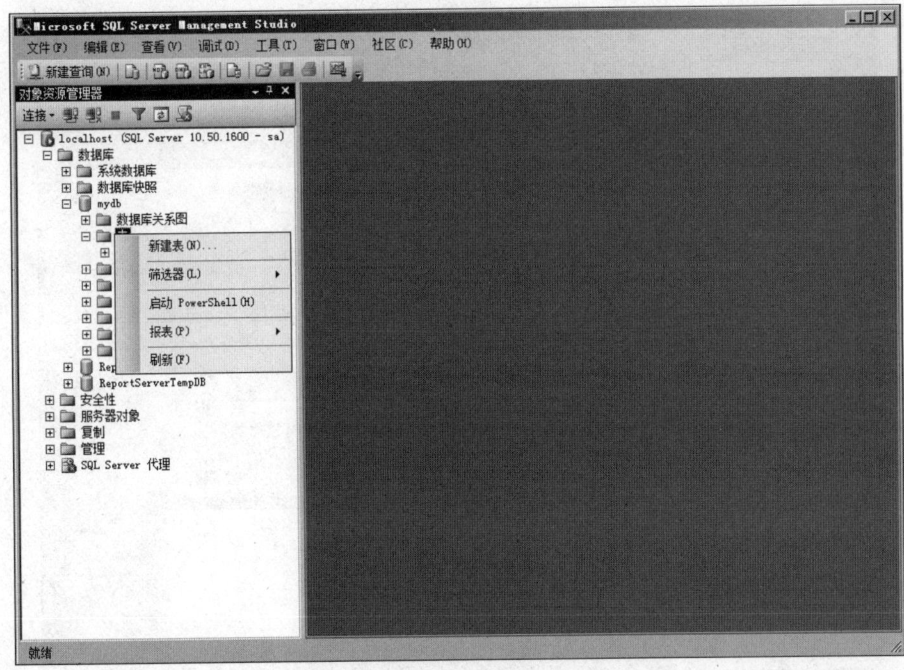

图 4-72 新建表

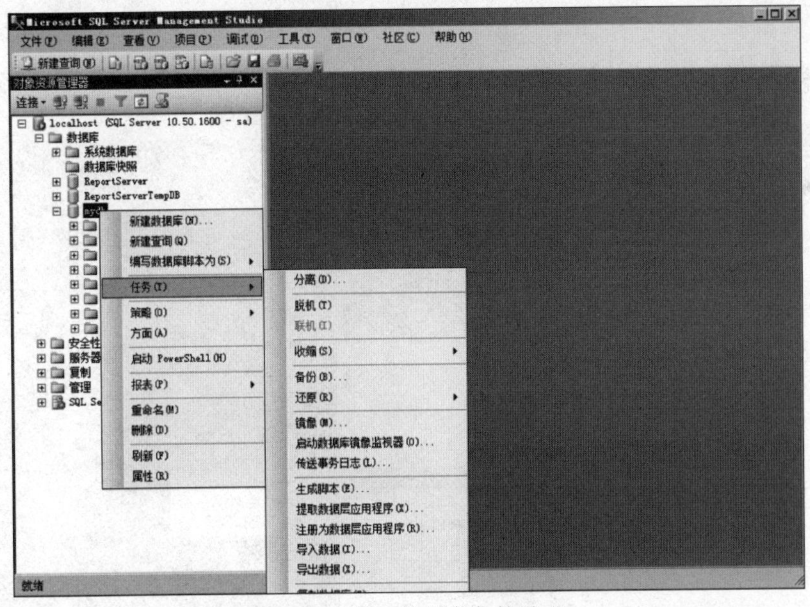

图 4-73 进入数据库备份界面

据库】选项，如图 4-75 所示。

② 单击选项页的【选项】选项，在出现的界面中勾选【覆盖现有数据库】选项。

③ 单击选项页的【常规】选项，在弹出的界面上指定还原的源，可以用源数据库或是

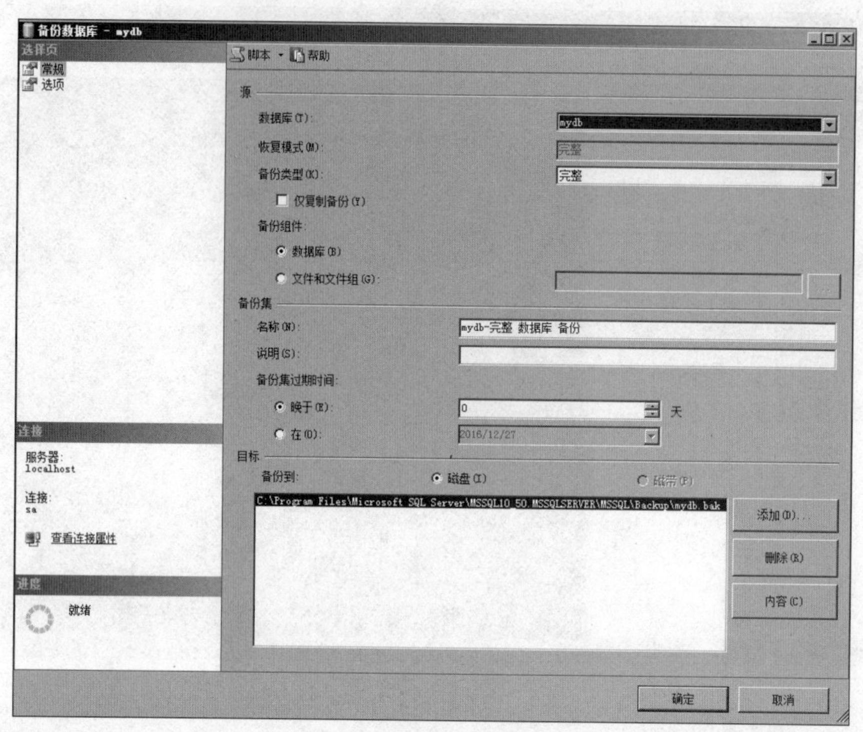

图 4-74　数据库备份界面

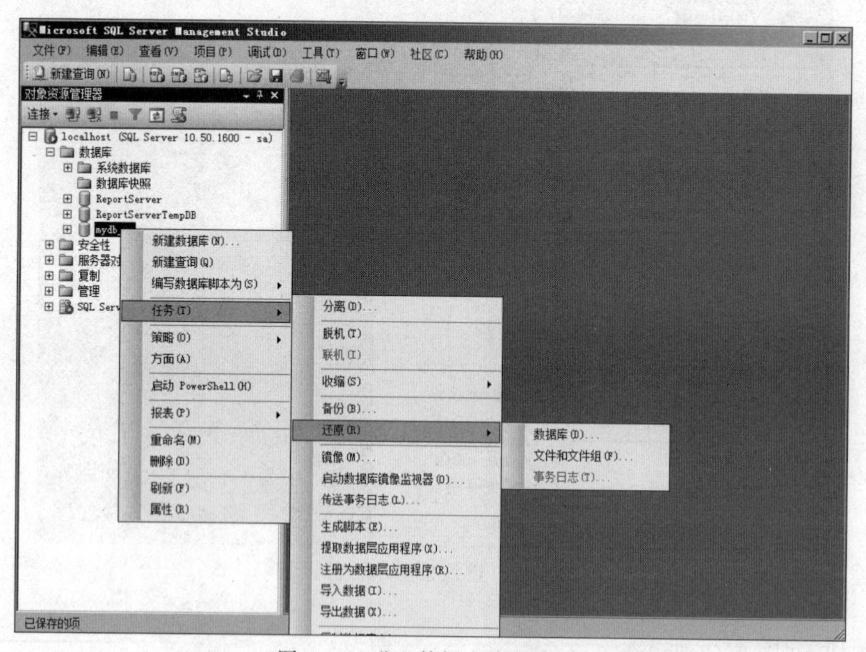

图 4-75　进入数据库恢复界面

源设备，选取好后，勾选【用于还原的备份集】选项，单击【确定】按钮，即可完成数据库恢复，如图 4-76 所示。

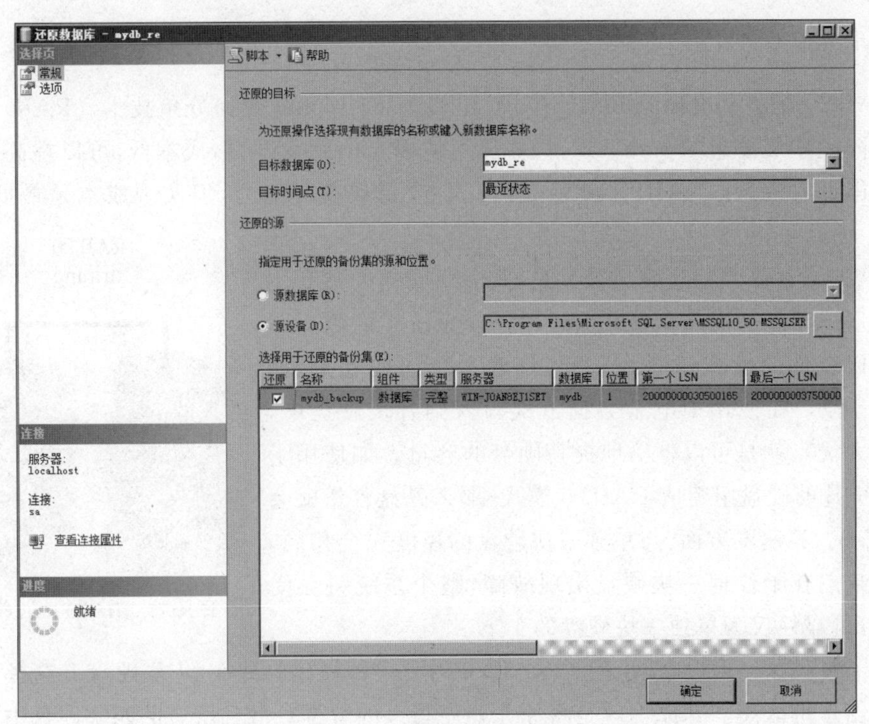

图 4-76　数据库恢复界面

4.4　数据备份

数据备份是容灾的基础，是指为防止系统出现操作失误或系统故障导致数据丢失，而将全部或部分数据集合从应用主机的硬盘或阵列复制到其他的存储介质的过程。传统的数据备份主要是采用内置或外置的磁带机进行冷备份。但是这种方式只能防止操作失误等人为故障，而且其恢复时间也很长。随着技术的不断发展、数据的海量增加，不少企业开始采用网络备份。网络备份一般通过专业的数据存储管理软件结合相应的硬件和存储设备来实现。硬件层面备份如 RAID，数据备份软件有简单的备份脚本和专业软件。

4.4.1　RAID

磁盘阵列(Redundant Arrays of Independent Disks，RAID)，有“独立磁盘构成的具有冗余能力的阵列”之意。磁盘阵列是由很多价格较便宜的磁盘组合成一个容量巨大的磁盘组，利用个别磁盘提供数据产生加成效果提升整个磁盘系统效能。利用这项技术，可将数据切割成许多区段，分别存放在各个硬盘上。磁盘阵列还具有同位检查(Parity Check)的功能，当数组中任意一个硬盘发生故障时，仍可读出数据，在数据重构时，将数据经计算后重新置入新硬盘中。RAID 技术有 RAID 0～RAID 5 等数个规范，常见的规范有以下几种。

1. RAID 0

RAID 0 是最早出现的 RAID 模式，即 Data Stripping 数据分条技术。RAID 0 是组建磁盘阵列中最简单的一种形式，只需要 2 块以上的硬盘即可，成本低，可以提高整个磁盘的性能和吞吐量。RAID 0 没有提供冗余或错误修复能力，但实现成本是最低的，如图 4-77 所示。

RAID 0 最简单的实现方式就是把 N 块同样的硬盘用硬件的形式通过智能磁盘控制器或用操作系统中的磁盘驱动程序以软件的方式串联在一起，创建一个大的卷集，如图 4-77 所示。在使用中电脑数据依次写入到各块硬盘中，它的最大优点就是可以整倍地提高硬盘的容量。如使用了三块 80GB 的硬盘组建成 RAID 0 模式，那么磁盘容量就会是 240GB。其速度方面，与单独一块硬盘的速度完全相同。最大的缺点在于任何一块硬盘出现故障，整个系统将会受到破坏，可靠性仅为单独一块硬盘的 $1/N$。

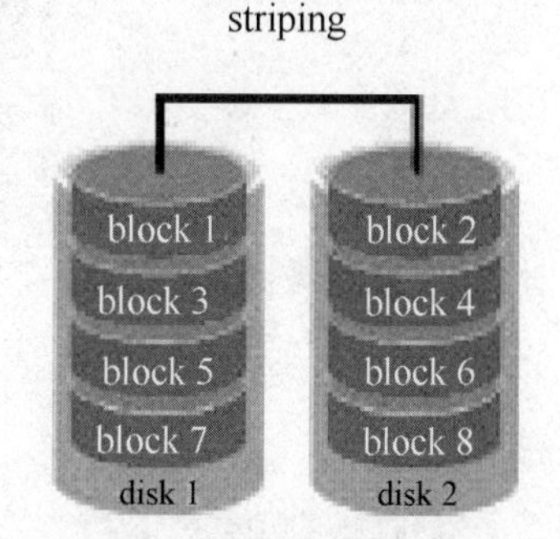

图 4-77　RAID 0 示意图

为了解决这一问题，便出现了 RAID 0 的另一种模式。即在 N 块硬盘上选择合理的带区来创建带区集。其原理就是将原先顺序写入的数据分散到所有的四块硬盘中同时进行读写。四块硬盘的并行操作使同一时间内磁盘读写的速度提升了 4 倍。

在创建带区集时，合理地选择带区的大小非常重要。如果带区过大，可能一块磁盘上的带区空间就可以满足大部分的 I/O 操作，使数据的读写仍然只局限在少数的一、两块硬盘上，不能充分地发挥出并行操作的优势。另一方面，如果带区过小，任何 I/O 指令都可能引发大量的读写操作，占用过多的控制器总线带宽。因此，在创建带区集时，我们应当根据实际应用的需要，慎重选择带区的大小。

虽然 RAID 0 可以提供更多的空间和更好的性能，但是整个系统是非常不可靠的，如果出现故障，无法进行任何补救。所以，RAID 0 一般只是在那些对数据安全性要求不高的情况下才被人们使用。

2. RAID 1

RAID 1 称为磁盘镜像，原理是把一个磁盘的数据镜像到另一个磁盘上，也就是说数据在写入一块磁盘的同时，会在另一块闲置的磁盘上生成镜像文件，如图 4-78 所示。在不影响性能的情况下最大限度地保证系统的可靠性和可修复性，只要系统中任何一对镜像盘中至少有一块磁盘可以使用，甚至可以在一半数量的硬盘出现问题时系统都可以正常运行，当一块硬盘失效时，系统会忽略该硬盘，转而使用剩余的镜像盘读写数据，具备很好的磁盘冗余能力。虽然这样对数据来讲绝对安全，但是成本也会明显增加，磁盘利用率为

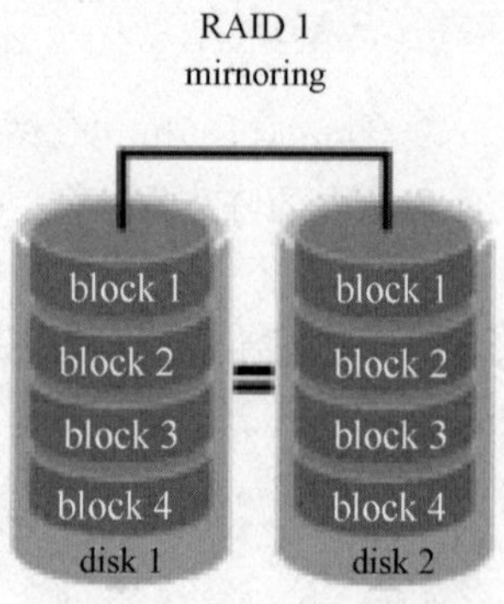

图 4-78　RAID 1 示意图

50%，以四块80GB容量的硬盘来讲，可利用的磁盘空间仅为160GB。另外，出现硬盘故障的RAID系统不再可靠，应当及时更换损坏的硬盘，否则剩余的镜像盘也会出现问题，那么整个系统就会崩溃。更换新盘后原有数据会需要很长时间同步镜像，外界对数据的访问不会受到影响，只是这时整个系统的性能有所下降。因此，RAID 1多用在保存关键性的重要数据的场合。

RAID 1主要是通过二次读写实现磁盘镜像，所以磁盘控制器的负载也相当大，尤其是在需要频繁写入数据的环境中。为了避免出现性能瓶颈，使用多个磁盘控制器就显得很有必要。

3. RAID 0+1

从RAID 0+1名称上我们便可以看出它是RAID 0与RAID 1的结合体。如果单独使用RAID 1，也会出现类似单独使用RAID 0那样的问题，即在同一时间内只能向一块磁盘写入数据，不能充分利用所有的资源。为了解决这一问题，我们可以在磁盘镜像中建立带区集。因为这种配置方式综合了带区集和镜像的优势，所以被称为RAID 0+1。把RAID 0和RAID 1技术结合起来，数据除分布在多个盘上外，每个盘都有其物理镜像盘，提供全冗余能力，允许至多一个磁盘故障，而不影响数据可用性，并具有快速读/写能力。

4. RAID 2

从概念上讲，RAID 2同RAID 3类似，两者都是将数据条块化分布于不同的硬盘上，条块单位为位或字节。然而，RAID 2使用一定的编码技术来提供错误检查及恢复。这种编码技术需要多个磁盘存放检查及恢复信息，使得RAID 2技术实施更复杂。因此，在商业环境中很少使用。各个磁盘上是数据的各个位，由一个数据不同的位运算得到的汉明校验码可以保存在另一组磁盘上。由于汉明码的特点，它可以在数据发生错误的情况下将错误校正，以保证输出的正确。它的数据传送速率相当高，如果希望达到比较理想的速率，那最好提高保存校验码ECC码的硬盘速度，对于控制器的设计来说，它又比RAID 3、4或5要简单。没有免费的午餐，这里也一样，要利用汉明码，必须要付出数据冗余的代价。

5. RAID 3

RAID 3与RAID 2不同，只能查错而不能纠错。它访问数据时一次处理一个带区，这样可以提高读取和写入速率。校验码在写入数据时产生并保存在另一个磁盘上。需要实现时，用户必须要有3个以上的驱动器，写入速率与读取速率都很高，因为校验位比较少，因此计算时间相对而言比较短。用软件实现RAID控制将是十分困难的，控制器的实现也不是很容易。它主要用于图形(包括动画)等要求吞吐率比较高的场合。不同于RAID 2，RAID 3使用单块磁盘存放奇偶校验信息。如果一块磁盘失效，奇偶盘及其他数据盘可以重新产生数据。如果奇偶盘失效,则不影响数据使用。RAID 3 对于大量的连续数据可提供很好的传输速率,但对于随机数据,奇偶盘会成为写操作的瓶颈。

6. RAID 4

RAID 4 和 RAID 3 很像,不同的是,它对数据的访问是按数据块进行的,也就是按磁盘进行的,每次一个盘。RAID 3 是一次一横条,而 RAID 4 是一次一竖条。RAID 4 在数据恢复时,它的难度要比 RAID 3 大得多,控制器的设计难度也要大许多,而且访问数据的效率不高。

7. RAID 5

RAID 5 的奇偶校验码存在于所有磁盘上,其中的 p0 代表第 0 带区的奇偶校验值。RAID 5 的读取效率很高,写入效率一般,块式的集体访问效率不错。因为奇偶校验码在不同的磁盘上,所以提高了可靠性。但是它对数据传输的并行性解决得不好,而且控制器的设计也相当困难。RAID 3 与 RAID 5 相比,重要的区别在于,RAID 3 每进行一次数据传输,需涉及所有的阵列盘。而对于 RAID 5 来说,大部分数据传输只对一块磁盘操作,可进行并行操作。RAID 5 中有“写损失”,即每一次写操作,将产生 4 个实际的读/写操作,其中两次读旧的数据及奇偶信息,两次写新的数据及奇偶信息。

4.4.2 备份脚本

通过操作系统的命令及定时任务能够实现文件的自动备份,下面将示例在 Linux 中以脚本的方式做定时的文件备份。

1. 编写脚本

将下面的脚本代码写入一个文件中,这里将文件命名为 auto_backup.sh。

① 进入脚本所在目录并显示备份的基本信息。

```
#/bin/bash
cd 'dirname $0'
echo "'date +"%Y-%m-%d %H:%M:%S"'"
echo "backup tomcat7 ROOT dir"
```

② 定义备份策略。

```
prefix="tomcat7_ROOT.back_at_"
suffix=".tar"
add_file=$prefix`date +"%Y-%m-%d"`$suffix
remove_file=$prefix`date -d "-7 days" +"%Y-%m-%d"`$suffix
remove_file_week=$prefix`date -d "last friday -210 days" +"%Y-%m-%d"`$suffix
reservation=$prefix`date -d "last friday" +"%Y-%m-%d"`$suffix
if [ "$remove_file" ="$reservation" ]
then
```

```
remove_file=$remove_file_week
```

③ 显示备份策略并对要备份的文件打包。

```
echo "add_file=$add_file"
echo "remove_file=$remove_file"
echo "reservation=$reservation"
echo "remove_file_week=$remove_file_week"
echo
echo "##  tar data..."
tar -cf "data/$add_file" "/usr/share/tomcat7/webapps/ROOT/"
```

④ 通过 FTP 进入备份服务器和备份目录。

```
ftp -v -n 172.16.1.15 <<END
user backup backup2012
bin
prompt
cd /172.16.1.163/tomcat7
```

⑤ 进入需备份的打包文件所在目录,通过 FTP 命令执行备份策略。

```
lcd data
put $add_file
delete $remove_file
delete $remove_file_week
bye
END
```

⑥ 删除打包的临时文件。

```
rm "data/$add_file"
```

2. 制定定时任务

编写好备份脚本后,需要脚本能自动按时执行,Linux 下可以通过 crontab 命令制定定时任务。

① 通过 crontab -e 命令编写任务,将上述脚本文件 auto_backup.sh 加入定时任务,任务代码如下。

```
00 2 ***/root/auto_backup/auto_backup.sh >>
/root/auto_backup/auto_backup.log 2>&1 &
```

② 通过 crontab -l 命令可以查看任务。

4.4.3 GoodSync

GoodSync 是一种简单和可靠的文件备份和文件同步软件。它会自动分析、同步和备份电子邮件、珍贵的家庭照片、联系人、MP3 歌曲、财务文件和其他重要文件,无论是存放在台式计算机、便携式计算机、服务器,还是外部设备上,它都可游刃有余。Siber Systems(曦薄系统)曾出品了著名的 RoboForm(填表小子),已拥有一系列高度可靠、易于使用的软件产品,其最新代表作正是 GoodSync。

GoodSync 利用创新的同步算法,可以有效防止文件误删除和数据意外丢失,并可消除重复的文件。GoodSync 已经从用户和媒体获得许多衷心的赞扬和高度评价。本软件所具备的强大技术能力,使它表现出显著的操作易用性,同时也是唯一实现真正双向数据同步的解决方案。

接下来,我们将介绍如何快速进行设置和自动同步数据。备份界面如图 4-79 所示,操作步骤如下。

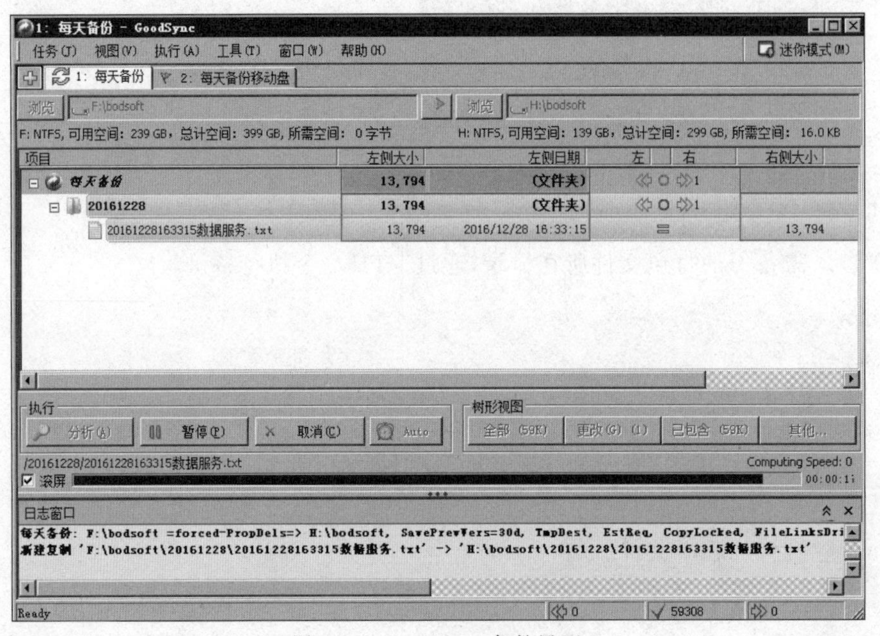

图 4-79　GoodSync 备份界面

① 单击两侧【浏览】按钮以选定需要同步的双方文件夹。

② 单击【分析】按钮,GoodSync 将计算出需要同步的文件并列出来。

③ 当同步文件准备就绪之后,单击【同步】按钮。

4.5　安全软件

安全软件分为杀毒软件、系统工具和反流氓软件。安全软件是一种可以对病毒、木马等一切已知的对计算机有危害的程序代码进行清除的程序工具。安全软件也是辅助管理计算机安全的软件程序,安全软件的好坏决定了杀毒的质量,通过 VB100 以及微软 Windows 验证的杀毒软件才是安全软件领域的最好选择。

杀毒软件的任务是实时监控和扫描磁盘。部分杀毒软件通过在系统添加驱动程序的方式,进驻系统,并且随操作系统启动。大部分的杀毒软件还具有防火墙功能。杀毒软件的实时监控方式因软件而异。有的杀毒软件是通过在内存里划分一部分空间，将电脑里流过内存的数据与杀毒软件自身所带的病毒库的特征码相比较，以判断是否为病毒。另一些杀毒软件则在所划分到的内存空间里面，虚拟执行系统或用户提交的程序，根据其行为或结果作出判断。

而扫描磁盘的方式则和上面提到的实时监控的第一种工作方式一样，只是在这里，杀毒软件会将磁盘上所有的文件(或者用户自定义的扫描范围内的文件)做一次检查。

4.5.1 信息安全技术

信息安全是指信息系统(包括硬件、软件、数据、人、物理环境及其基础设施)受到保护，不受偶然的或者恶意的因素影响而遭到破坏、更改、泄露，系统连续、可靠、正常地运行，信息服务不中断，最终实现业务的连续性。信息安全主要包括5个方面的内容，即需保证信息的保密性、真实性、完整性、未授权复制和所寄生系统的安全性。信息安全本身包括的范围很大，其中包括如何防范商业企业机密泄露、防范青少年对不良信息的浏览、防范个人信息的泄露等。网络环境下的信息安全体系是保证信息安全的关键，包括计算机安全操作系统、各种安全协议、安全机制(数字签名、消息认证、数据加密等)，以及安全系统，如UniNAC、DLP等，只要存在安全漏洞便可能威胁全局安全。

信息安全学科可分为狭义安全与广义安全两个层次。狭义的信息安全是建立在以密码论为基础的计算机安全领域，早期中国信息安全专业通常以此为基准，辅以计算机技术、通信网络技术与编程等方面的内容；广义的信息安全是一门综合性学科，从传统的计算机安全到信息安全，不仅是名称的变更，也是对安全发展的延伸。安全不再是单纯的技术问题，而是将管理、技术、法律等问题相结合的产物。

云安全技术是网络时代信息安全的最新体现，它融合了并行处理、网格计算、未知病毒行为判断等新兴技术和概念，通过网状的大量客户端对网络中软件行为的异常监测，获取互联网中木马、恶意程序的最新信息，推送到服务器端进行自动分析和处理，再把病毒和木马的解决方案分发到每一个客户端。未来杀毒软件将无法有效地处理日益增多的恶意程序。来自互联网的主要威胁正在由计算机病毒转向恶意程序及木马，在这样的情况下，采用的特征库判别法显然已经过时。云安全技术应用后，识别和查杀病毒不再仅仅依靠本地硬盘中的病毒库，而是依靠庞大的网络服务，实时进行采集、分析及处理。整个互联网就是一个巨大的“杀毒软件”，参与者越多，整个互联网就会更安全。云安全的概念提出后曾引起了广泛的争议，许多人认为它是伪命题。但事实胜于雄辩，云安全的发展像一阵风，百度杀毒、腾讯电脑管家、瑞星、趋势、卡巴斯基、Mcafee、Symantec、江民科技、Panda、金山、360安全卫士、卡卡上网安全助手等都推出了云安全解决方案。

腾讯电脑管家在2013年实现了云鉴定功能，在QQ 2013 beta2中打通了与腾讯电脑管家在恶意网址特征库上的共享通道，每一条在QQ聊天中传输的网址都将在云端的恶意网址数据库中进行验证，并立即返回鉴定结果到聊天窗口中。依托腾讯庞大的产品生态链和用户基础，腾讯电脑管家已建立起全球最大的恶意网址数据库，并通过云举报平台实时更新，在防网络诈骗、反钓鱼等领域已处于全球领先水平，因此能够实现QQ平台中更精准的网址安全检测，防止用户因不小心访问恶意网址而造成的财产或账号损失。瑞星基于云安全策略开发的新品，每天能拦截数百万次木马攻击。趋势科技云安全已经在全球建立了五大数据中心，几万部在线服务器。据悉，云安全可以支持平均每天 55 亿条查询，每天收集分析 2.5 亿个样本，资料库的第一次命中率就可以达到 99%。借助云安全，趋势科技现在每天阻断的病毒感染最高达 1000 万次。

云安全技术是 P2P 技术、网格技术、云计算技术等分布式计算技术混合发展、自然演化的结果。反垃圾邮件就有用到云安全技术的核心思想。垃圾邮件的最大特征是，它会将相同的内容发送给数以百万计的接收者。为此，可以建立一个分布式统计和学习平台，以大规模用户的协同计算来过滤垃圾邮件。首先，用户安装客户端，为收到的每一封邮件计算出一个唯一的“指纹”，通过比对“指纹”可以统计相似邮件的副本数，当副本数达到一定数量，就可以判定邮件是垃圾邮件；其次，由于互联网上多台计算机比一台计算机掌握的信息更多，因而可以采用分布式贝叶斯学习算法，在成百上千的客户端机器上实现协同学习过程，收集、分析并共享最新的信息。反垃圾邮件网格体现了真正的网格思想，每个加入系统的用户既是服务的对象，也是完成分布式统计功能的一个信息节点，随着系统规模不断扩大，系统过滤垃圾邮件的准确性也会随之提高。用大规模统计方法来过滤垃圾邮件的做法比用人工智能的方法更成熟，不容易出现误判假阳性的情况，实用性很强。反垃圾邮件网格就是利用分布在互联网里的千百万台主机的协同工作，来构建一道拦截垃圾邮件的“天网”。反垃圾邮件网格思想提出后，被 IEEE Cluster 2003 国际会议选为杰出网格项目并在香港作了现场演示，在 2004 年网格计算国际研讨会上作了专题报告和现场演示，引起较为广泛的关注，受到了我国邮件服务提供商网易公司创办人丁磊等的重视。既然垃圾邮件可以如此处理，病毒、木马等亦然，这与云安全的思想已相去不远了。

4.5.2 云锁

云锁是基于操作系统内核加固技术的免费服务器安全管理软件，由国内信息安全厂商椒图科技自主研发，凝结操作系统内核加固领域数十年的经验积累，集服务器安全、网站安全管理为一体，以操作系统内核加固技术为基础，同时开放网站安全防护、登录防护、流量防护、资源监控、系统优化、安全日志 6 大功能模块，有效抵御 CC、SQL 注入、XSS 病毒、木马、Webshell 等黑客攻击，为广大服务器管理员打造高效、可靠、便捷的服务器安全管理方案。

云上的安全边界越来越模糊，依靠传统的硬件堆叠的安全防御方式已经很难解决云上的安全问题。云锁可以帮助用户通过可视化的方式自定义业务系统的安全边界，从而减少风险面的暴露。

云锁会持续对企业业务系统进行学习并自动识别出业务的风险点，并可以通过防御模块对风险点进行防护。

云锁采用基于行为的无签名检测技术，能有效检测未知威胁。当发生安全事件后，云锁能自动回溯黑客攻击过程，并生成事件分析报告，为企业提供攻击过程分析及入侵取证的能力，进而帮助用户在云上建立集边界管理、业务资产及风险管理、安全防御、未知威胁感知、攻击事件回溯于一体的自动化安全防御体系，我们称它为“企业的第一个机器人安全助手”。而完成这一切仅仅需要用户在云主机上部署一个轻量级的 Agent 程序，同时用户可以通过远程控制台(PC、网页、手机)实现对主机的跨云、跨操作系统批量管理。

传统的安全防御手段大多基于网络层或者应用层,如防火墙、IDS、杀毒软件等,最主要的功能是防御已知的攻击手段,而对未知的病毒、木马攻击却毫无招架之力;“云锁”则是重新加固和扩充操作系统的安全子系统,提升操作系统自身对攻击的免疫力,同时配合Web访问控制技术,由内而外地抵御各种病毒及黑客的攻击行为,从而实现对已知、未知攻击手段的真正防御。

云锁直接作用于操作系统内核,通过扩充和重构操作系统内核,实现对操作系统的加固,将B1级的多种关键技术移植到现有Windows、Linux等C2级服务器操作系统中,从根本上免疫针对服务器操作系统的攻击,从系统内核层实现免疫黑客攻击漏洞,免疫病毒、木马、蠕虫等恶意代码执行。

云锁通过编写Web服务器插件,过滤Web请求,有效过滤CC、SQL注入、防止跨站点脚本攻击等Web攻击,从网络层实现全方位的服务器安全防护。

云锁集防护、监控、管理三维为一体,一键巡检服务器操作系统和网站安全,实时掌握服务器和网站安全状态,及时发现可疑及潜在问题,并进行修复,同时开放六大功能模块,让用户灵活掌控服务器状态。

1. 服务器端安装

① 从云锁官网根据服务器操作系统下载云锁服务器端安装程序,如图4-80所示。

图4-80 服务器端下载页面

② 运行安装程序，选择安装目录及监听端口，如果不需要，则可以用默认值安装，如图 4-81 所示。

图 4-81　服务器端安装界面

③ 安装过程中在安装网络层驱动时，网络会闪断几秒钟，安装完成后网络会自动恢复，如图 4-82 所示。

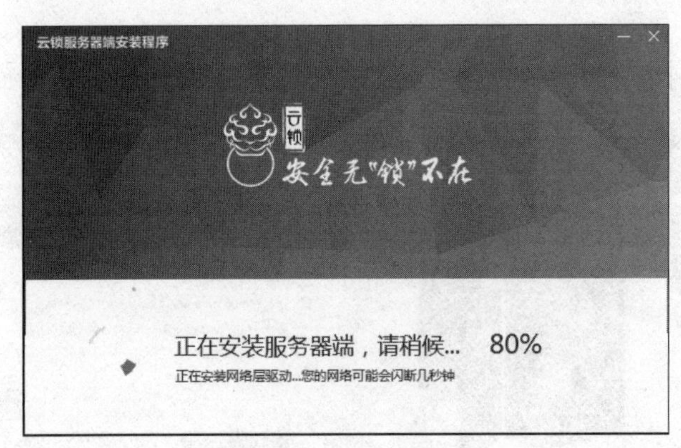

图 4-82　安装网络层驱动

④ 安装完成后会弹出如图 4-83 所示页面。

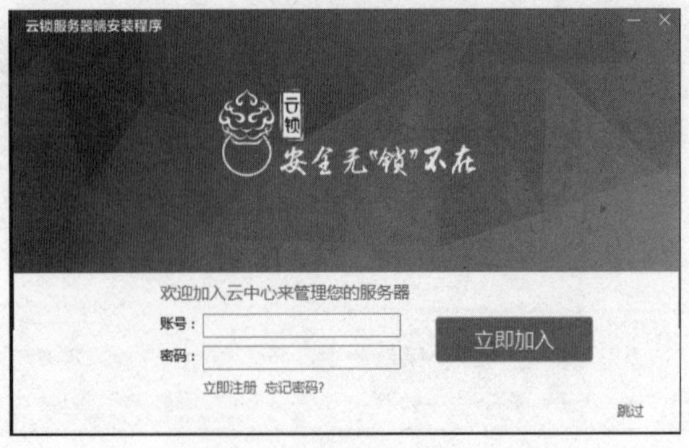

图 4-83　加入云中心

⑤ 如果需要加入云中心，则单击【立即注册】按钮进行注册，注册页面如图 4-84 所示；如果不需要加入，可以单击【跳过】按钮以后通过客户端将服务器添加到云中心进行管理。需要注意的是，服务器需要有公网的 IP 才能加入云中心。

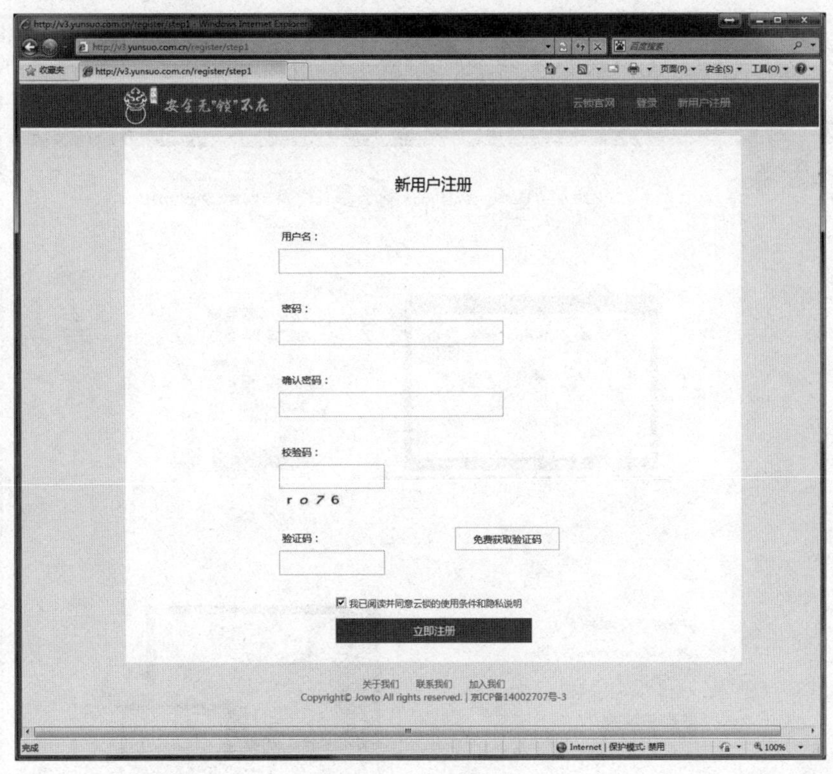

图 4-84　注册页面

⑥ 成功加入或跳过后会出现如图 4-85 所示界面，单击【完成】按钮，进程会在后台运行，通过任务管理器可以看到。

图 4-85　服务端安装完成界面

2. 客户端安装

① 从云锁官网根据服务器操作系统下载云锁客户端安装程序,如图 4-86 所示。

图 4-86　客户端下载页面

② 运行安装程序,选择安装目录,如果不需要,则可以用默认值安装,如图 4-87 所示。

图 4-87　客户端安装界面

3. 服务器管理

① 安装完客户端后，可以运行客户端，登录界面分别如图4-88和图4-89所示，可以通过云中心账号和密码登录，也可以用服务器的IP、管理员账号和密码以单机管理的形式登录。

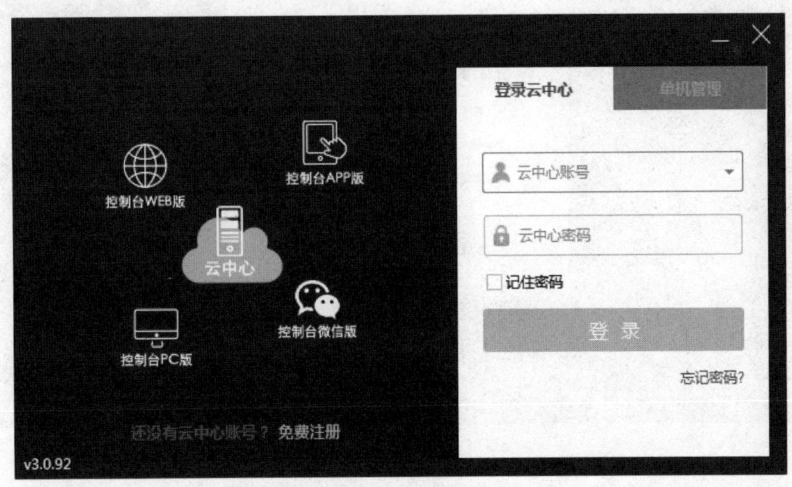

图4-88 云中心登录

图4-89 单击管理登录

② 采用云中心账号登录后，可以添加服务器，如图4-90所示。需注意的是，只能添加有公网IP的服务器。

③ 连接到服务器后，可以重启服务器，开启应用防护、系统防护和设置IP黑白名单等，如图4-91所示。

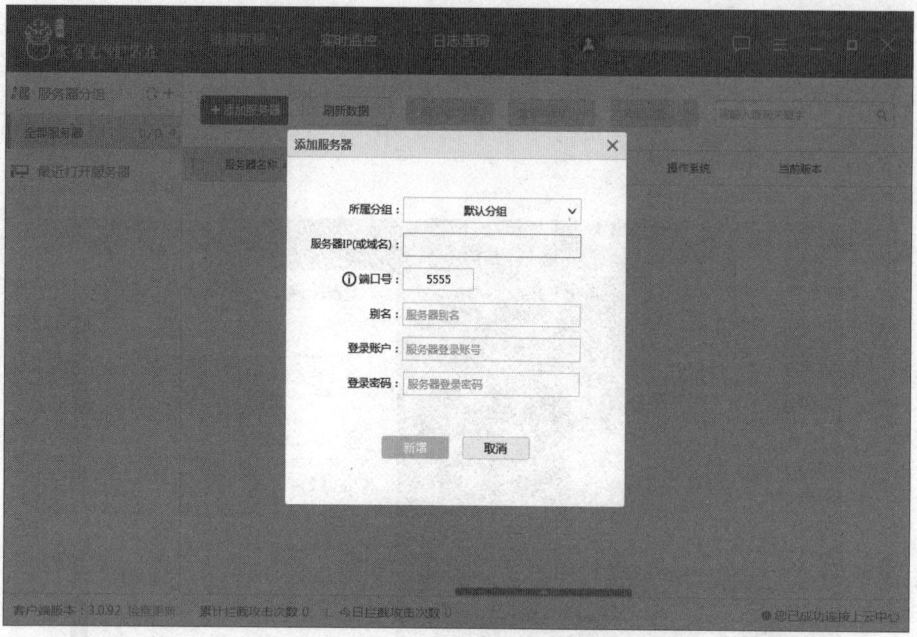

图 4-90　添加服务器

图 4-91　服务器管理界面

【本章小结】

本章主要从操作系统、中间件、数据库、数据备份、安全软件五个方面介绍了云计算数据中心软件资源管理。

云数据中心硬件资源管理

学习目标

本章主要分成四个部分，包括云机房标签规范和标准、云数据中心机房布线方案、云机房环境动力监控系统和云机房标准化管理细则。通过本章的学习，云机房管理人员应具备云机房的日常管理与维护手段，了解机房标签制作规划，熟悉机房布线方案，重视机房环境动力监控系统，学习云机房标准化管理细则。

5.1 云机房标签规范和标准

5.1.1 认识标签

早在1700年国外制作出了第一批标签，主要是用于药品和布匹的商品识别。而现在的标签是用来标识产品的目录、分类或内容，目的是为了便于查找和定位自己所需要的信息。而我们这里所说的云机房标签的规范和标准，通常是指云机房传输线路标签和设备标签。在云机房的管理与维护工作当中，标签管理是极其重要的一部分，从基本的网线、光纤、ODF跳线架(光纤跳线架)、DDF跳线架(网络跳线架)信息的标识到云设备、网络设备、机柜的标识规范的实施，都从不同程度体现了标签标识的重要作用。完善的标签标识管理方案，在一定程度可以提高云机房的管理与维护水平，降低机房管理人员的劳动强度，缩短网络故障的处理时间，极大地方便机房管理员的日常管理与维护工作。

首先谈传输线路的标签。这里引用安恒公司的一篇文章《浅谈机房标识规范》来让读者认识传输线路的标签以及进一步了解传输线路标签标识的重要性。传输线路又称为传输介质，传输介质从铜轴发展到现在的双绞线和光纤，传输速度由十兆、百兆发展到千兆，国际测试验收标准也由TIA 568更新到了TIA/EIA 568B。可是与TIA 568标准同时推出的TIA/EIA 606《商业建筑物电信基础结构管理标准》在国内的推广应用却非常缓慢。其主要原因是，布线工程的甲乙双方和工程监理所关心的主要是工程的质量，如线缆敷设是否符合标准、设备安装是否到位、设备功能是否实现、能否通过测试验收、工程造价是否超预算等。但是对与用户关系最密切的网络文档和标签标识往往被忽略。经常发生的情况就是，前一段系统功能能很好实现，但是过了一段时间，当出现网络故障的时候，网络运维人员进入机房时,发现线缆和相关设备上贴的标识已经脱落或根本没有,用户线路信息已无处查找。某公司曾经遇到这样的案例,某学校的机房管理部门半年前选用某品牌的标签打印机及耗材作为机房线缆设备标识。由于机房低温环境的特点,某品牌的标识不能满足在该温度下使用,半年后标识开始出现起边、起角、脱胶,甚至脱落的现象,完全没有起到提醒、标注的作用,这给维护工作带来很大困难。后由该公司提供新的标识方案,按照国际和国内机房标识规范标准重新做了标识。

上述案例中客户有意识地在机房内粘贴标识,但是由于选择的标识方案并非合理有效,才会造成用户的上述问题和困惑。然而,大多数机房管理者还没有这方面的概念和意识,造成这种现象的原因是多方面的。一是机房建设之初,标识已经随之粘贴完毕,没有再做标识的必要性;二是有纸质文档,不需要实物标识;三是忽视标识的重要性。根据以上原因,加上系统集成市场竞争激烈,成本增高,利润降低,系统集成商势必会在某些方面节约成本,机房建设之初有的没有标识标注,有的虽有标识标注,但其选用最简便的方式,如取纸、纸标签贴上透明胶带、非专业机房标识等。然而,"标识"理应作为验收的一部分,却没有得到人们的重视,从而给用户日后维护管理造成影响。网络维护管理者的基本工作就是保证网络正常运行。如果没有做相应的标识,或者标识不规范,当网络发生问题时,如何在数千甚至数万根线缆中找到发生问题的具体位置呢?

目前云机房建设及使用中,线缆及连接点经常移动、增加和变化。没有标识或者使用了不恰当的标识,都会导致付出更高的维护费用来解决线缆及连接点的问题。

综合以上问题,结合国际标准 TIA/EIA 606-A 和国内标准对标识的要求《数据中心布线系统设计与施工技术白皮书》(该白皮书是根据中国工程建设标准化协会信息通信专业委员会文件《关于成立<数据中心布线系统设计与施工>编写工作组的通知》(建标信通字〔2008〕01 号)由综合布线工作组会员组成课题编写组编写完成)整理出一套机房标识规范,规定了标签材质、标签粘贴位置、标签规格、标签形式以及标签颜色等。

该规范的实施是为了为今后的维护和管理带来最大的便利,提高管理水平和工作效率,减少网络配置时间。加强数据机房通信质量管理,使电子计算机机房设计确保电子计算机系统稳定可靠运行,及保障机房工作人员有良好的工作环境,做到技术先进、经济合理、安全适用、确保质量。

同时,本规范适用于总公司及下属单位数据中心和业务系统设备安装机房,作为数据中心建设和管理相关依据和标识的使用指南。

数据中心的每条电缆、光缆、配线设备、端接点、接地装置、敷设管线等组成部分均应给定唯一的标识符,标识符应采用相同数量的字母和数字等标明,按照一定的模式和规则来进行。数据中心的机房标识系统应该包括以下部分:标识打印设备、线缆标识、配线架标识、面板标识、设备管理标识、标识文档管理。

针对以上部分,本书简单介绍一下国际与国内标准的规定。

1. 标识打印设备

TIA/EIA 606-A 标准中 TIA/EIA 606 10.2 对标识设备的要求明确说明:为了最佳读取效果,所有的标签应由机械设备打印,不应采用手写方式。同时 TIA/EIA-606 A.4

指出应用设备标识的目的：增加易读性并改善外观的专业性。

手写标识容易造成字迹模糊，难以辨认；每个人书写方式不同，致使其他人员无法辨认标识内容；内容书写不规范；标识小，书写内容有限。

机械设备打印的好处如下。

① 打印质量：字体清晰，分辨率高，标识时间长。

② 打印技术：国际先进热转移打印技术。

③ 操作方式：便于控制，容易使用。

④ 文字要求：可打印中英文字符，字体大小可调节，标志内容丰富。

⑤ 图形要求：可打印各种常用符号、自行定制的图形及公司图标。

⑥ 兼容性：可以通过软件设计标识并打印，并可对电子表格等数据源进行导入处理。

手写效果与机械设备打印效果对比图如图 5-1 和图 5-2 所示。

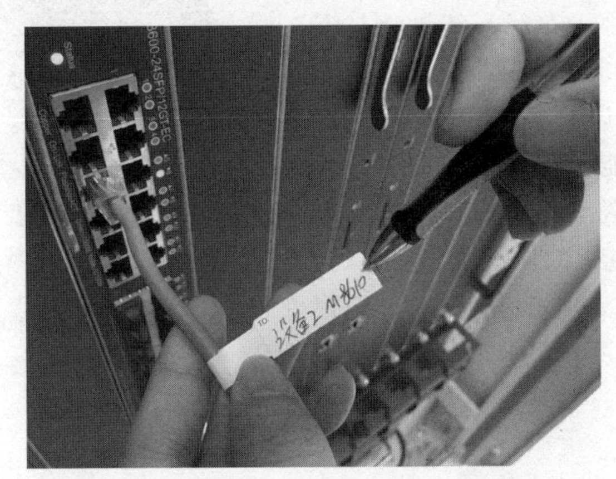

图 5-1 手写标识

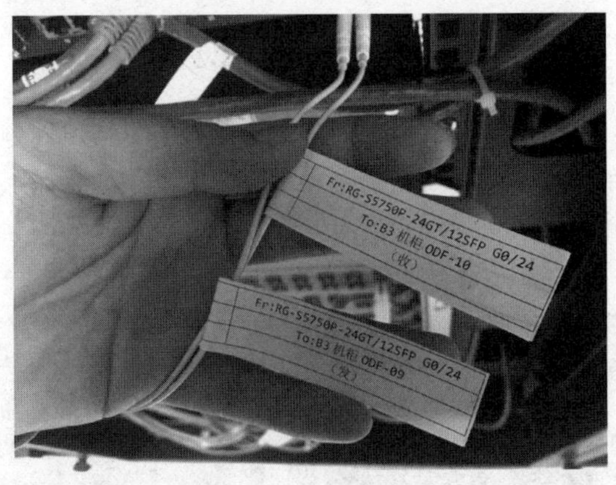

图 5-2 机打标识

2. 线缆标识

线缆标识是机房标识中重要部分之一，TIA/EIA 606-A 中 TIA/EIA-606 6.2.2 对线缆标识的要求：水平和主干子系统电缆在每一端都要标识，推荐用标签贴于线缆的每一端而优于只是给线缆作标识。作为适当的管理，额外的电缆标识可以被要求在中间的位置，像线缆的末端、主干的接合处、检修口和牵引盒。

3. 标识的应用要求

电缆标签要有一个耐用的底层，像乙烯基，适合于包裹。乙烯基有很好的一致性，因此很适合于包裹，并且能够经受弯曲。推荐使用带白色打印区域和透明尾部的标签，这样当包裹电缆时可以用透明尾部覆盖打印的区域，起到保护作用。透明的尾部应该有足够的长度以包裹电缆一圈和一圈半，如图 5-3 所示。

国内标准《数据中心布线系统设计与施工技术白皮书》明确规定材质要求：所有需要标识的设施都要有标签。建议按照“永久标识”的概念选择材料，标签寿命应能与布线系统设计的寿命相对应；建议标签材料符合通过 UL969（或对应标准）认证以达到永久标识的保证；同时建议标签能达到环保 RoHS 指令要求；标签应打印，应保持清晰、完整，并能满足环境的要求。

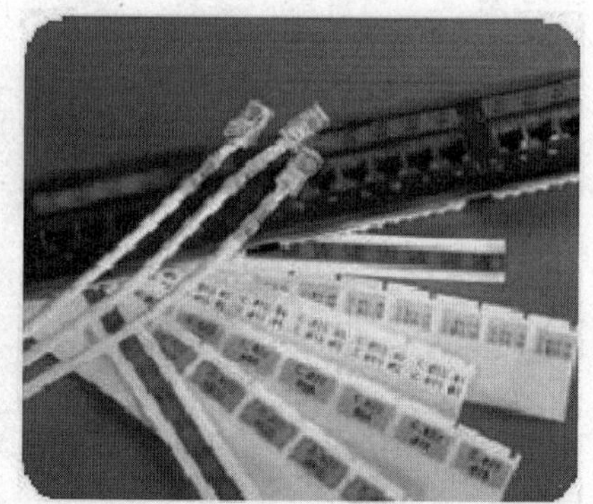

图 5-3　包裹电缆

4. 配线架标识

TIA/EIA-606 8.2.2.2 标准规定：使用的粘性标签在很多格式上都被广泛利用。当选择粘性标签时，注意根据应用来选择使用特殊表面而设计的材料/底层。设备和其他元件的标签在本质上看都是差不多的，但选择时要小心，因为不同的黏性适合于不同的表面。

《数据中心布线系统设计与施工技术白皮书》中配线架标识规定：配线架的编号方法应当包括机架和机柜的编号，以及该配线架在机架和机柜中的位置，配线架在机架和机柜中位置可以自上而下用英文字母表示，如果一个机架或机柜有不止 26 个配线架，需要两个特征来识别，如图 5-4 所示。

图 5-4　配线架标识

5. 面板标识

TIA/EIA 606-A 6.2.6 中关于面板标识的规定：每一个端接位置的标签都要被标记一个标识符，标识符应标识于线缆、面板、接头等可见部分。但是在高密度的端接位置做标识是不切实际的，在这种情况下，标识符将被分配到每一个端接硬件单元和实际的端接位置，这将由硬件单元的习惯用法来决定。在工作区的末端标识也可以包括电缆另一端的端接位置标识符和电缆标识符。标识的设计使用寿命不应低于粘贴标识的元件。

《数据中心布线系统设计与施工技术白皮书》规定：建议按照"永久标识"的概念选择材料，标签寿命应与布线系统设计的寿命相对应；建议标签材料符合通过 UL969 认证以达到永久标识的保证；建议标签能达到环保 RoHS 指令要求；标签应打印，应保持清晰、完整，并能满足环境的要求，如图 5-5 所示。

图 5-5 面板标签

6. 设备管理标识

针对目前网络设备的现状，为配合线缆的制作，对资产设备标签的要求为：设备标签应能够全面涵盖所描述设备的各项具体信息，但又要尽量做到简洁、清晰、规范。材质需要通过 UL969 认证(美国保险商试验所)，为保护网络维护员工的身体健康和环境保护的要求，所有材质必须符合环保 RoHS 指令要求。

7. 标识文档管理

ANSI/TIA/EIA-606-A 4.1 标准对标识文档管理的规定如下。

记录：记录包含与每个标识符有关的信息，包括来自记录组的报告和绘图的信息。

标签：标签是附着在被识别组件上的标识符的物理体现。管理系统应提供发现与任一特定标识符有关的记录的方法，管理系统可使用基于纸版的文件系统、通用电子表格软件或特殊的电缆管理软件进行管理。在实施电子表格的管理中，每一必要的标识与记录相关的标识符组成一行，而每列包括记录信息的特殊项目。使用软件的系统应提供包含来自记录组信息的报告，每项报告应可以根据记录中的标识符类型和所需信息，列出记录的任何所需子集。

ANSI/TIA/EIA-606-A 11.2 必要性：管理系统使用的软件应能生成可用的布线系

统操作员报告,其中包括来自记录组的信息,每项报告应列举所选择标识符的所有记录和这些记录的所有信息,或任何需要的记录和信息的子集。

ANSI/TIA/EIA-606-A A.3 管理标准规定:纸版文件管理系统能较好地管理较小的布线系统,较大布线系统所包含的信息量很大,若没有软件管理系统的协助,管理会很困难。这些可以是使用通用电子表格程序,或为管理布线系统设计的特殊软件。本标准定义了对于软件系统的最基本的识别和信息要求,而细节由软件设计者负责,这将对设计者的创新提供最大的适应性,而适应性将会为系统业主/管理者提供最好的终端产品。

《数据中心布线系统设计与施工技术白皮书》规定,标签标识系统包括 3 个方面:标识分类及定义、标签和建立文档。完成标识和标签之后,需要对所有的管理设施建立文档。文档应采用计算机进行文档记录和保存,简单且规模较小的布线工程可按图纸资料等纸质文档进行管理,并做到记录准确、及时更新、便于查阅并且文档资料应实现汉化。

在数据中心中,布线的系统化及管理是相当必要的。数千米的线缆在数据中心的机架和机柜间穿行,必须精确地记录和标注每段线缆、每个设备和每个机柜/机架。

标识文档管理软件的作用如下。

- 可帮助客户轻松记录网络的方方面面,包括水平和主干电缆、硬件、资产、通道、位置、用户等信息。
- 帮助客户更好地控制他们的网络,以便能够进行移动、添加,改变更快、更容易。
- 软件极大地缩短所需的时间来查找和解决问题、减少停机时间,增加信息存储。
- 充分利用网络投资。
- 管理资产更有效,确保有效利用现有组件;避免浪费线路和设备成本。
- 缩短新 IT 工作人员的培训时间。
- 可以根据客户的需求维护和规划高可靠性网络。
- 将基础设施审计工作减少到最低限度,只需依照软件提供解决方案即可,轻松获取所需信息。
- 更快、更轻松地规划网络扩展。
- 便于使用和调节,软件可选择归档深度。
- 便于纸张文档管理与软件文档管理

5.1.2 连接硬件标签系统

连接硬件标签主要指配线架标识、面板标识和其他一些平面表面标识。按照打印机类型可分为 3 个大类。这 3 个大类的标签系统分别对应激光/喷墨打印机、热敏式打印机及针式打印机。在布线系统中,常用的标签为激光/喷墨打印机标签和热敏打印机标签。

连接硬件的标签材料主要为聚酯或聚烯烃。根据需要标识的硬件类型和要求,可以选择黏性标签或非黏性标签。标签的形式如图 5-6 所示。

5.1.3 布线管理系统

可采用纯软件的布线管理系统或软硬件集成的智能电子布线管理系统来实施对布线系统的管理。系统功能要求如表 5-1 所示。

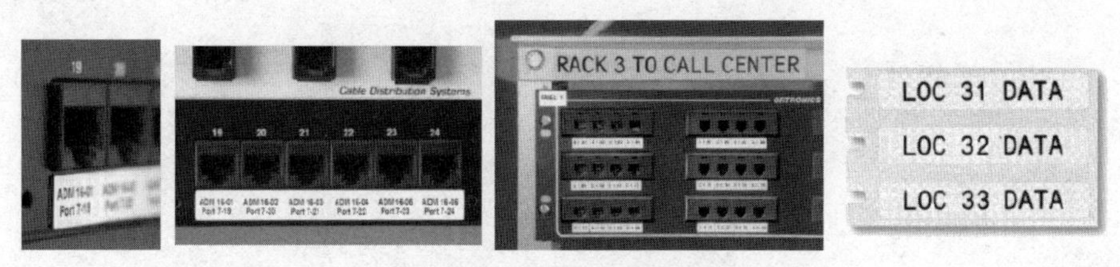

图 5-6 标签的形式

表 5-1 布线管理系统功能要求

	布线管理(纯)软件系统	智能电子布线管理系统
系统组成	软件	软件+硬件
系统数据建立	手工录入	手工录入+系统自动识别
配线连接变更记录	事后手工记录	实时自动识别
故障识别	无	有
系统故障恢复后数据同步	无	自动
生成包含设备在内的链路报告	无	有
设备查询功能	有	有
查询和报表功能	有	有
网络及终端设备管理	无	有
工作单流程	手工生产和记录	手工生产,自动确认
图形化界面	是	是
关联楼层平面图	是	是

5.1.4 标识设计

云机房中,布线的系统化及管理是相当有必要的。数千米的线缆在云机房的机架和柜间穿行,必须精确地记录和标注每段线缆、每个设备和每个机柜/机架。

在布线系统设计、实施、验收、管理等几个方面中,定位和标识是提高布线系统管理效率,避免系统混乱所必须考虑的因素,所以有必要将布线系统的标识当作管理的一个基础组成部分从布线系统设计阶段就予以统筹考虑,并在接下去的施工、测试和完成文档环节按规划统一实施,让标识信息有效地向下一个环节传递。

1. 机柜/机架标识

云机房中,机柜、机架的摆放及分布位置可根据架空地板的分格来布置和标示。依照ANSI/TIA/EIA-606-A 标准,在数据机房中必须使用两个字母或两个阿拉伯数字来标识每一块 600mm×600mm 的架空地板。在云数据中心计算机房平面上创建一个 X、Y 坐标系网格图,以字母标注 X 轴,以数字标注 Y 轴,确立坐标原点。标注机架与机柜的位置,以及正面在网格图上的坐标。如图 5-7 所示。

所有机架和机柜应当在正面和背面粘贴标签。每一个机架和机柜应当有一个唯一的

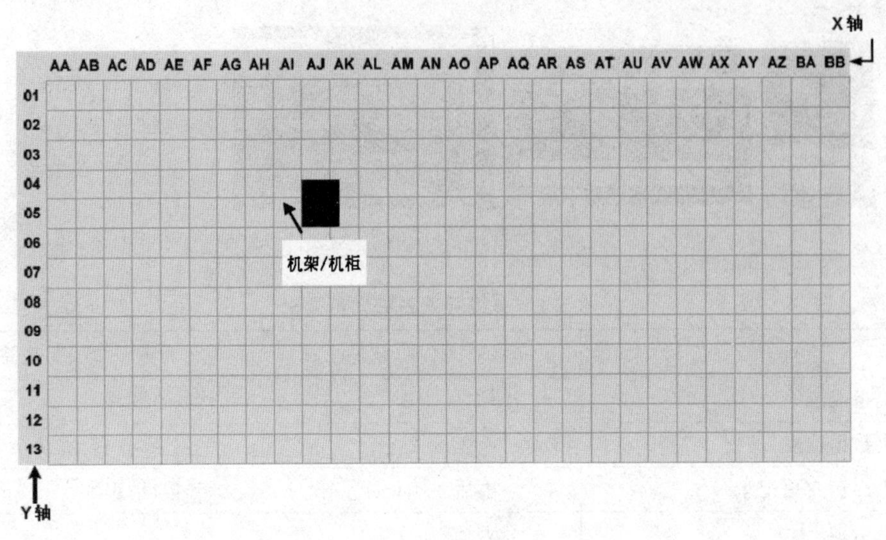

图 5-7　坐标标注

基于地板网格坐标编号的标识符。如果机柜在不止一个地板网格上摆放，通过在每一个机柜上相同的拐角，例如：右前角或左前角，所对应的地板网格坐标编号来识别。

在有多层的数据中心里，楼层的标志数应当作为一个前缀增加到机架和机柜的编号中去。例如，上述在数据中心第三层的 AJ05 地板网格的机柜标为 3AJ05。

一般情况下，机架和机柜的标识符可以为以下格式：

```
nnXXYY
```

其中，nn＝楼层号，XX＝地板网格列号，YY＝地板网格行号。

在没有架空地板的机房里，也可以使用行数字和列数字来识别每一机架和机柜。如图 5-8 所示，在有些数据中心里，机房被细分到房间中，编号应对应房间名字和房间里面机架和机柜的序号。

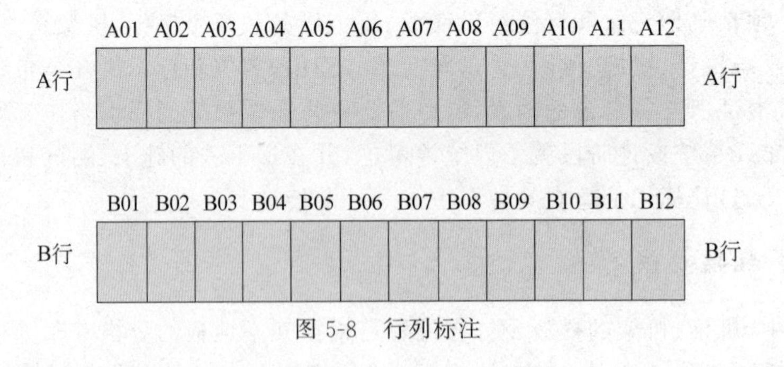

图 5-8　行列标注

2. 配线架标识方式

（1）配线架的标识

配线架的编号方法应当包含机架和机柜的编号和该配线架在机架和机柜中的位置表

示。在决定配线架的位置时，水平线缆管理器不计算在内。配线架在机架、机柜中的位置可以自上而下地用英文字母表示，如果一个机架或机柜有不止 26 个配线架，则需要用两个特征来识别。

(2) 配线架端口的标识

可以用两个或三个特征来指示配线架上的端口号。比如，机柜 3AJ05 中的第二个配线架的第四个端口可以被命名为 3AJ05-B04。

一般情况下，配线架端口的标识符可以为以下格式：

```
nnXXYY-A-mmm
```

其中，nn=楼层号，XX=地板网格列号，YY=地板网格行号，A=配线架号(A～Z，从上至下)，mmm=线对/芯纤/端口号。

(3) 配线架连通性的标识

格式如下：

```
p1 to p2
```

其中，p1=近端机架或机柜、配线架次序和端口数字，p2=远端机架或机柜、配线架次序和端口数字。

为了简化标识和方便维护，考虑补充使用 ANSI/TIA/EIA-606-A 标准，即《商业及建筑物电信基础结构的管理标准》，在布线管理标准中用序号或者其他标识符表示。例如，连接 24 根从主配线区到水平配线区 1 的 6 类线缆的 24 口配线架应当包含标签"MDAtoHDA1Cat6UTP1-24"。

例如，图 5-9 所示为采样配线架标签。图 5-10 所示为用于有 24 根 6 类线缆连接柜子 AJ05 到 AQ03 的 24 位配线架的标签。

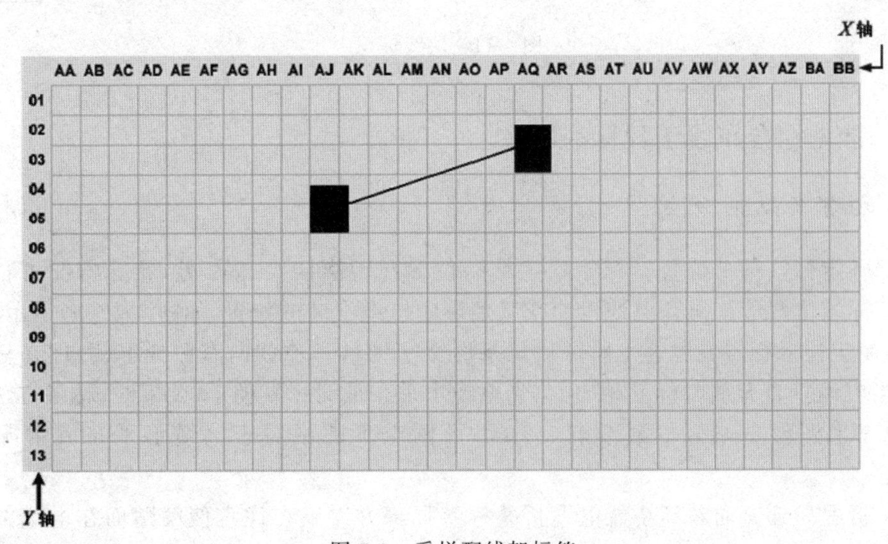

图 5-9 采样配线架标签

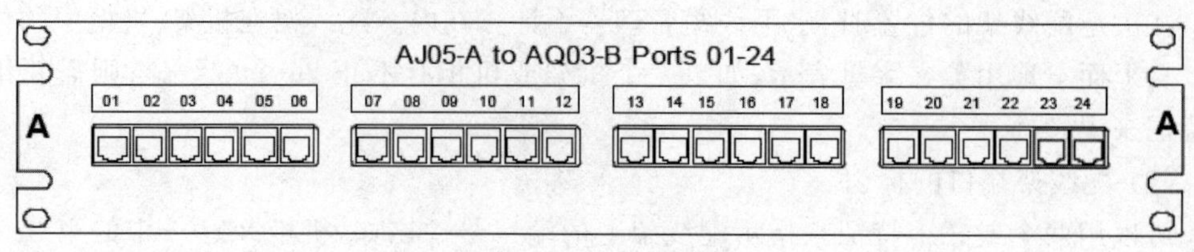

图 5-10　配线架标签

3. 线缆和跳线标识

连接的线缆上需要在两端都贴上标签标注其远端和近端的地址。

线缆和跳线的管理标识格式如下：

```
p1n / p2n
```

其中，p1n ＝近端机架或机柜、配线架次序和指定的端口，p2n ＝远端机架或机柜、配线架次序和指定的端口。

例如，图 5-10 中显示的连接到配线架第一个位置的线缆可以包含下列标签：AJ05-A01/ AQ03-B01。并且在柜子 AQ03 里的相同的线缆将包含下列标签：AQ03-B01 / AJ05-A01，如图 5-11 所示。

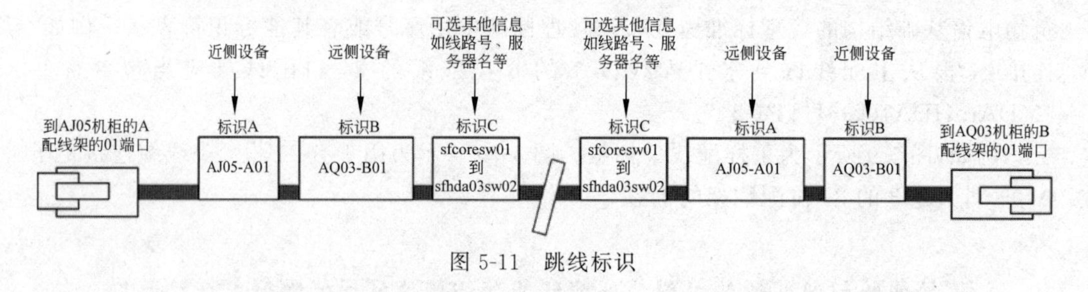

图 5-11　跳线标识

5.1.5　常见综合布线工程标签制作

1. 标签的粘贴方法

① 确定标签粘贴位置。标签默认粘贴位置在距离插头 2cm 处，特殊情况可特殊处理，如：标签位置应该避开电缆弯曲或其他影响电缆安装的位置，如图 5-12(a)所示，将标签与电缆定位。标签在电缆上粘贴后长条形文字区域一律朝向右侧或下侧，即在标签粘贴处，当电缆垂直布放时标签朝向右，当电缆水平布放时标签朝下，朝下时，粘贴方法相当于图中三个图形分别顺时针旋转 90°(下面两个步骤中对于电缆水平布放情况不再说明)。

② 折叠局部。向右环绕着电缆折叠标签局部并粘贴。注意使粘贴面在电缆的中心面，局部折叠后的形状如图 5-12(b)所示。粘贴后局部不一定完全和文字区域重合，根据电缆外径的不同有的会比文字区域短，这是因为局部长度是根据单芯同轴电缆的外径 2.6mm 设计的，当使用在大线径电缆上时剩余的不同长度的局部区域被折在标签里面，

从外面只能看到整齐的文字区域。

③ 折叠标签。将标签纸从整版标签材料上揭下来，粘贴在线扣的标识牌上（只粘贴其中一面）。粘贴时注意尽量粘贴在标识牌的四方形凹槽内（粘贴在哪一面不作规定，由现场根据操作习惯自行确定，但是同一机房内需保持粘贴面的统一）；线扣默认绑扎位置在距离插头 2cm 处，特殊情况可特殊处理。电缆两端均需要绑扎线扣，线扣在电缆上绑扎后标识牌一律朝向右侧或上侧，即当电缆垂直布放时标识牌朝向右；当电缆水平布放时标识牌朝上，并保证粘贴标签的一面朝向外侧，如图 5-12(c)所示。

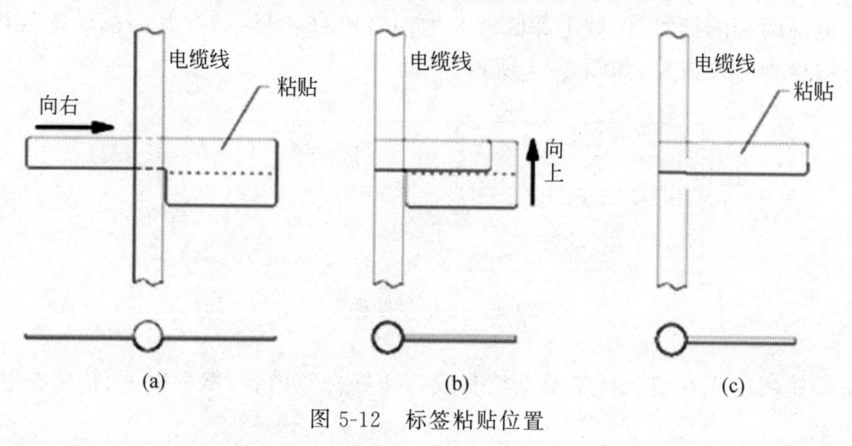

图 5-12 标签粘贴位置

2. 标签的内容

(1) 电源线标签内容

电源线标签仅粘贴在线扣标识牌的一面，内容为电缆对端位置信息（体现标签上自带的“TO：”字样的含义），即仅填写标签所在电缆侧的对端设备、控制柜、分线盒或插座的位置信息，如图 5-13 所示。

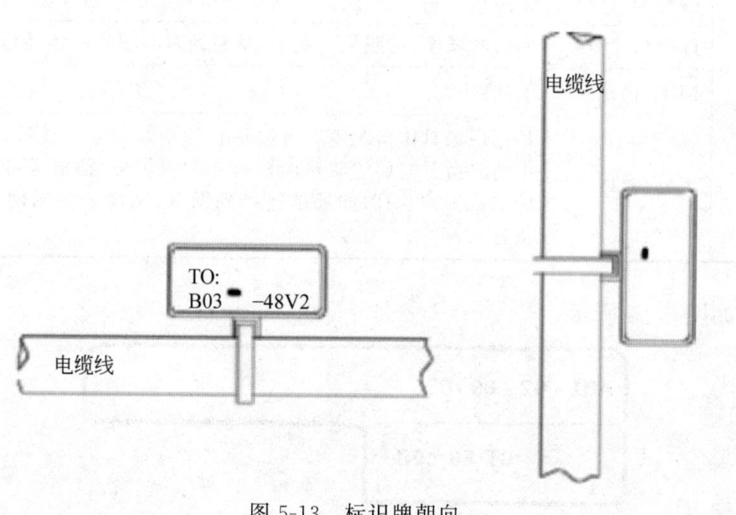

图 5-13 标识牌朝向

(2) 信号线标签内容

信号线标签粘贴后有两个面，标签两面内容分别标识了电缆两端所连端口的位置信息。标签内容的填写需符合以下要求：电缆所在位置的本端内容写在区域①中；电缆所在位置的对端内容写在区域②中，即右下角带有倒写“TO：”字样的标签区域中；区域③为粘贴标签时将被折叠的局部，如图 5-14 所示。从设备的电缆出线端看，标签的长条形写字内容部分均在电缆右侧，字迹朝上的一面（即露在外面能看到的一面，也就是带“TO:”字样的一面）内容为电缆所在对端的位置信息，背面为电缆所在本端的位置信息；因此一根电缆两端的标签，区域①和区域②中内容刚好相反，即在某一侧的本端内容，在另一侧时被称为对端内容，如图 5-14 所示。

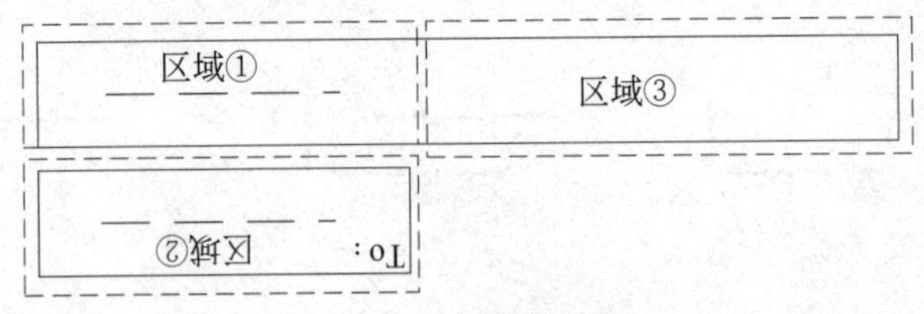

图 5-14　信号线标签

粘贴标签之前先在整版标签纸上填写或打印好标签内容，然后揭下、粘贴在电缆或标识牌线扣上。

(3) 网线标签内容

网线标签内容如表 5-2 所示。

表 5-2　网线标签内容及含义

标签内容	含　义	举　例
MN-B-C-D	MN：机柜号	举例：A01
	B-擦框序号	按照从下到上的顺序用两位数字编号，例如：01
	C-物理板位号	按照从上到下、从左到右的顺序用两位数字编号，例如：01
	D-网口序号	网口的顺序，按照从上到下，从左到右的顺序编号，例如：01
MN-Z	MN：机柜号	例如：B02
	Z：位置号	根据现场具体情况填写可以识别的终端设备位置号；如连接到机柜中的路由器需要注明路由器所在的机柜号、插框号、网口序列号等，例如：B02-03-12；如果是连接到网管，则需要注明网管所在的具体位置

示意图如图 5-15 所示。

图 5-15　网线标签示意图

标签一侧为“A01-02-09-05”，说明此网线一端连接到我方设备，即机房中 A 排 01 列的机柜，第二个插框、第 9 个板位、第 5 个网口的位置；标签另一侧为“B02-03-10”，说明此网线另一端连接到终端设备上，即机房中 B 排 02 列的机柜，第三个插框、第 10 个网口的位置。没有板位号。

(4) 设备间光纤标签

设备间光纤标签内容含义如表 5-3 所示。

表 5-3　光纤标签内容及含义

标签内容	含　义	举　例
MN-B-C-D-R/T	MN：机柜号	例如：A01
	B：擦框序号	按照从下到上的顺序用两位数字编号，例如：01
	C：物理板位号	按照从上到下、从左到右的顺序用两位数字编号，例如：01
	D：光接口	按照从上到下、从左到右的顺序用两位数字编号，例如：05
	R：光接收接口 T：光发送接口	
MN-B-C-D-R/T	MN：机柜号	含义同上。其中机柜号 MN，当对端设备和本端设备不在统一机房中时，可以用具体站名详细说明
	B：擦框序号	
	C：物理板位号	
	D：光接口	
	R：光接收接口 T：光发送接口	

如图 5-16 所示，标签一侧为“A01-02-06-06-R”，说明光纤本端连接机房中 A 行、01 列的机柜、第二个插框、06 板位、06 光接收端口。标签另一侧为“G01-01-01-02-T”，说明光纤另一端连接机房中 G 行、01 列的机柜、第一个插框、02 板位、02 光发送端口。

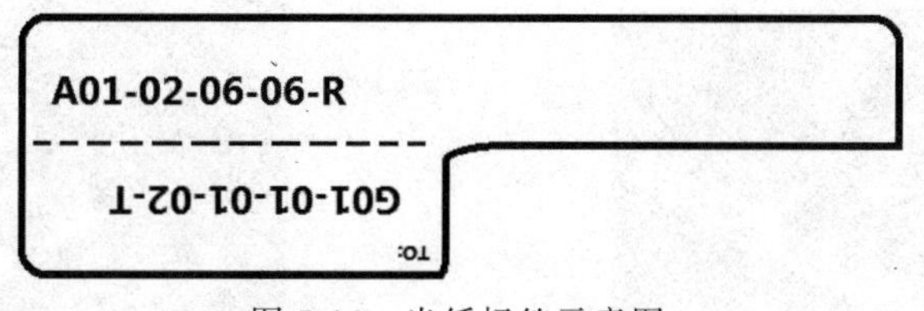

图 5-16　光纤标签示意图

(5) 设备到 ODF 配线架的光纤标签

设备到 ODF 配线架的光纤标签含义如表 5-4 所示。

如图 5-17 所示，标签一侧为“ODF-G01-01-01-R”，说明光纤本端连接到机房中第 G 排、01 列的 ODF 架上、第 01 行、第 01 列端子、光接口接收端的位置；标签另一侧为“A01-01-05-05-R”，说明此光纤对端连接到机房中第 A 排、01 列的机柜、第一个插框、第 5 个板位、第 5 个光接收端口的位置。

表 5-4　ODF 配线架标签内容及含义

标签内容	含　义	举　例
MN-B-C-D-R/T	MN：机柜号	例如：A01
	B：擦框序号	按照从下到上的顺序用两位数字编号，例如：01
	C：物理板位号	按照从上到下、从左到右的顺序用两位数字编号，例如：01
	D：光接口	按照从上到下、从左到右的顺序用两位数字编号，例如：05
	R：光接收接口 T：光发送接口	
ODF-B-C-D-R/T	MN：ODF 配线架行、列号	M：机房中每一排设备从前至后称为行，编号为 A～Z；N：每一排中再从左至右称为列，编号为 01～99；例如：J01，即 J 行 01 列的 ODF 架
	B：端子行号	范围：01～99，例如：01-01
	C：端子列号	
	R：光接收接口 T：光发送接口	

ODF-G01-01-01-R

A01-01-05-05-R

TO:

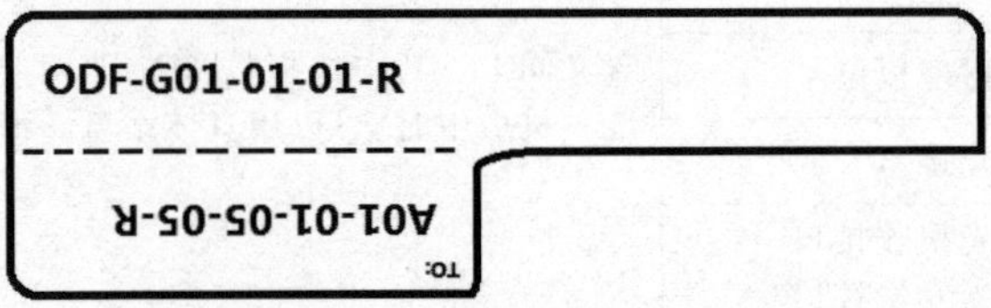

图 5-17　ODF 配线架标签示意图

完成后的效果图如图 5-18～图 5-21 所示。

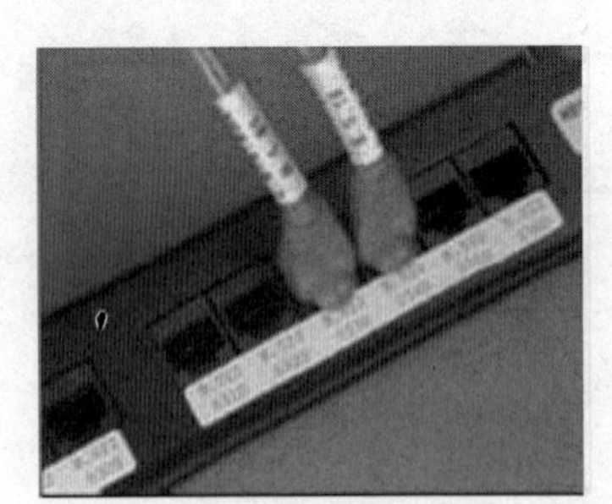

图 5-18　DDF 网线配线架面板标识旗型标签图例

图 5-19　ODF 光纤配线架面板标识旗型标签图例

（6）交换机标识标签

交换机标识标签示例如表 5-5 所示。

图 5-20 水平线缆标识面板标签位置图例 1

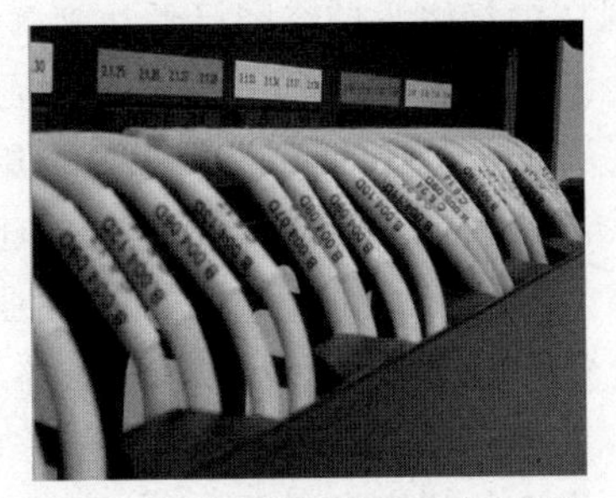

图 5-21 水平线缆标识面板标签位置图例 2

表 5-5 交换机标识标签示例

交换机编号	交 换 机		光 节 点	
	使用地点：			
	交换机 IP 地址：			
	网关		管理 VLAN	
	用户名		密码	
	上联口		级联口	
	接入接口			
	Vlan 划分		Vlan 号	
交换机编号	交 换 机		光 节 点	
	使用地点：			
	交换机 IP 地址：			
	网关		管理 VLAN	
	用户名		密码	
	上联口		级联口	
	接入接口			
	Vlan 划分		Vlan 号	

5.2 云数据中心机房布线方案

5.2.1 概述

当前，我们正处于一个信息飞速发展的年代，数据的存储量已经不仅仅是用 MB、GB 甚至用 TB 来计算，随着科学技术的进步，在不远的将来，人们所谈论的将是 PB(1PB=1024TB)甚至 EB(1EB=1024PB)。举个很简单的例子：之前家用电脑的磁盘空间才几百 GB,现在电脑磁盘的空间已经达到 TB 了。而在企业的 IT 基础架构中,云机房的核心部分就是云数据中心,后面简称数据中心。数据中心是数据及业务应用的总控中心。数据中心汇聚了最昂贵的云端设备、网络服务器和存储及其他网络路由交换设备,担负着数据存储、访问的艰巨任务。数据中心的建设要面向企业业务的发展,并为企业提供全面的业务支撑。这种支撑涵盖了客户、企业业务、企业数据和决策支持等层面。

随着数据中心高密度刀片式服务器及存储设备数量的增多,数据中心面临着网络性能、散热、空间、能耗等一系列严峻的挑战。根据全球最大的独立技术研究公司 Gartner Research 发布的研究资料显示,由于缺乏灵活、高性能的综合布线规划,在 2016 年之前建立的数据中心中,半数需要在 2020 年前升级或者淘汰。

因此,建设一个完整的、符合现在及将来要求的、高标准的、新一代的云机房的数据中心需要达到以下几点要求。

- 高性能——满足目前的网络传输需求,支持至少 1Gbit/s 或 10Gbit/s 甚至更高速率传输,云机房对网络有较高的要求,因为云设备的数据都是基于网络传输的。
- 高密度——节省机房空间,方便设备散热。
- 可维护性——云机房设计应较为美观大方,适应频繁的需求变化,方便管理与维护。
- 高可靠性——基于标准的开放系统,确保系统 7×24h 不间断运行,可靠性应达到 99.99%以上。
- 可扩展性——充分考虑未来业务增长,支持未来扩容需求。

本次设计将从高性能、高密度、高可靠性、先进性、实用性的原则出发,以满足目前用户的应用需求为基础,充分考虑到今后技术的发展趋势及可能出现的需求。为用户提供具有长远效益的全面解决方案。

5.2.2 设计标准

本文涉及的云机房数据中心大型机房布线标准和方案设计标准,我们参考的是《TIA-942 数据中心机房通信设施标准》。

5.2.3 TIA-942 数据中心机房通信设施标准

2005 年 4 月,美国通信工业委员会(TIA)发布了数据中心机房通信设施标准,该标准对数据中心的设计、安装提供了规范和建议,内容包括:建筑结构、空间布局、安全、节能、接地、机械及防火保护。

1. 数据中心区域划分

根据 TIA-942 标准,典型的数据中心应包括以下基本的区域。

① MDA,是数据中心的核心管理区域,一般位于 CR 中心的位置。MDA 包含核心路由器、核心交换机、PBX、IMux、机柜/机架等。根据标准的建议,光纤配线架和铜缆配线架应该安装到不同的机柜/机架。MDA 应尽量设计在计算机机房中心位置,以免超过 90m 的布线距离要求。MDA 区域配线架可以安装到机柜或机架,机柜的好处是安全及

美观，机架的好处是散热及方便管理。

② ER，提供数据中心与外部网络的互联。服务供应商(SP)的连接首先进入到ER，在许多数据中心里，ER被直接放置到计算机机房内(CR)。为了安全起见，接入机房(ER)最好跟计算机机房分离开。

③ HDA，是数据中心的水平管理区域，一般位于计算机机房(CR)中心的位置。HDA包含局域网交换机、水平配线架等，一个HDA管理的信息点一般不超过2000个，同MDA、HDA光纤配线架和铜缆配线架应该分开。若信息点超过2000个，需要设置多个HAD。

④ ZDA，位于EDA和HDA中间位置，ZDA适用于设备经常移动或变化的区域，ZDA可以采用机柜或机架，也可以是集合点箱(安装于立柱、地板下或可移动地板)。

⑤ EDA，用来存放设备的区域，包括网络设备和通信设备。为了方便散热，EDA区域内的机柜/机架应根据通风走廊(Cool Aisle)和不通风走廊(Hot Aisle)合理配置。

2. 数据中心等级

TIA-942根据数据中心重要性分为4个等级(Tier)。

Tier1：最基本的配置，无须冗余设计及空调设施，允许最大28.8h/年的宕机时间。

Tier2：二级配置，无须冗余设计及空调设施，允许最大22h/年的宕机时间。

Tier3：三级配置，必须有UPS及空调设施，允许最大1.6h/年的宕机时间。

Tier4：最昂贵的配置，必须有UPS及空调设施，允许最大0.4h/年的宕机时间，另外必须采用生物识别技术门禁系统，必须配备气体灭火系统，多个备用布线管槽，主干必须冗余。

对于一般企业的数据中心，Tier1和Tier2已经足够，Tier3和Tier4适合政府、金融机构，对于IDC由于存在大量的主机托管业务，必须遵循Tier4等级，如表5-6所示。

表5-6 数据中心重要性等级划分

等　　级	一级(Tier1)	二级(Tier2)	三级(Tier3)	四级(Tier4)
主干线路冗余	1套主干布线	1套主干布线	2套主干布线	2套主干布线
交换机路由器冗余	不需要	不需要	需要	需要
允许宕机时间	28.8h/年	22h/年	1.6h/年	0.4h/年
可靠性	99.67%	99.749%	99.982%	99.995%
电源	UPS	UPS+发电机	UPS+发电机	UPS+发电机
备用部件	N	$N+1$	$N+1$	$2(N+1)$
系统冗余	没有	没有	空调+电源	全部冗余

注：N代表必需的；$N+1$表示必需的+1个冗余；$2N$表示两套完整的系统冗余；$2(N+1)$表示2(必需的+1冗余)。

3. 数据中心布线考虑

TIA/EIA-942标准对数据中心布线给出如下建议。

- 充分考虑未来的增长需求，预留充分的扩展备用空间。

- 采用 Cat6(10GBase-T 37m)或 Cat6A 铜缆或 Cat6A 类屏蔽铜缆(10GBase-T 100m)。
- 采用单模或 OM3 多模光纤(10GBase-SR 300m)。
- 数据中心属于“强制通风”区域,布线应采用 CMP/OFNP 防火等级线缆。
- 数据中心应采用高密度、模块化布线系统。
- 基于便于管理的思想,网线、光纤、同轴电缆应采用不同的机柜/机架。
- 应充分考虑机柜和设备散热和空气对流,数据中心的设备会产生较大的热量,做好设备散热和空气对流可以有效节约能源。
- 建议采用交叉连接(Cross Connect)方式。交叉连接只需通过跳线完成 MAC,降低管理维护时间;可靠性及可用性高。传统直连方式(Direct Connect)不可靠,MAC(移动、增加、改变)需重新布线,TIA/EIA-942 不推荐,如图 5-22 所示。

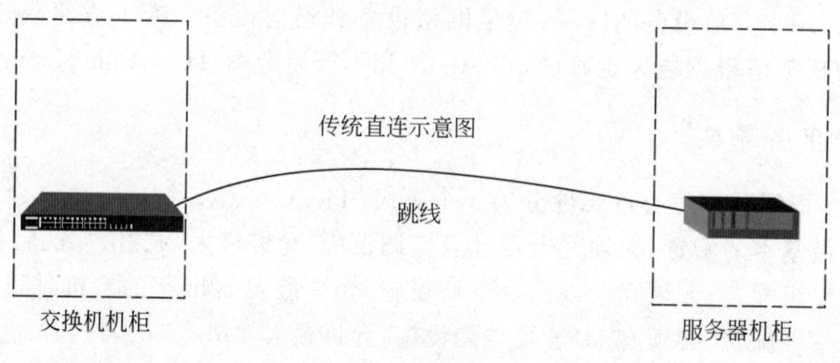

(a) 传统直连

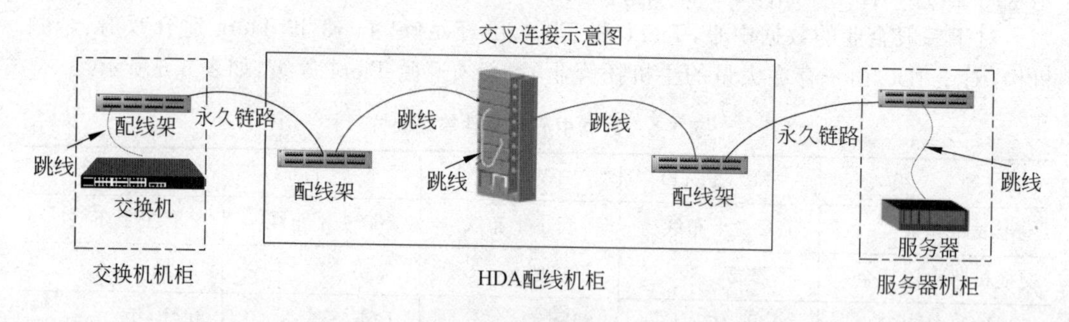

(b) 交叉连接

图 5-22 传统直连与交叉连接示意图

数据中心设备散热及空气对流对于网络稳定性十分重要。根据地板能否通风,数据中心分为不通风走廊(Hot Aisle)及通风走廊(Cold Aisle)。通风走廊内,机柜/机架面对面摆放,冷空气从地板下吹出,从机柜/机架前方进入,然后从后部排出。不通风走廊机柜/机架背对背摆放,冷空气从前面吹进,从后面吹出。此外,为了增加空气对流,防静电地板应该尽量高一些,如图 5-23 所示。

5.2.4 方案设计

本数据中心机房综合布线系统按照 4 级中心机房进行规划,如图 5-24 所示。

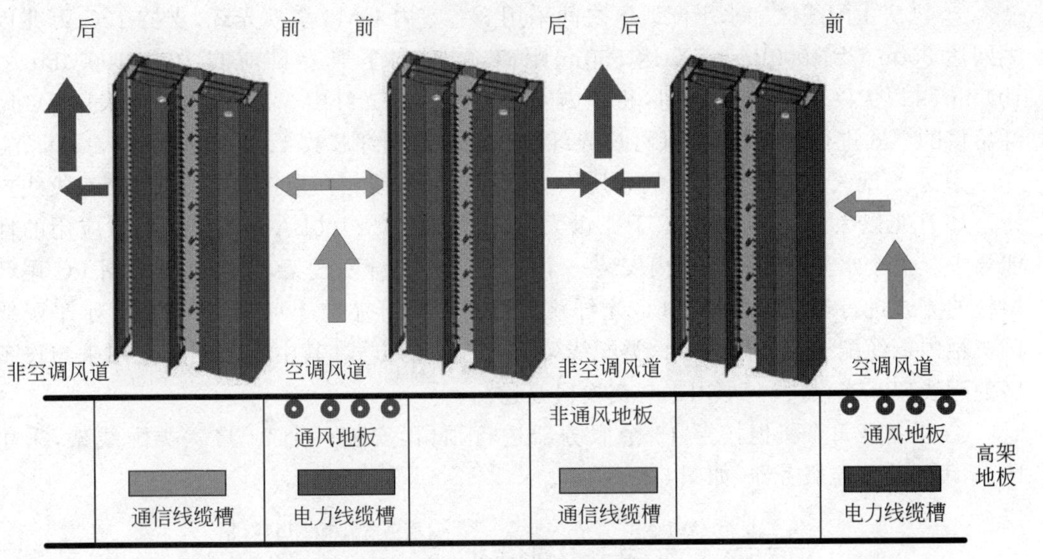

图 5-23 增加空气对流图

数据中心机房机柜连接示意图

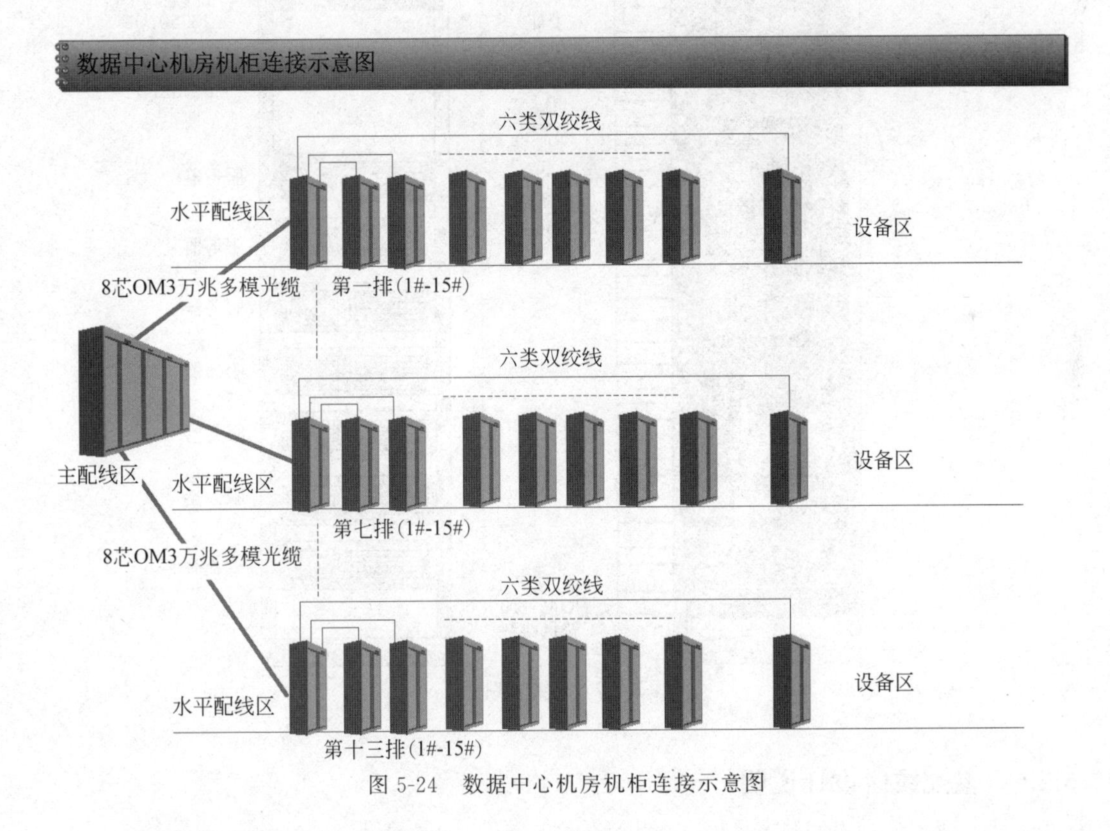

图 5-24 数据中心机房机柜连接示意图

具体设计如下。

① 综合布线系统采用星型拓扑结构，分为主配线区(MDA)、水平配线区(HAD)和设备区(EDA)，水平配线区位于每一列机柜的第一个机柜内。

② 机房主配线区和水平配线区之间采用 8 芯室内 OM3 多模光纤，支持 10G 万兆以太网达 300m 及 1000Base-SX 达 550m 距离，同时向下兼容目前的 1GB、100Mbit/s、10Mbit/s 以太网应用。主配线区机柜内安装 48 芯 LC 光纤配线架，室内光缆采用 LC 尾纤熔接的方式进行现场熔接，LC-LC 光纤跳线数按照光纤芯数 4∶1 比例配备。

③ 水平配线区和设备区之间采用六类非屏蔽双绞线相互连接，Cat6 非屏蔽双绞线支持诸如万兆以太网 10GBase-T、千兆以太网 1000Base-T、100BASE-Tx 等网络应用的性能要求。每个水平配线区机柜内安装一个 12 芯 LC 光纤配线架，室内光缆采用 LC 尾纤熔接的方式进行现场熔接，LC-LC 光纤跳线数按照光纤芯数 4∶1 比例配备。水平配线区机柜内铜缆配线架采用两个六类配线架交叉连接的方式，其中一个配线架用来与设备区的配线架互连，另外一个用来与交换机互连。

④ 设备区每个机柜按照 15 个服务器进行预留，安装一个 24 口六类配线架，采用 RJ45 跳线连接至服务器，如图 5-25 所示。

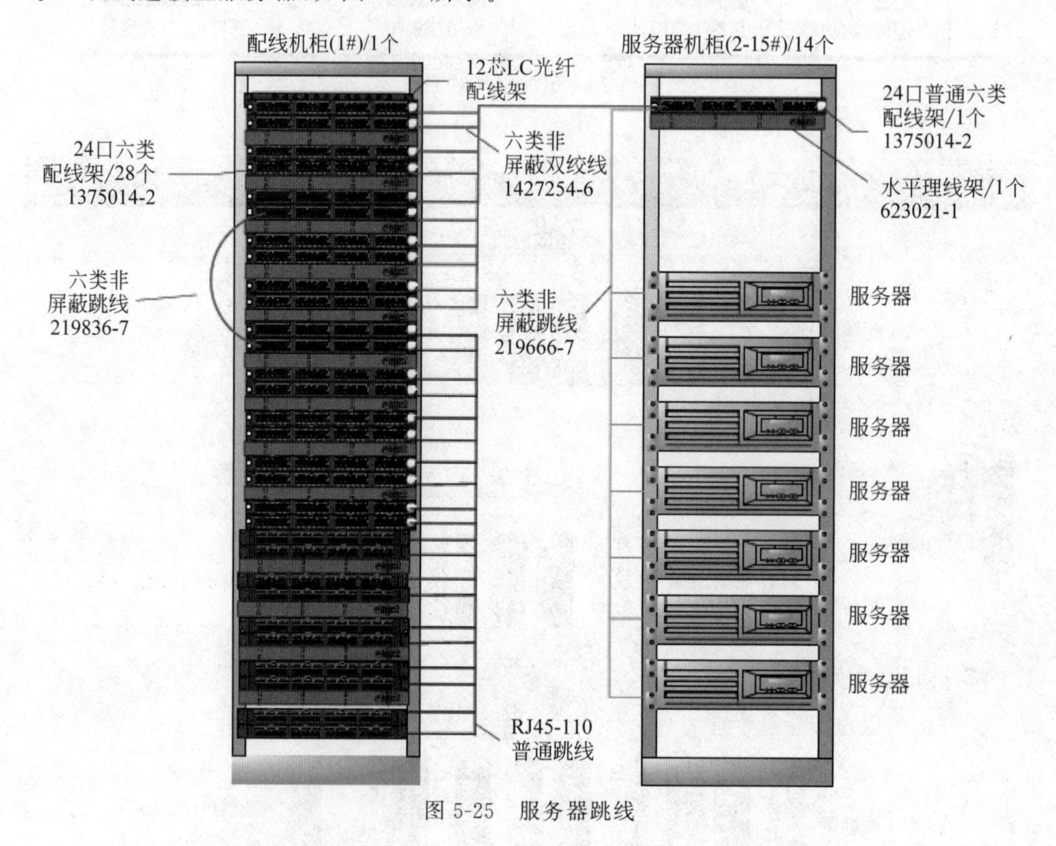

图 5-25 服务器跳线

5.2.5 主配线区设计说明

主配线区到各个水平配线区的互连选用 8 芯 OM3 万兆多模室内光缆。AMP OM3 万兆多模光缆采用独特的增强型 50μm 纤芯，从而在进行高速数据传输时不会导致数码重叠和误码，支持激光或发光二极管(LED)光源，支持 850nm 或 1300nm 两种波长。在工作波长为850nm时可以支持10G万兆以太网10GBase-SR达300m及1000Base-SX达900m的距离,同时向下兼容目前的100Mbit/s、10Mbit/s以太网应用。

由于850nm窗口下的光网络设备(如1000Base-SX)可使用垂直腔面发射激光(VCSEL)作为光源,而非激光光源,该光网络设备的是一种高性能、低成本的光收发器,光学性能接近于激光光源,而成本只有激光光源的十分之一。因此,采用OM3光纤是具有高性价比的万兆网络布线解决方案,能够使万兆网络设备的投资大大下降,使得整个网络系统的整体投资更为经济,如表5-7所示。

表5-7 光缆标准及参数

采用标准	工作波长	光纤类型	设备成本	传输距离	传输方案	应用场景
10GBase-ER/EW	1550nm	OS1	4～6倍	2～40000m	串行传输	广域网
10GBase-LR/LW	1310nm	OS1	1.5～2倍	2～10000m	串行传输	城域网
10GBase-LX4	1310nm	OM1、OM2	3～4倍	2～300m	宽波分复用	园区主干
		OS1		2～10000m		园区主干
10GBase-SR/SW	850nm	OM1	1倍	2～28m	串行传输	FTTD、设备间
		OM2		2～86m		
		OM3		2～300m		园区主干

AMP室内光缆采用紧套管结构,套管紧紧环绕在光纤外面,提供机械保护。结构干燥没有凝胶,易于处理,重量轻,无金属材料,可以安装在桥架、管道或悬装于架空缆上。室内光缆及切面示意图如图5-26所示。

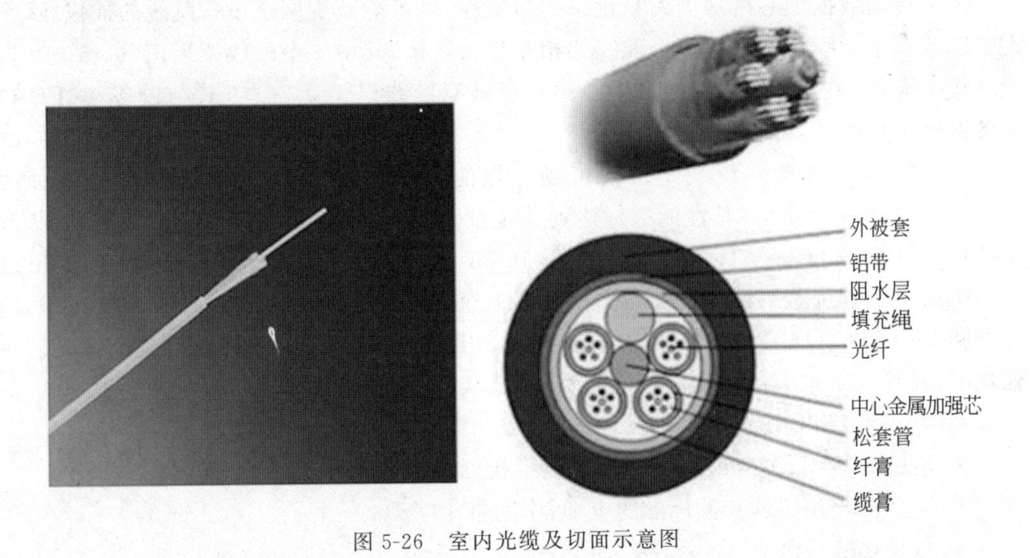

图5-26 室内光缆及切面示意图

8芯室内OM3万兆光缆技术参数如下。

- 标准:符合TIA/EIA-568-B.3、IEC 793-1/794-1及ISO/IEC 11801(2002)、ITU 652。

- 结构：层绞式松套管，非金属防雷型。
- 工作温度范围：−40℃～70℃。
- 防火等级：符合 UL 实验室 OFNR 防火等级。
- 多模光纤规格：50～125μm，满足 IEEE802.3ae，ISO/IEC OM3 的万兆多模光纤标准。
- LED 发射带宽：850nm，1500MHz/km；1300nm，500MHz/km。
- Laser 发射带宽：850nm，2000MHz/km；1300nm，500MHz/km。
- 最大衰减：850nm，3.5dB/km；1300nm，1.5dB/km。
- 传输距离：1000Base-SX，2～900m；
  1000Base-LX，2～550m；
  10GBase-SR，2～300m；
  10GBase-LX4，2～300m。
- 护套直径：4.8mm。
- 最小耐力测试：0.2kpsi。
- 弯曲衰减(100 圈，直径 75mm)，0.5dB/km。
- 安装最大拉力：667N。
- 长时间最大拉力：167N。
- 瞬间最小弯曲半径：108mm。
- 长时间最小弯曲半径：54mm。

1. 水平配线区设计说明

为了提高数据中心机房内网络设备的稳定性，尽可能减少网络设备跳线的插拔，水平配线区的水平配线机柜采用两个配线架相互交叉连接，其中一个配线架采用 RJ45-110 方式连接交换机，另外一个配线架采用 6 类非屏蔽双绞线以 110-110 方式与设备区(EDA)服务器机柜内的 6 类配线架相互连接。

AMP 6 类非屏蔽双绞线是目前市场上性能价格比较好的传输介质，导体直径为 23AW，中间带有十字架，其性能指标达到并超过 ANSI/EIA/TIA-568B.2-1 标准和 ISO/IEC 11801(2002) Class E 标准，能确保 100m 范围内的传输介质频宽达到并超过 250MHz。6 类非屏蔽双绞线在 250MHz 频率上至少可以提供比 ANSI/EIA/TIA-568B.2-1 标准和 ISO/IEC 11801(2002)Class E 标准高 8dB 的性能余量，最大限度地提高线缆的传输速率，并且为未来应用提供额外的带宽。

AMP 6 类 UTP 线缆技术指标如下。

- 超过 EIA/TIA-586B.2-1 标准的技术指标要求。
- 完全符合并超越 6 类标准的电缆，中间带十字架。
- 芯线规格：23AWG，外径 6.4mm。
- 传输延迟：最大 536ns/100m @ 250MHz。
- 延迟偏差：最大 45ns。
- 弯曲半径：4×电缆直径。

- 导体阻抗：最大 66.58ohms/km。
- 互电容：最大 5.6nF/100m。
- 最大承受电压：300V。
- 特性阻抗：100 Ω±15 Ω;1～600MHz。
- CM 防火阻燃标准。
- 支持千兆以太网应用。

AMP 6 类配线架采用模块化设计,便于安装和维护,每个模块都可以独立更换。AMP NETCONNECT 6 类配线架采用耐火、耐腐蚀材料,提供 25 年性能保证。配线架信息插座安装快速可靠,一次安装 8 根线,保持线对间的相互纽绞,提供更好的串绕性能,降低现场安装人工成本,如图 5-27 所示。配线架信息插座后部带保护套,保证安装可靠,防止维护过程中造成的接触松动。

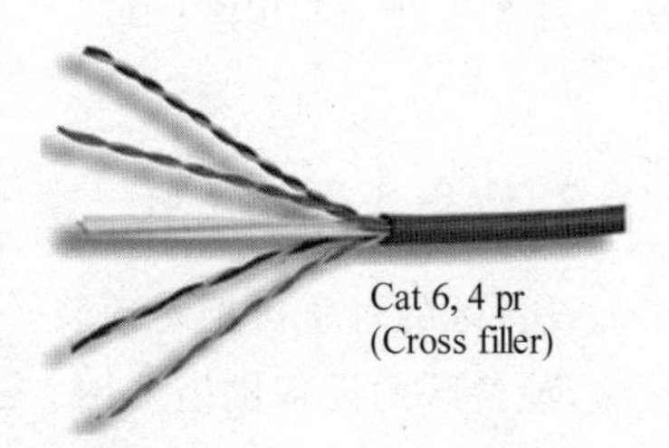

图 5-27 AMP 6 类 UTP 线

AMP 6 类配线架如图 5-28 所示。

图 5-28 AMP 6 类配线架

AMP 6 类配线架技术指标如下。

- 19″24 接口(1U)。
- 模块化设计,可单独拆卸,前面安装。
- 带线缆保护套,无须后部理线架。
- 符合 ISO/IEC,TIA 推荐为 6 类 E 级链路规格。
- 保护装置：插座后面带线缆保护套。
- RJ45 插座接触针：8 根接触针相互交叉。
- 110 端子：45°斜角。
- RJ45 插座：1500 次插接。
- 110 端子：2000 次 SL 工具压接。
- 额定电压：94V。
- 传输带宽：大于等于 250MHz。
- 防火等级：满足 UL 阻燃标准要求,UL 文件 E81956。
- 工作温度：－40℃～70℃。
- 安装：安装工具一次端接八根线。

AMP 6 类信息插座可以采用 AMP NETCONNECT 实验室专利的 SL 压接工具进行安装,压接技术可以降低对信息插座端子的物理损坏,提供更高的可重复安装次数,可重复安装次数至少 2000 次以上。SL 压接工具(如图 5-29 所示)安装快速可靠,一次安装 8 根线,保持线对间的相互纽绞,提供更好的串绕性能,降低现场安装人工成本。

为了使跳线便于管理及保持机柜内整洁美观，按照与配线架1：1比例配置1U高度水平理线架。理线架如图5-30所示。

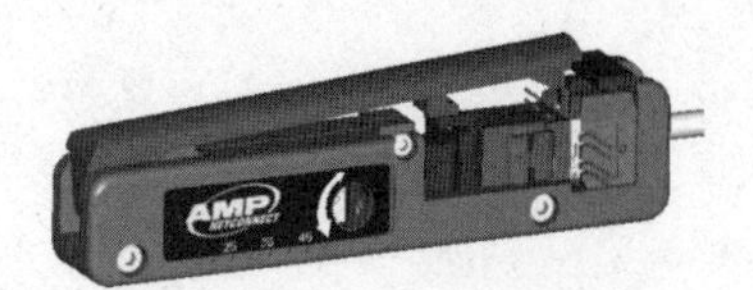

图5-29　SL压接工具

图5-30　AMP理线架

2. 设备区设计说明

设备区的每个机柜内预装一个6类24口非屏蔽配线架，用来管理设备机柜内的网络设备，设备区的设备机柜采用2m长度的AMP 6类原厂装跳线，跳线的数量按照2：1的比例配备。

AMP 6类RJ45跳线技术指标如下。

- 高性能的6类跳线，24AWG(0.51mm)软线，适用于多变动的环境，如图5-31所示。
- 增强的模块化水晶头设计，能充分保证新的1GB解决方案的优越性能。
- 专利技术的屏蔽设计使性能保持稳定。
- 完全满足或超过6类标准要求。
- 与传统的5类、超5类系统兼容。

(1) 机柜

数据中心机房建议全部统一采用19英寸密封式机柜，如图5-32所示，配标准电源插座和散热风扇，用于放置配线设备和网络设备。机柜材料选用金属喷塑，并配有网络设备专用配电电源端接位置，可将网络设备一同放置其中。

图5-31　RJ45线

图5-32　19英寸密封式机柜

(2) 机房接地设计

数据中心机房内有大量的电子设备,为了保护设备和人身的安全,数据中心机房内所有的带金属外壳的设备包括管道、桥架、水管、机柜必须接地。

沿数据中心机房内墙,安装配线间总接地排(TMGB)、金属桥、电缆梯、水管、防静电地板的静电泄漏接地排(TGB)等通过截面为 $6mm^2$ 带绝缘层的铜线以并联方式连接于此;数据中心机房内地板下布设由绝缘子固定于地面的网状铜汇集排(MCBN)提供电子设备接地;采用截面为 $4mm^2$ 带绝缘层的铜线将设备、机柜就近连接在汇集排上,如图 5-33 所示。

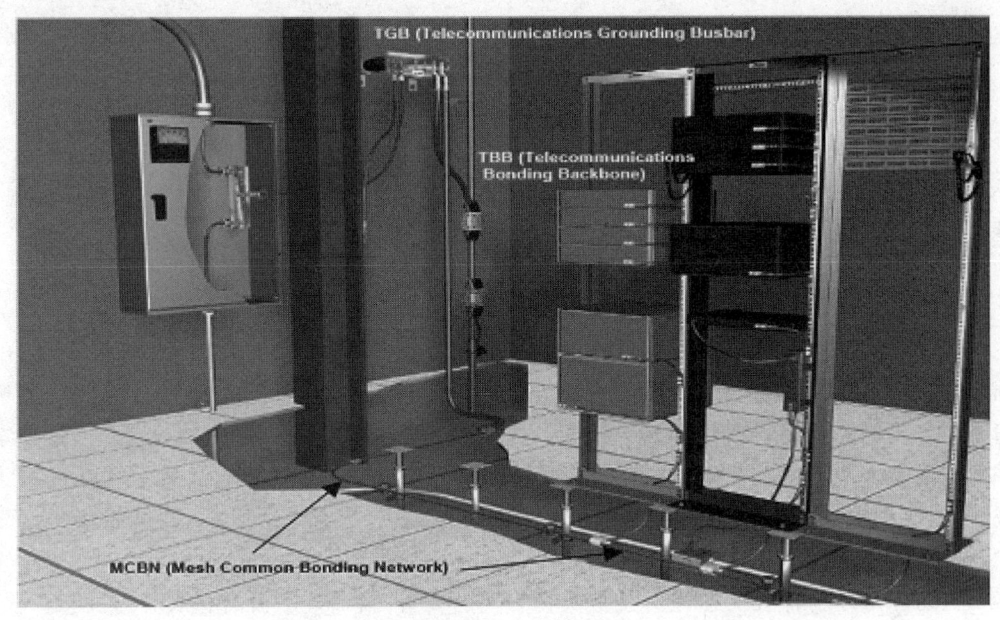

图 5-33 机房接地

接地直流电阻要求小于 3.5Ω,接地电压小于 1V R.M.S,如图 5-34 所示。

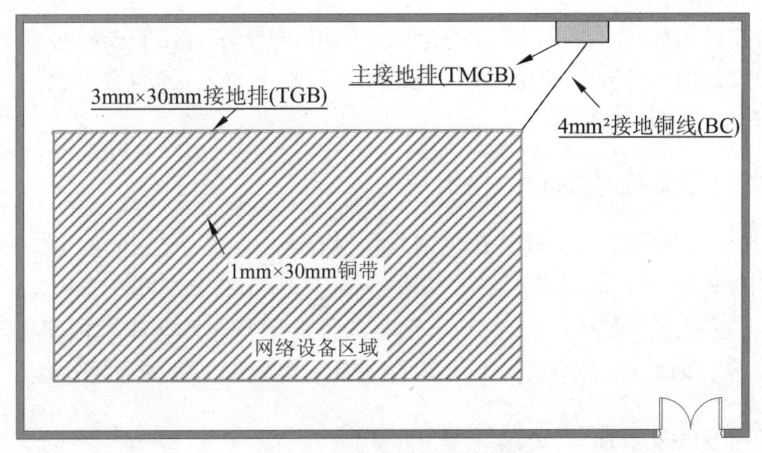

图 5-34 机房接地示意图

总之，云机房数据中心布线方案及标准涉及方方面面，包括机房的建设、机房内机柜的摆放、机房接地的设计、机房内部布线的合理性、机房空调系统等。机房设计的优劣直接关系到使用方的工作效率、计算机系统的运行可靠性和各类信息通信是否畅通。而综合布线系统恰恰是数据机房网络传输的基础系统，它使语音和数据信道设备、交换机设备和其他信息管理系统彼此相连。因此在建筑电气设计中，综合布线系统越来越受到人们的重视，它要能适应各种不同的通信服务，不断提高结构化布线工程的灵活性，提高空间利用率，降低能耗。

5.3 云机房环境动力监控系统

在云数据中心的信息化建设中，机房运行处于信息交换管理的核心位置。机房内所有设备必须时时刻刻正常运转，否则一旦某台设备出现故障，对数据传输、存储及系统运行构成威胁，就会影响到全局系统的运行。如果不能及时处理，更有可能损坏硬件设备，耽误业务系统运转，造成的经济损失是不可估量的。

5.3.1 机房环境动力监控介绍

随着网络信息化和机房建设发展迅猛，作为机房正常、稳定运行基本保证的空调、电源等设备的运行状况以及机房环境的安全状况也日渐凸显出其重要性。由于许多重要机房是24h不间断运行，而管理人员很难保证时时刻刻对机房情况进行监控，因此通过技术手段实现24h不间断监控显得非常必要。机房环境动力监控系统通过通信和软件的集成，可以实现对机房环境和UPS、机房空调、发电机等设备的集中监视，并实时采集报警信息发送给相关的管理人员。

机房环境动力监控的监控对象是机房的辅助设备，目前一般没有将服务器、网络等的运行纳入监控范围(有专业的软件可以实现服务器和网络的监控)。

机房环境动力监控与楼宇自控系统相比较，其特殊性表现如下。

① 被监控设备类别多、品牌杂、型号多。

② 被监控设备应用面窄，大多仅限于机房使用，与楼宇自控的控制对象往往不同。

③ 机房设备由于安全性要求很高，因此主要以监视为主，控制需求较少，以避免误操作带来的风险。

5.3.2 环境动力监控系统的结构组成

机房环境动力监控系统由现场传感器和检测设备、通信设备、上位机和软件组成。其中，上位机和软件处于核心地位。整个系统主体上是基于PC的(PG-Based)控制结构。机房环境动力监控的特点是以监视为主，采集的数据需要进行处理，如报表、各种报警、打印、数据记录等。因此，监控软件的核心功能就是采集数据和通知告警功能。

5.3.3 机房环境动力监控系统实现的功能

监控系统需要实现的主要功能和楼宇自控项目基本相同，概括起来有以下几个主要方面。

1. 数据采集

传统的机房管理采用的是每天定时巡查制度,比如早晚各一次检查,并且将设备的一些核心运行参数进行人工笔录后存档。这样取得的数据只限于特定时段,工作单调而且耗费人力。而集中实时监控功能可解决此问题。

比如对于 UPS 电源的运行,用户一般比较关心负载功率、总体负载率、三相是否平衡等参数。如果没有集中监控,用户需要分别到机房内的配电室现场查看 UPS 的相关运行参数。而实时监控系统通过通信采集设备将当前被监视设备的运行参数采集上来,实时显示在监控电脑屏幕上,免去了用户到不同的设备跟前查看数据的麻烦,如果有必要,随时可以在办公室内查看。

2. 报警和事件功能

报警指机房运行中出现异常情况,比如停电事故、漏水事故等。报警的发生意味着机房的运行受到影响,其严重程度可用"优先级"的概念来定义。一般监控系统均可设置几十到上千个优先级以区别报警的严重程度。机房内的报警优先级一般划分为 10 级即可。

事件指机房运行中发生的一些正常的状态改变或人为操作。事件不是异常情况,因此不需要像报警一样立即通知用户进行处理。但是往往需要进行记录,以便日后检查。比如修改精密空调的设置温度,这就是一个正常的操作事件,但对修改时间、修改人的这些信息进行记录是有必要的。

报警功能是机房环境动力监控系统最重要的一项功能,原因在于机房内设备和系统运行的安全性要求很高。报警发生后,系统应对报警事件进行记录,并迅速通知值班人员或管理人员进行处理。报警发生后,一般按以下步骤进行处理。

① 通知。首要的是将报警信息告知给相关人员。

② 确认。表明已经知道报警的发生,正在处理。但此时报警仍然存在,没有消失。

③ 消除。经过处理,故障消失,设备恢复正常,报警也随之消失。

报警的通知主要采用以下几种模式来实现。

(1) 屏幕显示报警

这是最基本的方法,但也往往是报警信息最详尽的模式。通过在监控电脑屏幕上显示醒目的图案和文字来告知用户。报警文字是关键的信息,一般至少需要明确指出每次报警的几个关键参数:报警时间、报警设备、故障内容、优先级、紧急解决办法等。其中,紧急解决办法是一个很有必要的功能,因为机房内的辅助设备种类多,最基本的紧急解决办法就由专业人员尽速响应和处理,因为报警涉及配电、UPS 电源、空调、消防等几个系统,现场值班人员并不能对每种设备都精通,因此能在第一时间给出紧急处理办法是非常必要的,甚至一个故障设备厂家的维护电话号码都能解决大问题。

屏幕报警的缺点在于,如果监控电脑旁没有人,或者没有人注意,则报警可能被延误。

这种模式的报警通知面比较小,不能及时传播给专人。这种报警模式如果结合网络传输,会提高效率。

(2) 本地语音报警

当报警发生时,监控系统自动通过扬声器播放报警语音,将报警消息传递给现场人员。其传递消息面比屏幕显示报警要广,但也限于一个房间内。其优点是非常人性化,缺点是传播面仍然不广,而且不能定人传播。

(3) 电话拨号报警

当报警发生时,监控系统自动通过电话网拨通系统预设的号码,对方接听后,自动播放报警语音,通过电话将报警消息传递给相关人员。

这种模式的优点是能够实现定人播报。如果和管理责任人结合起来,会有比较好的效果。比如管理UPS和电源系统的人员是A,管理空调系统的人员是B,还有其他几个人C、D、E也帮助进行辅助管理,则当发生UPS故障后,系统直接拨打A的电话,减少了中间环节。但是实现此项功能,监控系统必须具备以下能力,否则效果会大打折扣。

① 具有线路是否通畅的判断能力。当拨打的电话号码占线,系统自动停止这个号码的拨号。

② 具有确认机制。当接听者接听后,需要按下某个预先定义的按键进行确认操作,表明他已明确知道这个报警的内容。

③ 具有接听者是否接听的判断能力。当接听者接听后,系统开始播报报警语音。

④ 具有连续重拨的功能。例如,当系统拨打A的手提电话,如果占线或不在服务区,则自动按照系统内预设的顺序(假设是A→B→C→D→E)拨打B的电话。如果B接听了但没有确认,再自动拨打C的电话,以此类推,直到有人确认为止。

从上面的电话报警过程来看,电话拨号通知的报警信息要传达到预先指定的人员,并不是一个顺利的过程,因此,确认机制是最为重要的。目前市场上销售的监控系统并不都具有完善的电话报警手段。

电话报警可通过两种设备实现:语音Modem和电话语音卡。

(4) 手机短消息报警

随着通信业和短信业务的迅猛发展,通过手机短信发送报警信息成了一个有效的手段。其优点在于可以通知很多人,通知面广。但这种方式仍缺少有效的确认机制,仍然无法判断是否真正通知到指定的人。不过其发送面广的优点可以适当弥补这一不足。

(5) E-mail报警

通过网络,将报警信息以电子邮件的形式发送到个人。但此模式的及时性不好,难以保证让相关人员在第一时间得知消息。

3. 运行历史数据记录和趋势功能

对机房的管理者来说,除了系统的报警功能以外,另一个重要的功能就是历史数据和趋势功能。因为机房只是一个存放计算机和网络设备的场所,随着事件的推移,机房内的设备数量、型号等都会发生变化,按照目前的趋势,一般都是越来越多。因此,从机房管理角度,需要能够拥有机房设备运行的历史资料,这样可以通过分析,找出发展趋势,发现故障隐患,从而大幅度提高机房的管理水平。

历史数据和趋势功能主要实现对机房运行的关键参数进行长期的记录,通过调用、查看历史趋势图,进行一些统计分析等。对于数据的记录,一定要选择“关键参数”,而不能什么参数都进行记录,同时应注意参数记录的频率。因此,详细了解用户的需求非常重要。因为,如果记录数据量太大,对基于PC架构运行的监控系统,其存储能力受到比较大的限制。比如,功率参数是一个关键参数,如果每秒记录一次参数值,假设在数据库中占用4个字节,则一年就需要记录31536000次,需要的硬盘容量是126MB,而100个参数就需要几十个GB的容量,在调用数据时将会非常缓慢,记录数据时因对系统要求很高,也容易造成系统瘫痪。这个问题虽然可以采用实时数据库来解决,但费用昂贵。因此,对于需求的具体分析非常必要。按照机房运行的规律,建议模拟参数记录频率在10min以上一次。报警数据则因其量小,发生频率低,应全部记录。这样既可保证资料的相对完善,又极大地减少了数据量。

4. 计划安排功能

通过事件计划表,定时执行一些操作,比如系统资料的备份、下班定时关灯等。该功能在机房内使用不多,但随着机房监控系统的不断完善,可以满足更多的用户需求。

5. 用户管理功能

用户管理主要是对监控系统的使用者进行权限管理,避免未授权的人员随意修改或者查看参数设置。而授权需要进行分级控制,不同级别的用户只能进行自己这个级别内所允许的操作。

6. 远程管理功能

远程管理主要是指利用目前日益完善的网络资源,使操作人员不再局限在监控主机旁操作,而能够在其他地点对系统进行控制。一般监控主机安装在机房的监控室内,但并不是所有的机房都是24h有人职守。通过远程管理,操作员可以在办公室、外地等进行管理,消除了地域限制。比如省级机房和地市级机房,如果都设置全职管理员的话,人力资源上浪费较大。而通过网络,可以将监控系统在省里集中监控,地市级不再需要设置专人。当运行有问题时,通过前面的多种报警通知模式,省级和地市均可得到消息,从而可以快速解决问题。

7. 报表功能

数据报表在工控系统中是必不可少的一部分,是数据显示、查询、分析、统计、打印的最终体现,是整个控制系统最终结果输出的重要组成部分,是对机房监控过程中系统监控对象的状态的综合记录和规律总结。一般有实时数据报表、历史数据报表(班报表、日报表、月报表等)。用户通过报表的过滤器选项,将自己感兴趣的内容打印出来,便于分析存档。

8. 运行设置和控制功能

除了主要的监视功能,系统还应具备控制能力。在大多数机房中,控制对象主要是非电源类设备,比如空调、通风、照明等系统。由于电源设备的可靠性要求极高,进行控制操作时(比如开/关机等)很可能因为误操作造成机房瘫痪,因此不进行控制,只进行监视。

9. 安全冗余功能

由于机房环境动力监控系统监视着机房的运行,如果自身出现故障,将无法进行监视,降低了管理的安全性。因此,在要求机房有很高的安全管理水平时,往往采取冗余的办法解决自身的可靠性。一般通过以下两种方式实现。根据对可靠性要求的高低和实际故障隐患的大小,两种方式既可同时使用,也可单独采用。

采控设备的冗余:负责监控计算机与现场被监控设备通信的采控设备承担着双向的数据传输工作,对其备份可以提高传输的可靠性。

监控计算机的冗余:由于监控系统一般均运行于PC平台的硬件上,而且操作系统以Windows 7为主,因此,计算机硬件、操作系统和监控软件自身的故障都会造成系统停止工作。可以通过局域网的TCP/IP将两台装有同样软件的计算机配置成热备份冗余运行,一台为主机,一台为从机。

相对而言,计算机和软件系统出问题的概率高,对机房内的监控做冗余,建议做计算机的冗余,即采用双机热备份方式。

双机热备主要是实时数据、报警信息和变量历史记录的热备。主/从机都正常工作时,主机从设备采集数据,并产生报警和事件信息。从机通过网络从主机获取实时数据和报警信息,而不会从设备读取或自己产生报警信息。主/从机都各自记录变量历史数据。同时,从机通过网络监听主机,从机与主机之间的监听采取请求与应答的方式,从机以一定的时间间隔(查询间隔)向主机发出请求,主机应答表示工作正常,主机如果没有做出应答,从机将切断与主机的网络数据传输,转入活动状态,改由下位设备获取数据,并产生报警和事件信息。此后,从机还会定时监听主机状态,一旦主机恢复,就切换到热备状态。通过这种方式实现了热备。当主机正常运行、从机后启动时,主机先将实时数据和当前报警缓冲区中的报警和事件信息发送到从机上,完成实时数据的热备份。然后主/从机同步,暂停变量历史数据记录,从机从主机上将所缺的历史记录文件通过网络拷贝到本地,完成历史数据的热备份。这时可以在主/从机的组态主信息窗中看到提示信息"开始备份历史数据"和"停止备份历史数据"。历史数据文件备份完成后,主/从机转入正常工作状态。当从机正常运行、主机后启动时,从机先将实时数据和当前报警缓冲区中的报警和事件信息发送到主机上,完成实时数据的热备份。然后主/从机同步,暂停变量历史数据记录,主机从从机上将所缺的历史记录文件通过网络复制到本地,完成历史数据的热备份。这时也可以在主/从机的组态主信息窗中看到提示信息"开始备份历史数据"和"停止备份历史数据"。历史数据文件备份完成后,主/从机转入正常工作状态。

双机热备的构造思想:主机和从机通过TCP/IP网络连接,正常情况下主机处于工作状态,从机处于监视状态,一旦从机发现主机异常,从机将会在很短的时间之内代替主机,完全实现主机的功能。例如,I/O服务器的热备机将进行数据采集,报警服务器的冗余机将产生报警信息并负责将报警信息传送给客户端,历史记录服务器的冗余机将存储历史数据并负责将历史数据传送给客户端。当主机修复并重新启动后,从机检测到了主机的恢复,会自动将主机丢失的历史数据复制给主机,同时,将实时数据和报警缓冲区中的报警信息传递给主机,然后从机将重新处于监视状态。这样即使发生了事故,系统也能保存一个相对完整的数据库以及报警信息和历史数据等。

5.3.4 机房监控系统的设计需求规划

不同的机房用户,对机房内的设备数量、型号规格的要求不一样,甚至使用习惯都不同,这就造成需求的千差万别,因此很难用固定不变的软件满足所有需求,二次开发是不可避免的。为了成功地进行二次开发,在机房环境动力监控项目的实施过程中,特别需要与用户有良好的技术沟通。

一般按照如下几个步骤进行环境动力监控的规划和实施。

1. 确定需要监控的对象

首先应该明确系统中需要监控的设备和项目。

2. 机房温湿度检测

在机房环境动力监控当中,机房环境温湿度检测显得尤为重要。机房内安装的负载设备,其正常运行对环境温湿度有比较高的要求。良好的温湿度控制,对充分发挥计算机系统的性能、延长机器使用寿命、确保数据安全性及准确性是非常重要的。

计算机设备中通常使用大量的半导体器件、电阻器、电容器等。在计算机加电工作时,环境温度的升高会对它们的正常工作造成影响。当温度过高时,可能会导致某些元器件不能正常工作甚至完全失去作用,进一步将导致计算机设备的故障。因此,必须按照各种设备的要求,把温度控制在设定的范围之内。

为了确保计算机安全可靠地运行,除严格控制温度之外,还需要把湿度控制在规定的范围之内。一般地讲,相对湿度低于40%时,空气被认为是干燥的;而相对湿度高于80%时,则认为空气是潮湿的;相对湿度为100%时,空气湿度处在饱和状态。

在相对湿度保持不变的情况下,温度越高,水蒸气压力越大,水蒸气对计算机设备的影响越大。由于水蒸气压力增大,在元器件或介质材料表面形成的水膜会越来越厚,可能造成"导电小路"和"飞弧"现象,引起设备故障。

高湿度对电子计算机设备的危害是明显的,而低湿度的危害有时更加严重。在相同的条件下,相对湿度越低,也就是说越干燥,静电电压会越高,影响电子计算机设备的正常工作越明显。实验表明,当计算机机房的相对湿度为30%时,静电电压为5000V;当相对湿度为20%时,静电电压为10000V,而相对湿度降到5%时,则静电电压可高达20000V。

虽然在精密空调中已经能够读到空调的回风温度参数,但对于较大面积的机房或有多个设备房间的机房(特别是有些还没有做到全部使用精密空调的机房),空调的回风温度并不能准确代表房间内的实际温湿度,而只是一个回风的平均值。因此可能回风温度是合乎标准的,但某些房间或某些区域的实际温度反而超标,也就是温湿度均匀性不好。

所以在机房的各个重要位置,需要装设温湿度检测模块,记录温湿度曲线供管理人员查询。一旦温湿度超出范围,即刻启动报警,提醒管理人员及时调整空调的工作设置值或调整机房内的设备分布情况。另外,监控系统将记录下机房的温湿度曲线,供机房管理人员参考。管理人员能够根据当地的各季节的温湿度状况进行适时地调整;及时防范因温湿度变化造成不必要的设备损坏;在问题发生后可根据历史曲线轻松找到问题所在,快速解决问题。

传统的温湿度检测方式为温湿度传感器输出电压或电流信号,通过模拟量采集模块传送至计算机,其电压或电流信号在传输过程中不可避免地受到线材质量、传输距离、电磁干扰等影响,造成不可避免的误差。为确保温湿度检测值不至于受上述因素的影响,应选用总线式温湿度传感器,传感器把检测到的温湿度数据在本地直接转换成数字信号,再传送给系统,最大限度地保证了温湿度检测的准确性。

通过加装温湿度传感器,采集机房内各个区域的实时温湿度,提供机房关键位置准确的实时温湿度值。管理员通过了解机房实时温湿度状态,调节送风口、合理设定空调的运行参数,尽可能让机房整体的温湿度趋向合理,确保机房设备的安全稳定运行。

3. 机房漏水检测

大多数机房的设计采用的是地板下走线方式,强电、弱电、接地线、电缆通常纵横交错。一旦发生地板漏水,管理人员难以及时发现,漏水将威胁整个机房负载。因此对机房内的漏水状态进行实时监测是十分必要的,很可能造成电气线路及计算机短路,烧毁设备,中断系统运行,危害极大。因此在规划机房时应避免无关水管经过机房。从实际运行经验来看,机房发生漏水的原因主要有以下几种。

(1) 由于必需的空调系统,机房内不可避免地需要布置空调的上下水管,从而形成隐患。

(2) 由于外墙窗户或外墙穿墙孔洞(如空调孔、电气孔等)密封防水处理不好造成下雨时漏水。

(3) 当机房外走道上或大楼其他地方由于某些原因发生强烈漏水时,如消防爆管,水会通过门、墙角等处涌进机房。

(4) 楼上漏水,造成机房顶部滴漏。

防止水患应采取主动和被动两种措施,主动措施是在机房规划时就减少漏水隐患;被动措施就是万一发生漏水,能在第一时间发现并采取措施。采用漏水检测系统可实现该目的。

漏水检测系统分定位和不定位两种。所谓定位式,就是指可以准确报告具体漏水地点的测漏系统。不定位系统则相反,只能报告发现漏水,但不能指明位置。系统由传感器和控制器组成。控制器监视传感器的状态,发现水情立即将信息上传给监控 PC。测漏传感器有线检测和面检测两类,机房内主要采用线检测。线检测使用测漏绳,将水患部位围绕起来,漏水发生后,水接触到检测线发出报警。由于在机房内普遍使用活动地板,各种水管在地板下布置,一旦发生漏水,往往无法及时发现。在配置漏水检测线时,如果漏水隐患(通常是水管)在地板下分布范围较厂,建议采用定位式检测,否则难以迅速找到泄漏点。如果隐患范围集中,则建议采用不定位式,简单经济。

4. 配电系统检测

配电系统检测主要是对配电柜的运行状况进行检测，其中又分两部分检测内容。

用电情况监视：主要对配电系统的电压、电流、功率等参数进行监视。当一些重要参数超过危险界限后进行报警。

配电开关的状态监视：配电开关控制着设备的电源，当其发生故障跳闸时应尽快发现并快速排除故障。

配电柜的开关状态一般可采用两种方法来反映：第一种是需要检测的重要开关自身带有辅助触点，可直接采集辅助触点的无源信号（干接点）来反映开关状态；第二种是通过检测开关下端的电压有无来间接判断上面的开关是否合闸。由于辅助触点和开关是机械联动的，显然前一种办法最为直接准确，但需要注意，开关的辅助触点往往是选配件，在供配电设计时最好一并配置。后一种办法在开关前级停电的情况下则会认为开关“分闸”，此时就会误报。为此，还需要结合前级电源的有无才能真实反映开关实际状况。从这个例子中可以看到，对被监测设备的了解是关键的一步，只有充分了解被监视设备的特性，才能确定正确的监测方案。

采用电量仪或电压电流传感器以及模拟量模块能够组成配电参数监测系统。电量仪是集三相相电压、相电流、线电压、线电流、有功、无功、频率、功率因数等参数于一体的智能仪表。将仪表带有的报警功能和智能通信接口与监控系统相连，监控系统通过分析处理仪表采集的参数，使得管理人员能够非常方便地读取配电系统的电流、电压等运行数据，了解供电质量情况。通过分析配电系统运行参数存有的历史数据和曲线图，分析故障的原因，甚至可以预防很多事故的发生。

5. 发电机组检测

如果机房配备发电机组的话，则需要进行发电机组检测。可以通过串口通信的方式进行监控，需要发电机的串口通信协议。

6. 通风系统监控

通风系统监控主要包括新风系统和排风系统的监控。

(1) 新风系统

机房内使用的新风机的过滤器过滤级别达到了中效甚至是亚高效，因此比较容易发生堵塞，影响机房的新风供应量。因此，监测系统一般要对过滤器状况进行监视，这可通过压差开关来实现。当过滤器太脏时监测系统发出报警，提醒尽早更换。同时系统对风机的运行状况进行监视，当风机发生故障时及时报警。风机运行状态可通过检测风机电机是否有电来检测，也可通过增加压力传感器来实现。这两个方法中，压力传感器监测最为直接准确。风机故障还可以通过风机电源的有无和压力传感器两者共同作用来检测，或者对风机的热保护继电器状态进行监视。

新风系统一般还设计有远程启动功能，能在机房之外的区域执行新风机的启动或停止操作。

新风的联动控制：可以在机房内设置 CO_2 传感器，通过检测机房内 CO_2 的浓度实现风机的联动控制。当浓度超标时，自动启动风机；浓度达标则自动停止。

(2) 排风系统

对排风系统监视的内容和新风系统基本一样，只是排风机的过滤器过滤级别较低，一般不进行特别监视。

7. 消防系统检测

对消防系统的监控主要是消防报警信号、气体喷洒信号的采集，不对消防系统进行控制。有两种方法实现消防信号的采集：按消防报警控制器厂家的通信协议进行通信采集或者干接点采集。采用通信监控可以检测到每个探头的报警情况，是理想的解决方案。但需要注意的是，在实际项目中，由于消防报警控制器的通信协议不开放，往往无法实施。此时就只能采用干接点采集，但不能具体监视到每个探头，建议按房间进行监视。

8. 防雷系统检测

由于机房所具有的特殊功能，防雷系统的工作状况显得尤为重要。一旦防雷模块被损坏，或发生其他故障，机房负载设备将会处于假保护状态，此时一旦发生雷击必然造成非常严重的损失。如果采用的防雷系统具有智能监控接口，可以通过生产厂家提供的通信协议来实现完美的监控功能；如果采用的防雷系统仅支持开关信号输出，则需要通过开关量采集模块来实现对防雷模块工作情况的实时监测，通常只有开和关两种监测状态。

9. 视频监控系统

数字视频监控系统采用 MPEG4 视频压缩方式，集多画面浏览、录像回放、视频远传、触发报警、云台控制、设备联动于一体，并具备以下特点。

① 定制视频组件。在视频系统组件中，视频实时窗口、录像回放窗口、远程接收窗口、球机(云台)控制窗口都作为控件无缝嵌入，操作人员能够自行定义视频窗口的数目、摆放位置、窗口大小、播放器界面等，满足不同的个性化需要。

② 报警联动功能。视频系统可由外部的输入信号进行联动，如双鉴探头、门磁或由自身设备支持的“移动报警”功能进行录像。录像时段也可以由操作人员自行设定，任意一路视频均可实现远程传输。视频一旦报警，可同时与其他设备进行联动，输出相应的控制信号。

③ Web 管理。视频系统集成的 Web 管理功能，用户通过远程浏览器看到的是与本地监控系统完全一样的组件界面，并能够实现同样的监控功能，保证了界面控制的一致性。

④ 视频流量控制。远程图像采用 MPEG-4 压缩方式(视频质量为 25 帧/s、352×288 分辨率)，理想状态下的视频传输每通道约占用 250KB 带宽，视频系统可以通过调整画面质量、每秒帧数或显示分辨率等参数来满足不同带宽的需要。

10. 门禁监控

在机房区域重要位置安装门禁系统,以便对出入人员进行有效监控管理,出于安全考虑,门禁系统设计时采用控制与读卡分开的结构。门外安装读卡器,室内隐蔽处安装门禁系统控制器,防止有人通过技术手段破坏并非法进入。

门禁系统由控制器、感应式读卡器、电控锁和开门按钮等组成(联网系统外加通信转换器)。读卡方式属于非接触读卡方式,持卡人只要将卡在读卡器有效范围内晃动一次,读卡器就能感应到有卡请求验证并将卡中的信息发送到主机,主机将检查卡的有效性,然后决定是否开门。

感应卡为只读属性、不易复制、安全可靠、寿命长(非接触读卡方式减少了感应卡机械磨损)。使用通信转接器与监控系统联网后,监控中心能够实时监控门禁系统的状态,并对门禁系统的历史数据进行处理、查询、报表输出等。

非接触感应式门禁系统主要优点如下。

① 非接触式 IC 卡与读写器之间无机械接触、磨损和故障。从而避免了由于接触读写而产生的各种问题。

② 非接触式卡表面无裸露的芯片,无须担心芯片脱落、静电击穿、弯曲损坏等问题。

③ 每张卡均有唯一的序列号。制造厂家在产品出厂前已将序列号固化,不可再更改,序列号具有唯一性。芯片内有几十亿组密码组合,因此复制的可能性极小。

11. 系统通信的监视

环境动力监控系统也可能发生模块故障或通信故障等问题,因此需要对系统自身的通信情况实时监控,确保系统可靠运行。

采集模块与智能设备间的通信:可单独设置一个记录上位机和设备间通信成功次数的计数器,在上位机软件中对计算器的读数变化进行判断即可。

12. 网络设备与应用系统监控

监控系统主机通过网络与路由器、服务器、小型机等建立通信联系,直接从这些网络设备中获取各种信息,通信过程采用国际上通用的简单网络管理协议(SNMP),无须在网络设备上添加任何应用程序,即可监控机房内服务器、路由器、工作站及其他网络设备的工作状态;记录网络设备的启停时间、网络流量;统计通信繁忙程度、通信可靠性;提供网络通信状况的详尽资料,辅助管理人员预先发现网络问题隐患,保障网络系统的安全可靠性。同时,由于采用的是通用协议,也给系统后期的扩容和升级带来极大方便。

13. 确定智能设备的控制参数

智能设备是监控系统数据采集中的难点。首先应保证设备有通信接口,因为部分设备的通信接口是选购件,用户采购设备时不一定都带有。要得到通信协议,只能通过设备厂家。其次,对协议的分析是最关键的一环,在分析协议前需要对设备进行了解以便能够理解各个参数的含义,重点是了解协议中提供的参数并规划出需要采集的信息。一份完整的协议中有十到数百个参数，可分为报警参数、运行参数、设置调试参数，其中报警参数和运行参数是主要要采集的，而设置调试参数则往往是厂家工程师进行调试所用，大多数参数对用户并没有多少实际意义，可以不考虑。比如精密空调的设置参数，用户一般只需要了解设置的温湿度和报警上下限值就够了。

14. 确定系统所要实现的功能

前面已经介绍了系统常用的功能。在每个具体项目中，需要与用户进行良好的沟通，确认最终要实现的系统功能。

15. 确定软件的集成开发平台

考虑到灵活性和开放性，必须充分考虑后期的可扩展性。

总之，环境动力监控系统主要包括 UPS 监测子系统、配电监测子系统、精密空调监控子系统、温湿度监测子系统、漏水检测子系统、门禁管理子系统、智能消防监测子系统、发电机组及发电机房环境监测子系统、电池房环境监测子系统、考勤子系统、图像监控子系统等。而具体采用哪些监控子系统，要根据实际机房环境中的重要程度及资金预算去做相应的选择。建成一套好的环境动力监控系统，能有效地降低风险发生的可能性，进一步保障机房安全，减少机房管理人员的工作量。

5.4 云机房标准化管理细则

云机房是支持云桌面系统正常运行的重要场所。为了加强云机房的安全管理，保证机房设备与信息的安全，确保云机房通信网络安全，保障机房有良好的运行环境和工作秩序，需制定一系列机房管理细则用于机房标准化管理工作。

5.4.1 云机房人员日常行为准则

第 1 条　必须注意环境卫生。禁止在机房、办公室内吃食物、抽烟、随地吐痰；对于意外或工作过程中弄污机房地板和其他物品的，必须及时采取措施清理干净，保持机房无尘洁净环境。

第 2 条　必须注意个人卫生。工作人员仪表、穿着要整齐，谈吐文雅，举止大方。

第 3 条　机房用品要各归其位，不能随意乱放。

第 4 条　机房应安排人员值日，负责机房的日常整理和行为督导。

第 5 条　进出机房必须换鞋，雨具、鞋具等物品要按位摆放整齐。

第 6 条　注意检查机房的防晒、防水、防潮，维持机房环境通爽，注意天气对机房的影响，下雨天时应及时主动检查和关闭窗户，检查去水通风等设施。

第 7 条　机房内部不应大声喧哗，注意噪声/音响音量控制，保持安静的工作环境。

第 8 条　坚持每天下班之前将桌面收拾干净，物品摆放整齐。

第 9 条　机房定期安排人员打扫卫生，确保机房干净整洁。

5.4.2 云机房人员进出管理制度

第1条 云机房工作人员进出所管理的机房时，须佩戴出入证。其他公司员工因工作需要进入机房时，凭本人工作证件登记后，经允许方能进入机房。

第2条 进入机房的外来人员及携带的物品，均须接受检查登记，详尽、如实地填写机房出入登记表上的相关内容，机房维护人员负责登记的监督工作，确认无误后方可进入。机房出入登记表见附录A。

第3条 外来人员进出机房，需遵守机房相关管理规定，保持机房卫生、整洁，进入机房要求穿机房专用鞋或戴鞋套。

第4条 外单位员工进入机房前，根据不同的工作属性，需要提供相应的文件资料。属于工程施工类的，须出示机房施工进出审批表、本人有效身份证件，经同意后才能进出机房。机房施工进出审批表见附录B。

第5条 参观人员进入机房需由本公司人员陪同，陪同人员应全程陪同并承担参观过程的管理责任。陪同人员应提前填写机房参观申请审批表并完成有关审批手续。

第6条 如有机房门禁卡管理系统，应有专人管理，门禁卡应严格控制，统一调配；门禁卡按照一人一卡的原则配置，设置确定的权限，不得借给他人使用；持卡人应刷卡出入权限规定的机房，确保门禁系统的记录完整、真实；相关单位新增门禁卡或变更门禁卡权限，需专门提出书面申请，由门禁系统管理人员负责审批；持卡员工要妥善保管门禁卡，不得擅自将门禁卡借与他人使用；施工单位借用门禁卡时需交付一定的押金，退卡时将押金一并退还。

第7条 设备厂商人员进入机房需向机房管理部门提交申请及相关材料，并由机房管理部门进行审批。设备厂商提供的操作计划应明确设备供应商技术人员每步操作步骤对网络、设备、业务的影响，事前要制定应急保障预案，在发生紧急情况后按照预案进行相应操作。

第8条 设备厂商人员进入机房后应严格按照操作计划进行，不得对任何不在审批计划范围内的设备进行操作或超出审批计划范围进行操作。若因厂商人员超计划操作，造成网络安全故障，相关厂商除承担一切损失外，同时云机房管理单位将视情况予以相应处罚。

第9条 设备厂商人员现场操作完成后，需经机房相关负责人确认后方可视为操作完成。

第10条 设备厂商人员进入机房后，机房管理员派专人全程现场配合，配合过程中，机房管理员应认真监督，对于设备厂商人员对设备的每步操作，要认真核查，确保网络设备安全。如因监督不力，造成网络安全故障，相关部门应根据本管理条例，对有关责任人进行教育、处罚。

5.4.3 机房消防安全管理制度

第1条 机房房间密封良好，必须安装全封闭式或双层窗户，防止导电、导磁粉尘和腐蚀性气体进入，防止阳光的照射；机房内气流组织合理，保持正压和足够的新风量。

机房相对湿度：45%～65%。

机房温度常年保持在26℃左右。

机房空调设备要求如下。

① 机房温、湿度应在规定范围内。

② 机组运行无异常杂音。

③ 机房专用空调控制面板无告警，舒适性空调冷凝水排水管道畅通无漏水。

④ 进排风畅通无阻挡(进排风不能小循环)。

⑤ 室内机侧板表面无结霜或结露现象。

⑥ 室外机冷凝器翅片干净。

⑦ 风冷设备冷凝器翅片清洁，水冷设备循环水泵工作正常，密封良好，无渗漏。

⑧ 过滤网应透光，上侧保持清洁。

⑨ 各板件及电缆连接良好，无积尘及烧糊痕迹，电缆接头处无变色。

当发现温湿度异常时，应及时通知上级领导及相关维护部门。

第2条　机房设备布局合理，应采用桥架上走线、无架空地板、无吊顶、明敷线等构造方式，排列整齐，布线规范。

第3条　机房内禁止吸烟，值班人员不做与工作无关的事情，个人生活用品、食物一律不能带入机房，操作台不能摆放与工作无关的物品。

第4条　机房必须有良好的防静电措施，如防静电手镯等；机房必须有防鼠措施，发现鼠情，及时灭鼠。

第5条　机房应备有仪表柜、备用机盘柜、工具柜和资料文件柜等，各类物品定位存放。工具、仪表专人管理，放置整齐。

第6条　机房内环境卫生和设备要保持清洁，切实做到进门换鞋。

第7条　禁止在机房及公共通道堆放废旧杂物。

第8条　机房建筑结构标准应符合建设部相关标准。

第9条　机房应装设洁净气体灭火系统及消防报警系统，系统应由消防部门定期检测。无人值守机房应将灭火系统置于自动状态，有人值守机房应将灭火系统置于人工状态。

第10条　主要测试仪表和所有电器设备的外壳要接地良好，插拔数字设备机盘应戴防静电手镯，云机房服务器操作也应戴防静电手镯；高压操作应使用绝缘防护工具。

第11条　机房内未经机房管理部门批准禁止私接电源线。

第12条　通信线、直流电源线、交流电源线分别布放；电源线路和设备的安装要符合相关规范要求；机房禁止安装、使用高温照明灯具、电炉、电热水器等电热器具。

第13条　按规定配置防雷设施，各种防雷设施性能完好并可靠接地，接地电阻小于1Ω。

第14条　机房照明、应急照明完好；应备有各种灯具、开关和熔断器等备件，并在固定的位置存放。

第15条　机房内登高作业时应注意：必须使用绝缘梯凳，不得在机柜内、机柜顶和走线架放工具、工具袋及其他物品，以防工具等散落损坏设备和伤人；梯凳须坚固并平稳放置，操作时应注意人身和设备安全。

第16条 机房楼内禁止吸烟，禁止将食品带入机房；机房楼内禁止存放易燃可燃物品；机房内的电缆井、穿墙孔洞要用阻燃材料封堵；机房内禁止搞装饰性装修，禁止设吊顶、可燃隔墙及可燃墙裙。

第17条 机房维护人员应加强防火安全学习，定期检查相关防火设施，开展防火救火演练，每季度要进行一次全面的安全防火检查；必须确保有关环境监视告警装置的可靠性。

5.4.4 机房用电管理制度

第1条 机房人员应学习常规的用电安全操作和知识，了解机房内部的供电、用电设施的操作规程。

第2条 机房维护人员进入机房应穿防静电工作服、机房专用鞋或戴鞋套，要严格执行清洁卫生制度及出入机房换鞋制度。

第3条 主要测试仪表和所有设备的外壳要接地良好；插拔数字设备机盘应戴防静电手镯；高压操作应使用绝缘防护工具。

第4条 机房应安排有专业资质的人员定期检查供电、用电设备、设施。

第5条 不得乱拉乱接电线，应选用安全、有保证的供电、用电器材。

第6条 在真正接通设备电源之前必须先检查线路、接头是否安全连接以及设备是否已经就绪、人员是否已经具备安全保护。

第7条 严禁随意对设备断电、更改设备供电线路，严禁随意串接、并接、搭接各种供电线路。

第8条 如发现用电安全隐患，应即时采取措施解决，不能解决的必须及时向相关负责人员提出解决。

第9条 机房人员对个人用电安全负责。外来人员需要用电的，必须得到机房管理人员允许，并使用安全和对机房设备影响最少的供电方式。

第10条 在危险性高的位置应张贴相应的安全操作方法、警示以及指引，实际操作时应严格执行。

第11条 在外部供电系统停电时，机房工作人员应全力配合完成停电应急工作。

第12条 应注意节约用电。

5.4.5 机房交接班制度

第1条 交接班应认真、准时，接班人未到岗，交班人不得离岗。

第2条 交班人员须事先做好交班准备，填好交接班日志。

第3条 交接班人员应将交接内容逐项检查核实并确认无误，双方在交接班日志上签字后，交班人方可离岗。

第 4 条　交班期间处理值班事宜的原则：交班前未处理完的故障或事故，应以交班人为主，接班人协助共同处理，直至故障或事故修复或处理告一段落后再继续交班；交班过程中发生故障或事故，应以接班人为主，交班人协助共同处理，直至故障或事故修复或处理告一段落后再继续交班。

第 5 条　因漏交或错交而产生的问题由交班人员承担责任，因漏接或错接而产生的问题由接班人承担责任，交接双方均未发现的问题由双方共同承担责任。

第 6 条　交接班内容。

① 上级指示、通知及有关单位联系事项。

② 系统设备运行情况。

③ 工具、仪表、图纸、资料、钥匙是否齐全定位。

④ 设备和机房的清洁情况。

⑤ 尚待处理的问题。

5.4.6　标签、标识管理制度

第 1 条　机房、机架、设备均应做标牌，明确标识机房、机架、设备属性。

第 2 条　线缆、尾纤、DDF、ODF 等各专业设备均需要做标签，标明路由及规格，所有标签标牌均要求打印。

第 3 条　机房标牌、机架标牌、包机牌、云机房设备标签制作规范按本文中 5.1 节要求进行。

5.4.7　监控设施

第 1 条　监控设施应有环境动力监控系统、火灾自动报警系统、防盗报警系统、门禁管理系统、网管系统、图像监控系统。

第 2 条　环境动力监控系统应达到以下要求。

① 交流、直流、温度、湿度等被测量准确，数据显示稳定。

② 烟感告警反应时间满足要求。

③ 无误告警出现。

④ 系统有安全管理，操作人员登录记录、数据备份、系统软件备份齐全。

5.4.8　机房资料、文档和数据安全制度

第 1 条　资料、文档、数据等必须有效组织、整理和归档备案。

第 2 条　禁止任何人员将机房内的资料、文档、数据、配置参数等信息擅自以任何形式提供给其他无关人员或向外随意传播。

第 3 条　对于牵涉到网络安全、数据安全的重要信息、密码、资料、文档等必须妥善存放。外来工作人员的确需要翻阅文档、资料或者查询相关数据的，应由机房相关负责人代为查阅，并只能向其提供与其当前工作内容相关的数据或资料。

第4条 重要资料、文档、数据应采取对应的技术手段进行加密、存储和备份。对于加密的数据应保证其可还原性,防止遗失重要数据。

【本章小结】

本章主要介绍了云机房标签规范和标准、云数据中心机房布线方案、云机房环境动力监控系统和云机房标准化管理细则。

第6章 云数据中心自动化运维

学习目标

通过本章的学习，让云计算运维工程师能够了解自动化运维概念，掌握 Zabbix 和 Zenoss 两大监控工具软件对云数据中心资源运行状态的监控，及时发现故障隐患，主动及时地提醒用户及管理员需要关注的内容，以达到防患于未然。

信息时代的不断发展，数据业务变得越来越复杂，用户的需求越来越多样化，随着云计算及数据中心的大力发展，从原来几台服务器发展到庞大的数据中心，单靠人工已经无法满足在技术、业务、管理等方面的要求。人们开始运用专业化、标准化和流程化的手段来实现运维工作的自动化管理。把周期性、重复性、规律性的工作都交给工具去完成，通过自动化监控系统能及时发现故障隐患，主动及时地提醒用户及管理员需要关注的内容，以达到防患于未然。

随着虚拟化及云技术的不断发展，如何保障桌面云系统及云平台稳定、安全高效的运行，是 IT 运维人员的基本职责。本章通过介绍 Zabbix 和 Zenoss 两款监控软件，来实现对云数据中心主机的三大主要部件、服务器的日志、网络自动发现、MySQL 数据库、邮件告警、文件系统等监控，让初学者对自动化运维有一个初步的了解。

6.1 Zabbix 和 Zenoss 简介

Zabbix 是一款基于 Web 界面的提供分布式系统监视以及网络监视功能的企业级开源软件。Zabbix 能监视各种网络参数，保证服务器系统的安全运营，并提供灵活的通知机制以让系统管理员快速定位存在的各种问题。Zabbix 的主要特点：免费开源，安装与配置简单；支持多语言，能自动发现服务器与网络设备，具有分布式监视及 Web 集中管理功能，可以无 agent 监视，通过 Web 界面设置或查看监视结果；支持用户安全认证和柔软的授权方式等功能。Zabbix 常用的功能：可以监控服务器 CPU、内存、磁盘、网络及接口等负载以及监控服务器的日志。

Zenoss Core 是一款开源、智能、企业级的监控软件，它允许管理员通过 Web 控制台来监控网络架构的状态和健康度。它可以通过 SSH、SNMP、WMI、JMX 和 Syslog 等多种方式来采集数据源，可以实现网络、系统、日志、虚拟化和云基础架构等的监控与管理，可以生成报告并通过电子邮件等方式通知系统管理员，提高管理人员的工作效率。

6.2 Zabbix对服务器硬件的监控

服务器的CPU、内存、硬盘简称服务器正常运行的三大部件，三大部件及网卡的使用情况直接反映出某一时间服务器的性能及负载。作为一个云运维工程师，如何保证服务器稳定、安全、高效的运行是很重要的一步，服务器的三大部件使用率和网络流量的使用情况，是维护人员必须清楚的。下面以监控服务器的CPU、硬盘、内存和网卡流量为例，介绍如何使用Zabbix对监控服务器进行简单的监控。

6.2.1 Zabbix服务器端的安装

① 在安装有CentOS 6.4的系统中，安装Zabbix-2.2.15服务器端。

```
rpm -ivh http://repo.zabbix.com/zabbix/2.2/rhel/6/x86_64/zabbix-release-2.2-1.el6.noarch.rpm
#安装 zabbix 官方源
yum install -y zabbix-2.2.15 zabbix-get-2.2.15 zabbix-server-2.2.15 zabbix-web-mysql-2.2.15 zabbix-web-2.2.15 zabbix-agent-2.2.15 mysql-server
#安装服务器端所需要的 rpm 包及 mysql 数据库
```

② 修改MySQL的配置文件my.cnf，防止中文乱码。

```
vim /etc/my.cnf    #编辑/etc/my.cnf
#添加以下内容
character-set-server=utf8         #设置字符集为 utf8
innodb_file_per_table=1           #让 innodb 的每个表文件单独存储
```

③ 设置开机启动MySQL及启动MySQL服务mysqld。

```
chkconfig mysqld on
service mysqld start
```

④ 设置root密码。

```
mysqladmin -uroot password admin
```

⑤ 用root用户登录并创建数据库和用户授权。

```
mysql -uroot -padmin
mysql>create database zabbix character set utf8;
mysql>grant all privileges on zabbix.*to zabbix@localhost identified by 'zabbix';
mysql>flush privileges;
mysql>exit;
```

⑥ 用Zabbix用户登录MySQL，并导入sql。

```
mysql -uzabbix -pzabbix
mysql>use zabbix;
mysql>source /usr/share/doc/zabbix-server-mysql-2.2.15/create/schema.sql;
mysql>source /usr/share/doc/zabbix-server-mysql-2.2.15/create/images.sql;
mysql>source /usr/share/doc/zabbix-server-mysql-2.2.15/create/data.sql;
```

⑦ 查看导入的表。

```
mysql>show tables;
mysql>exit;
```

⑧ 编辑/etc/zabbix/zabbix_server.conf,设置数据库的密码。

```
vim /etc/zabbix/zabbix_server.conf
DBPassword=abbix                    #要修改的内容
```

⑨ 创建需要的目录。

```
mkdir /etc/zabbix/alertscripts /etc/zabbix/externalscripts
```

⑩ 启动 Zabbix 服务。

```
service zabbix-server start
```

⑪ 编辑/etc/httpd/conf/httpd.conf,修改服务器的端口。

```
vim /etc/httpd/conf/httpd.conf   #编辑 httpd.conf 文件
#修改以下内容
ServerName localhost:80
```

⑫ 启动 httpd 并设置开机启动 Zabbix 及 httpd 服务。

```
service httpd start
chkconfig zabbix-server on
chkconfig httpd on
```

⑬ 编辑/etc/php.ini,设置时区为 Asia/Shanghai。

```
vim /etc/php.ini
date.timezone =Asia/Shanghai
```

⑭ 重启 httpd,使设置生效。

```
service httpd restart
```

⑮ 设置防火墙放行 80、10050、10051 端口及关闭 selinux。

```
vim /etc/sysconfig/iptables
#放行下面的端口
-A-INPUT -m state --state NEW -m tcp -p tcp --dport 22 -j ACCEPT
-A-INPUT -m state --state NEW -m tcp -p tcp --dport 80 -j ACCEPT
-A-INPUT -m state --state NEW -m tcp -p tcp --dport 10050 -j ACCEPT
```

```
-A-OUTPUT -m state --state NEW -m tcp -p tcp --dport 10050 -j ACCEPT
-A-INPUT -m state --state NEW -m tcp -p tcp --dport 10051 -j ACCEPT
#重启防火墙使配置生效
service iptables restart
#关闭 selinux
vim /etc/selinux/config
SELINUX=disabled
```

⑯ 在浏览器地址栏输入 Zabbix 服务器的地址“http://172.16.14.165/zabbix”，按 Enter 键，进入 Zabbix 的 Web 配置界面，输入用户名及密码，进入 Zabbix 的 Web 欢迎界面。

⑰ 单击 Next 按钮，进行 PHP 的参数检测，如果不通过，要修改到全部通过才可以进行下一步。修改 php.ini 时，必须重启 httpd，检测通过的 Zabbix 界面，如图 6-1 所示。

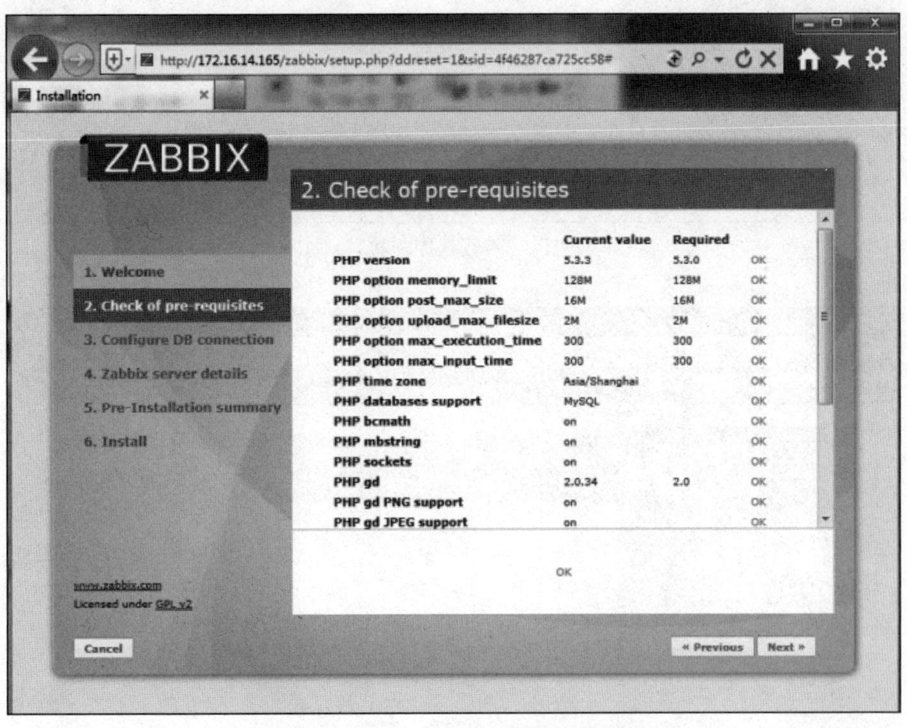

图 6-1 Zabbix 的 PHP 参数检测界面

⑱ 进行 MySQL 数据库检测，在数据库配置页面中的 Database type 项中选择 MySQL，在 Database name、User、Password 处输入在安装 Zabbix 时所创建的数据库名及密码。其他参数保持默认。配置数据库连接，如图 6-2 所示。

⑲ 数据库检测通过后，单击 Next 按钮进行下一步，设置 Zabbix 服务器的地址及端口号，由于服务器在本地，在 Host 中输入 localhost，端口号保持默认。单击 Next 按钮进行下一步，可以看到配置的信息总览。服务器的主机及端口号设置如图 6-3 所示，配置的信息总览如图 6-4 所示。

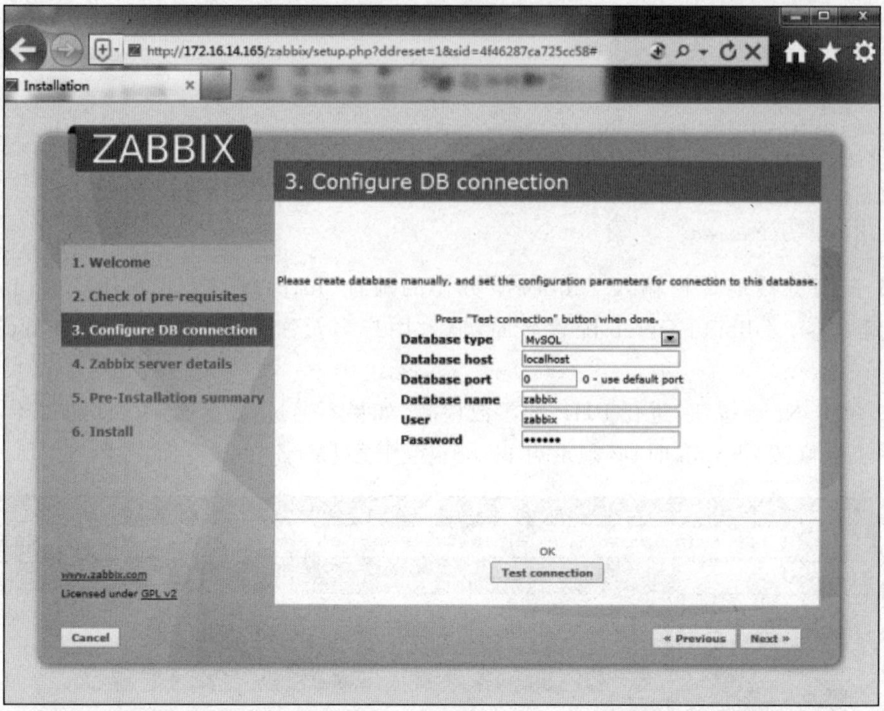

http://172.16.14.165/zabbix/setup.php?ddreset=1&sid=4f46287ca725cc58#
Installation
ZABBIX
3. Configure DB connection
1. Welcome
2. Check of pre-requisites
3. Configure DB connection
4. Zabbix server details
5. Pre-Installation summary
6. Install
Please create database manually, and set the configuration parameters for connection to this database.
Press "Test connection" button when done.
Database type MySQL
Database host localhost
Database port 0 0 - use default port
Database name zabbix
User zabbix
Password ••••••
OK
Test connection
www.zabbix.com
Licensed under GPL v2
Cancel
« Previous
Next »

图 6-2　数据库连接

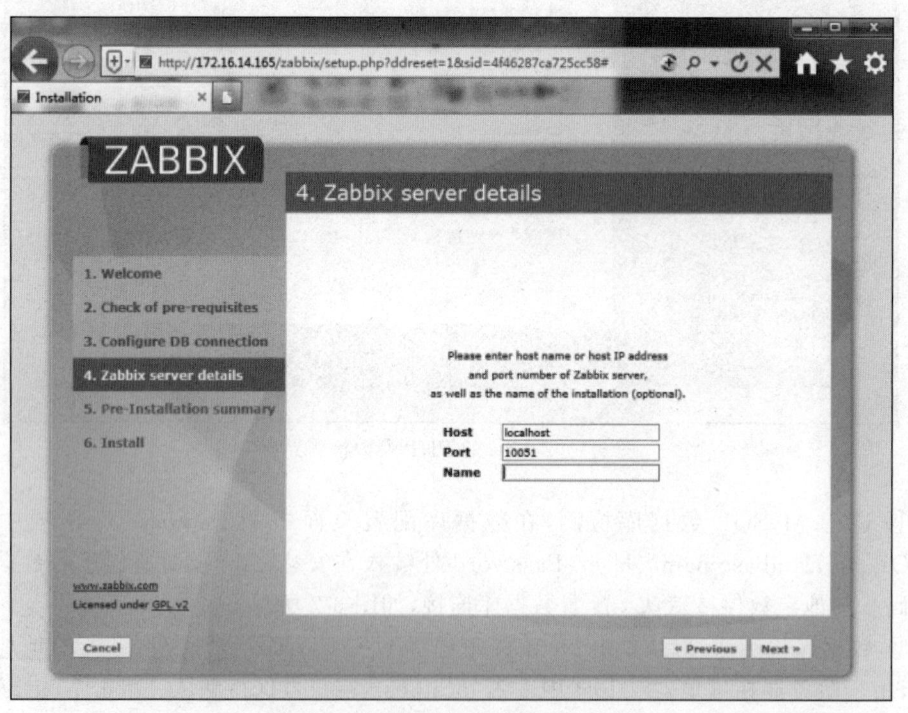

图 6-3　服务器的主机及端口号设置

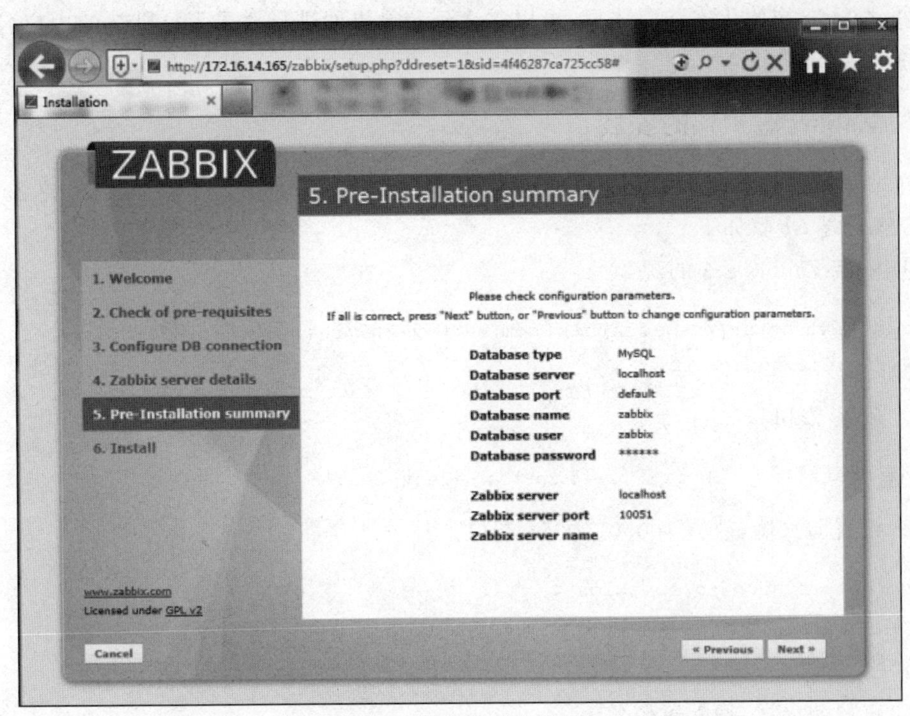

图 6-4 配置的信息总览

⑳ 配置信息总览页面，单击 Next 按钮，进行 Web 的初始化。初始化成功页面如图 6-5 所示。

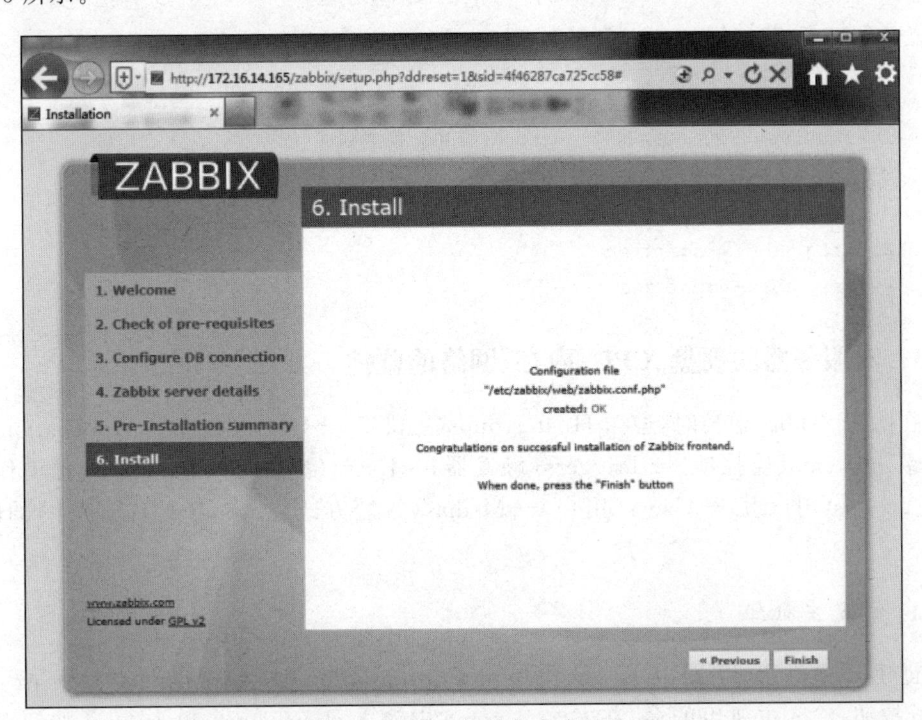

图 6-5 Zabbix 初始化成功页面

㉑ Zabbix 初始化安装完成后，可以进入到登录界面进行登录了。默认的用户名和密码分别为 admin、zabbix。

6.2.2 Zabbix 客户端的安装

在被监控的服务器上安装 Zabbix agent，本书以 CentOS 6.4_X64 为例安装 Zabbix-2.2.15 客户端，步骤如下。

① 安装 Zabbix 2.2 的源。

```
rpm -ivh http://repo.zabbix.com/zabbix/2.2/rhel/6/x86_64/zabbix-release-
2.2-1.el6.noarch.rpm
```

② 安装 Zabbix-agent。

```
yum install -y zabbix-2.2.15 zabbix-agent-2.2.15
```

③ 设置防火墙，放行 10050、10051 端口。

```
vim /etc/sysconfig/iptables
-A INPUT -m state --state NEW -m tcp -p tcp --dport 10050 -j ACCEPT
-A OUTPUT -m state --state NEW -m tcp -p tcp --dport 10051 -j ACCEPT
```

④ 重启防火墙，使配置生效。

```
service iptables restart
```

⑤ 配置 zabbix_agentd.conf，设置服务器的 IP 地址为 172.16.14.165。

```
vim /etc/zabbix/zabbix_agentd.conf
#修改下面内容
server=127.0.0.1,172.16.14.165        #被动模式
serverActive=172.16.14.165            #主动模式
```

⑥ 设置开机启动及启动 Zabbix agent，使配置生效。

```
chkconfig zabbix-agent on
service zabbix-agent start
```

6.2.3 对服务器的硬盘、CPU、内存、网络的监控

在配置 Zabbix 监控时，遵循 Host groups(主机组)→Hosts(主机)→Applications(监控项组)→Items(监控项)→Triggers(触发器)→Event(事件)→Actions(处理动作)→User groups(用户组)→Users(用户)→Medias(告警方式)→Audit(日志审计)的配置流程。

1. 创建主机组

创建云主机组 cloud_host，依次单击 Configuration→Host groups→Create host group 按钮，输入主机组的名，在 Group name 中输入 cloud_host，单击 Save 按钮保存。

主机组的信息如图 6-6 所示。

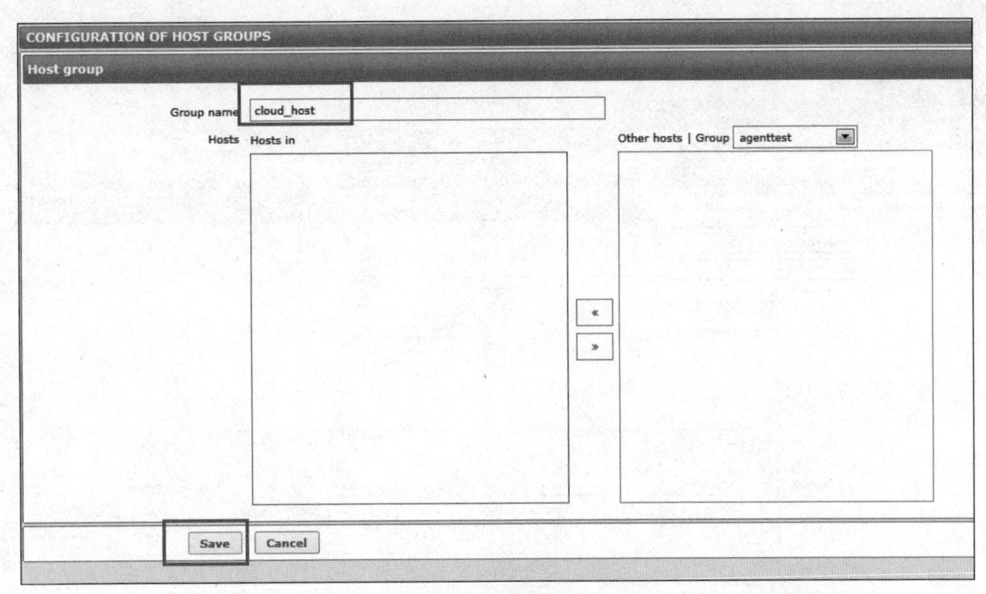

图 6-6 创建主机组

2. 创建主机

依次单击 Configuration→Hosts→Create Hosts 按钮，如图 6-7 所示，输入要创建的主机的信息，以 cloud_host1 为例，Host name 输入 cloud_host1，Variable name 输入 172.16.14.163，Agent interfaces 输入 172.16.14.163。单击 Save 按钮保存，如图 6-8 所示。

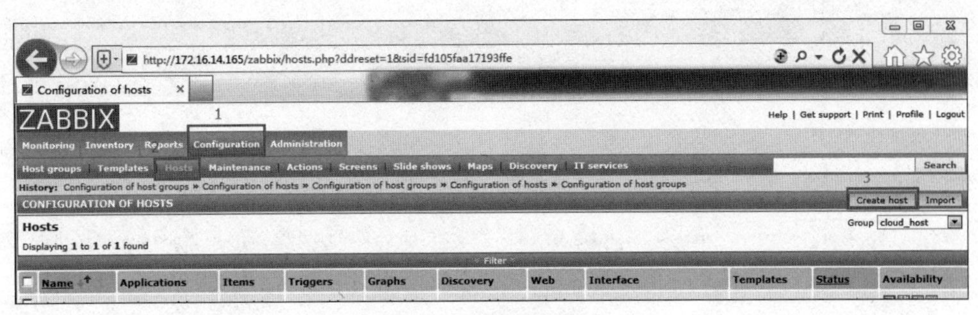

图 6-7 创建主机页面

3. 创建监控项组

依次单击 Configuration → Hosts → 被监控的主机 → Applications → Create applications 按钮，输入要创建的监控项组名。以 172.16.14.163 的主机为例，说明创建的过程。

① 单击 Configuration→Hosts 按钮，打开主机 Hosts 列表，找到“172.16.14.163”主机，单击 Applications 按钮，进入 Create Applications 配置项，主机列表如图 6-9 所示。

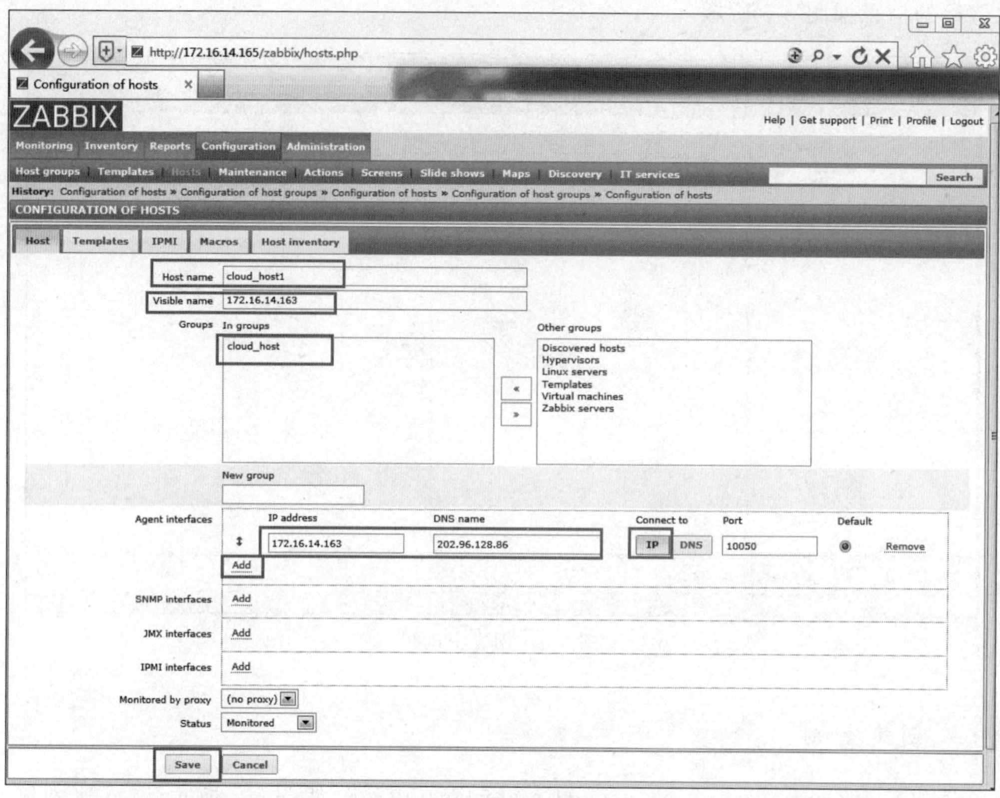

图 6-8　主机信息栏

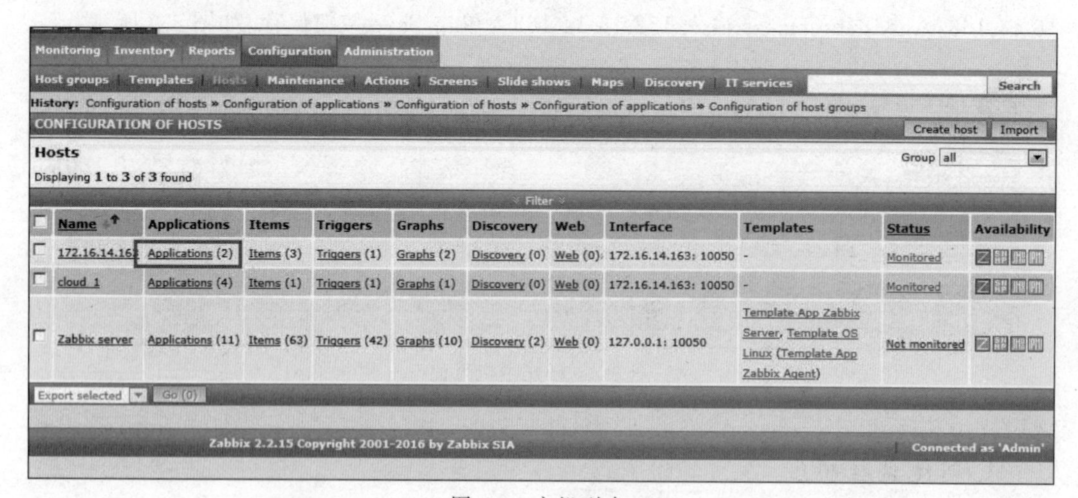

图 6-9　主机列表

② 单击 Create Applications 配置项，进入创建 Applications 的页面，如图 6-10 所示。

③ 在 Create Applications 的页面，输入 Applications 的名字 Disk_Pfree_monitor，最后单击 Save 按钮保存配置，如图 6-11 所示。

同理，分别创建 Cpu_monitor、Memory_monitor、Network_monitor 这几个监控项

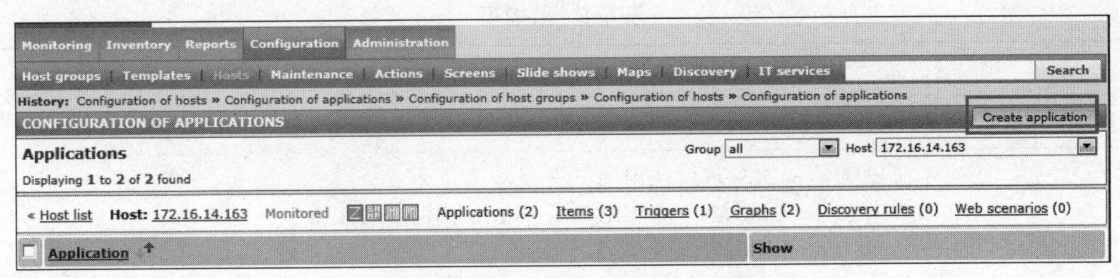

图 6-10 Create Applications 页面

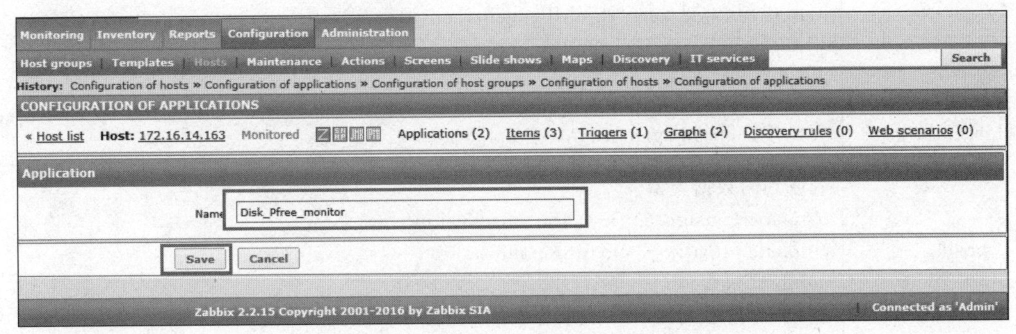

图 6-11 Create Applications

组。创建完后页面如图 6-12 所示。

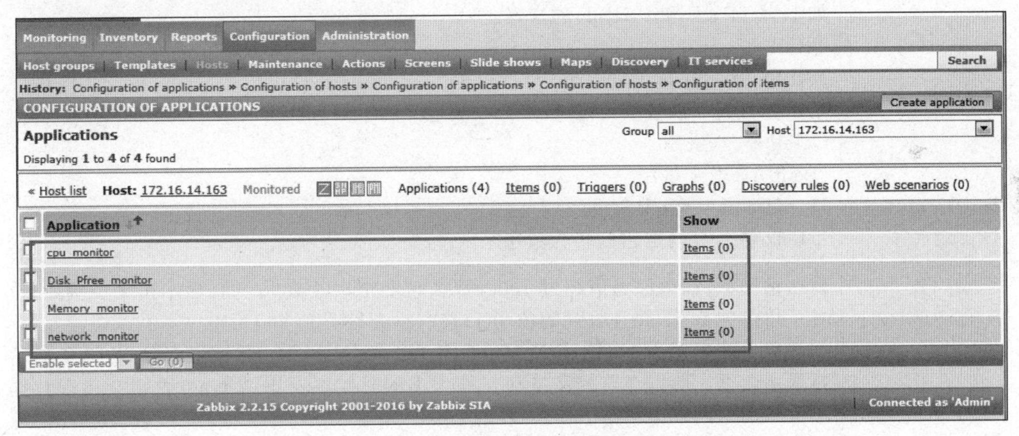

图 6-12 CPU、硬盘、内存和网络监控项组创建页面

4. 创建监控项

监控项(Items)为监控主机的项目,在创建监控项前,先理解它的各项参数的含义,如表 6-1 所示。

表 6-1　监控项

选　　项	描　　述
Host	主机或者模板
Name	监控项 item 名称可以使用如下宏变量： $1、$2、…、$9，这 9 个参数对应 item key 的参数位置。 例如：Free disk space on $1 如果 item key 为"vfs.fs.size[/,free]"，那么对应的名称会变成"Free disk space on /"，$1 对应了第一个参数"/"
Type	item 类型(常见 agent、SNMP、agent(active)等)
Key	监控项 item 的 key，单击 select 可以看到系统很多自带的 key，也可以看到用户自定义的 key
Host interface	主机接口，例如 agent、SNMP、impi 等
Type of information	获取到的数据类型 Numeric (unsigned)——64bit unsigned integer Numeric (float)——floating point numberCharacter——字符串，最长 255 字节 Log——日志文件，key 必须为 log[] Text——大小无限制的文本
Data type	定义获取到整数数据的数据类型 Boolean——数据为 0 或者 1。'TRUE'表示 1，'FALSE'为 0，不区分大小写 如下为 TRUE 和 FALSE 的定义： TRUE——true, t, yes, y, on, up, running, enabled, available FALSE——false, f, no, n, off, down, unused, disabled, unavailable 任何非 0 数字都被认为是 TRUE，0 被定义为 FALSE Octal——八进制 Decimal——十进制 Hexadecimal——十六进制 Zabbix 将会自动把它们转为数字
Units	默认情况下，如果原始值超过 1000，那么它会先除以 1000 并且显示出来。例如，设置了单位为 bit/s 并且收到的值为 11102，将会显示为 11.1Kbit/s 如果单位被指定为 B (byte)或 Bit/s (bytes per second)，那么它会除以 1024 然后再显示数据。所以在监控流量和文件大小的时候不要用错单位，否则会出现数据不一致的情况 如下为时间单位： unixtime——转为 "yyyy.mm.dd hh:mm:ss"，只能使用正数 uptime——转为"hh:mm:ss" 或者"N days, hh:mm:ss" 例如，收到的值为 881764s，它将会显示为"10 days, 04:56:04" s——转为"yyy mmm ddd hhh mmm sss ms"； 例如，收到的值为 881764(单位：s)，它将会显示为"10d 4h 56m"，只会显示 3 个单元。有时候只会显示 2 个单元，例如"1m 5h"(不包含分、秒、毫秒)，如果返回的值小于 0.001，它只会显示"<1 ms"。禁用单位：ms、rpm、RPM、%

续表

选　项	描　述
Use custom multiplier	如果启用这个选项,所有接收到的整数或者浮点数都会乘以这个文本框里面的值。使用这个选项,Zabbix 将会把收到的 KB、MBit/s 等数据先转为 B、Bit/s。否则,Zabbix 不能正确设置前缀(K、M、G 等) Zabbix 2.2 开始支持科学计数法,例如:1e+70
Update interval (in sec)	数据更新时间。注意:如果设置为 0,那么这个数据将永久不更新。但是如果在灵活更新间隔(flexible interval)里面设置了一个非 0 间隔,那么以这个为准
Flexible intervals	可以创建例外的更新间隔,例如:Interval:10,Period:1-5,10:00-19:00,表示周一到周五的早上 10 点到晚上 19 点每 10s 更新一次数据。其余时间使用默认值。这边最多只能设置 7 个灵活更新间隔。如果设置的多个灵活时间间隔有冲突,那么它会使用最小的时间间隔 两个注意点:如果时间间隔被设置为 0,那么数据永久不会更新。它不能用在 Zabbix 主动方式的 item
History storage period(in days)	历史记录可以在数据库中保存多久,过期的历史数据将会被 Housekeeper 删除 从 Zabbix 2.2 开始,这个值可以被一个全局值覆盖:Administrator－>General－>Housekeeper－>勾选 Keep history(in days),输入希望历史记录保留的时间 Zabbix 官方推荐大家尽量开启它,尽量使用一个较短的历史记录。如果想看历史数据,可以将"趋势历史记录 Keep trends"的保留时间设置长一点
Trends storage period(in days)	趋势数据(以小时为单位的 min、max、avg、count 的数据)在数据库中保留时间,过期数据将会被 HouseKeeping 删除 从 Zabbix 2.2 开始,这个值可以被一个全局值覆盖(请参考上面的 Keep history) 备注:趋势数据只能存数字类型数据,字符、日志这些都无法存储
Store value	As is——数据不作处理 Delta (speed per second)—— 计算值公式为 (value－prev_value)/(time－prev_time) value——获取到的原始值 prev_value——上次接收到的值 time——当前时间 prev_time——上次接收到值的时间 备注:如果当前获取到的值比上一个值更小,那么 Zabbix 会忽略这个值,等待下一次的值 Delta (simple change)—— 计算公式为 (value－prev_value),value—— 当前值,value_prev—— 上次获取到的值
Show value	值映射,需要配置数字映射到字符的映射表。例如: 1=>icloud.com 访问正常。如果 key 返回的数据为 1,那么监控页面不会显示 1,而是显示 icloud.com 访问正常。key 返回的数据只能为整数,并且不做任何修改保存到数据库中。只有在显示的时候才会根据映射表来展示相应的内容

续表

选　　项	描　　述
Log time format	只可以用在 LOG 类型中，支持如下占位符： * y：年(0001～9999) * M：月(01～12) * d：日(01～31) * h：小时(00～23) * m：分钟(00～59) * s：秒(00～59) 例如：如下为 Zabbix agent 日志“23480：20100328：154718.045 Zabbix agent started. Zabbix 1.8.2 (revision 11211).”，前面 6 个字符是 PID，接下来是日期、时间和日志内容，日志时间格式为“pppppp:yyyyMMdd:hhmmss” 备注：“p”与“:”为占位符，除了“yMdhms”不能做占位符，其他任意字符都可以作为占位符
New application	创建一个新的应用
Applications	包含多个应用，例如：cpu、disk、network，监控项可以属于多个应用
Populates host inventory field	数据自动填充到 inventory 资产清单的相应属性，前提是 inventory 处于自动模式
Description	监控项的描述
Enabled	是否启用这个监控项

在创建 Applications 页面中分别为每个监控项组创建监控项。步骤如下。

第一步，创建 Applications 页面，单击 Items 按钮，进入 Create item 的页面，如图 6-13 所示。

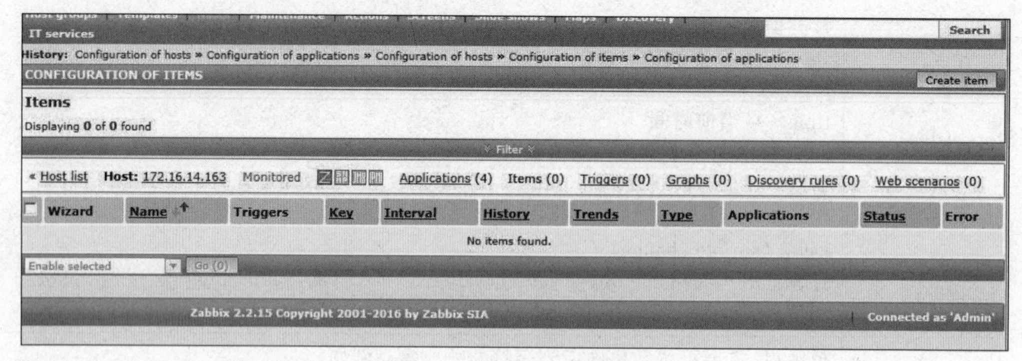

图 6-13　创建 item 的页面

第二步，单击 Create item 按钮，分别创建硬盘、CPU、内存及网络的监控项。

① 监控硬盘的空闲率，填写硬盘监控项的内容，如图 6-14 所示，单击 Save 按钮保存。

② 监控 CPU 的使用情况，填写 CPU 监控项的内容，如图 6-15 所示，单击 Save 按钮保存。

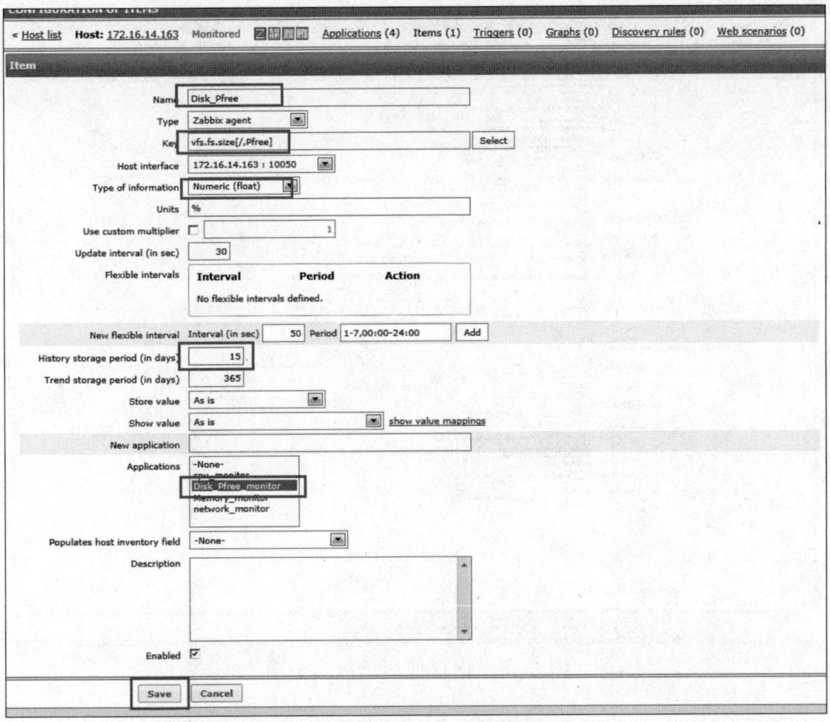

CONFIGURATION OF ITEMS

« Host list Host: 172.16.14.163 Monitored Applications (4) Items (1) Triggers (0) Graphs (0) Discovery rules (0) Web scenarios (0)

Item

Name Disk_Pfree
Type Zabbix agent
Key vfs.fs.size[/,Pfree] Select
Host interface 172.16.14.163 : 10050
Type of information Numeric (float)
Units %
Use custom multiplier 1
Update interval (in sec) 30
Flexible intervals Interval Period Action
No flexible intervals defined.
New flexible interval Interval (in sec) 50 Period 1-7,00:00-24:00 Add
History storage period (in days) 15
Trend storage period (in days) 365
Store value As is
Show value As is show value mappings
New application
Applications -None- cpu_monitor Disk_Pfree_monitor Memory_monitor network_monitor
Populates host inventory field -None-
Description
Enabled
Save Cancel

图 6-14 硬盘空闲率监控项

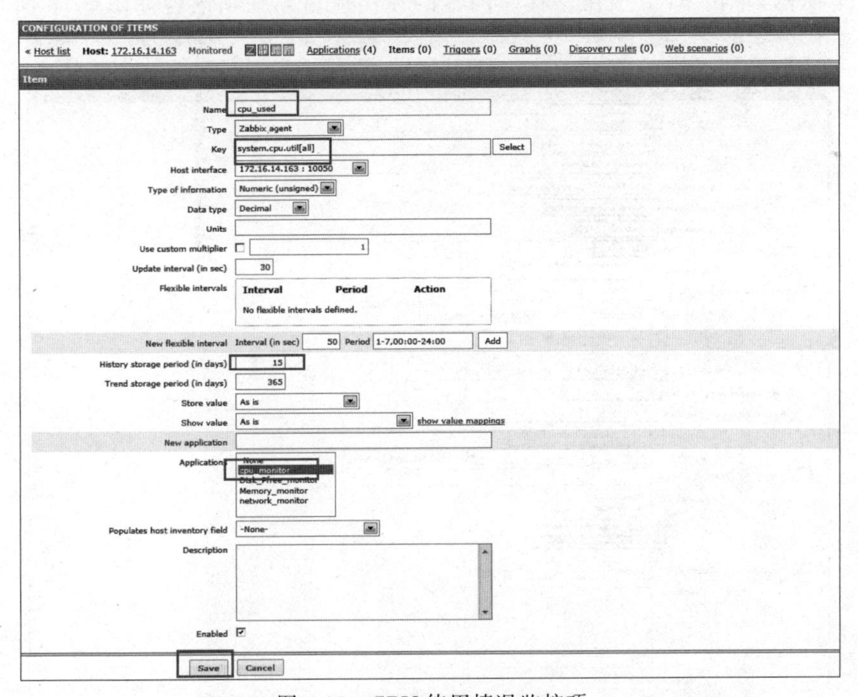

图 6-15 CPU 使用情况监控项

③ 监控内存使用情况，填写内存监控项的内容，如图 6-16 所示。

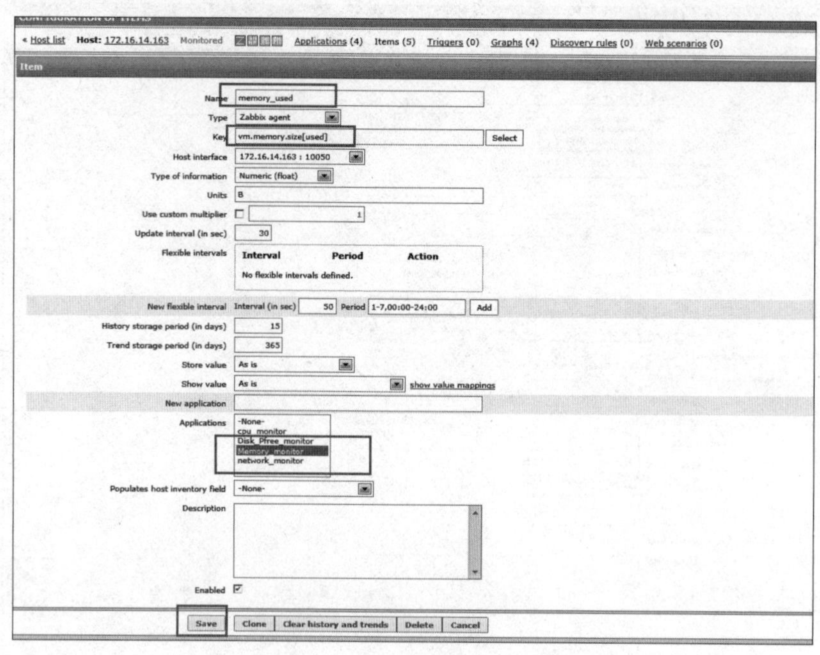

图 6-16　内存使用情况监控项

④ 监控网卡的进出流量，分别创建流入和流出的 Items。网卡流入流量监控项内容如图 6-17 所示，单击 Save 按钮保存。网卡的流出流量监控项内容如图 6-18 所示，单击

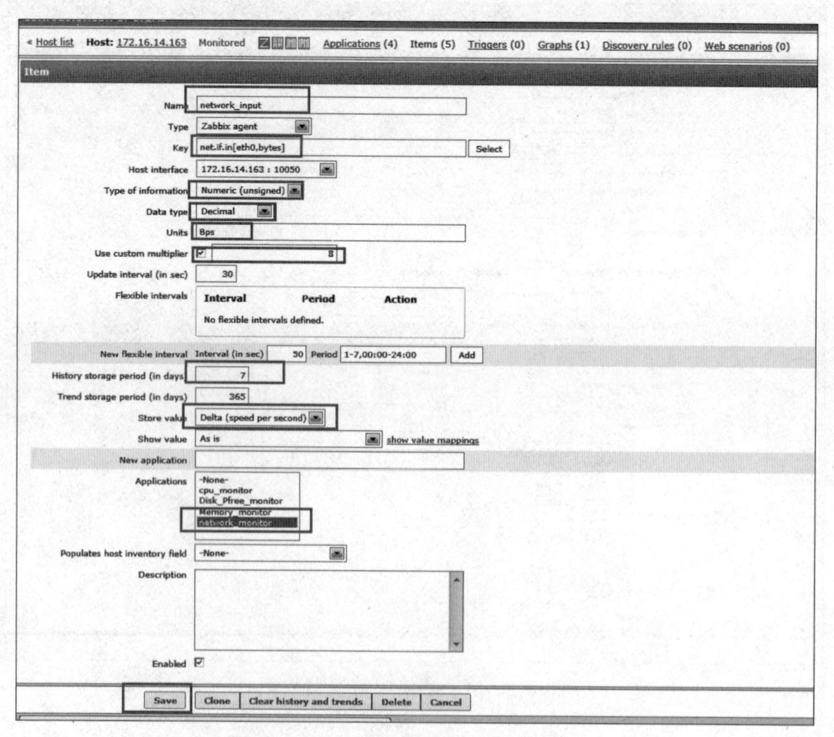

图 6-17　网卡流进流量监控项

Save 按钮保存。

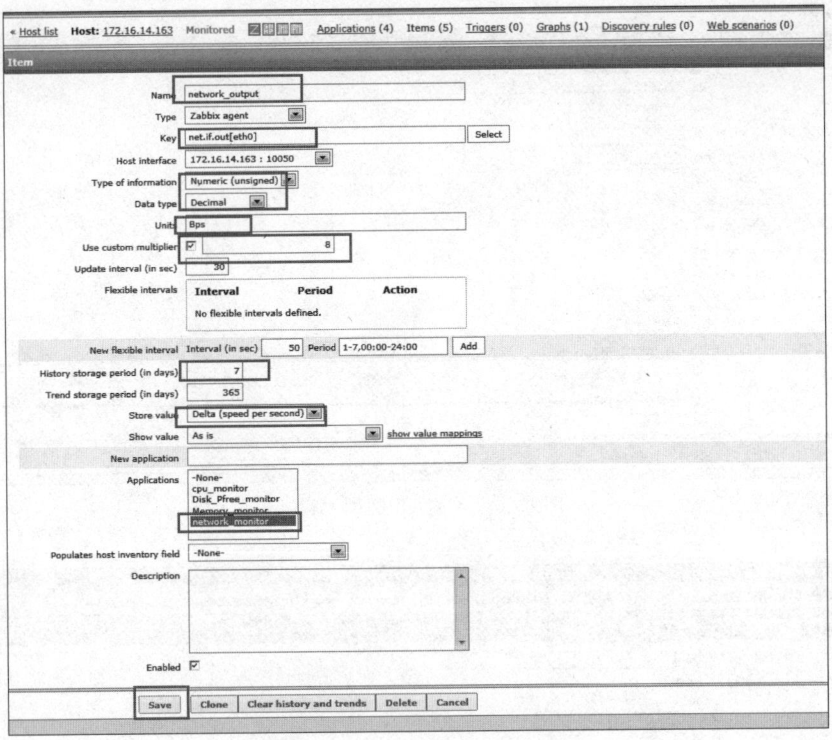

« Host list Host: 172.16.14.163 Monitored Applications (4) Items (5) Triggers (0) Graphs (1) Discovery rules (0) Web scenarios (0)

Item

Name: network_output
Type: Zabbix agent
Key: net.if.out[eth0] Select
Host interface: 172.16.14.163 : 10050
Type of information: Numeric (unsigned)
Data type: Decimal
Units: Bps
Use custom multiplier: 8
Update interval (in sec): 30
Flexible intervals: Interval Period Action
No flexible intervals defined.
New flexible interval: Interval (in sec) 50 Period 1-7,00:00-24:00 Add
History storage period (in days): 7
Trend storage period (in days): 365
Store value: Delta (speed per second)
Show value: As is show value mappings
New application:
Applications: -None- cpu_monitor Disk_Pfree_monitor Memory_monitor network_monitor
Populates host inventory field: -None-
Description:
Enabled

Save Clone Clear history and trends Delete Cancel

图 6-18 网卡流出流量监控项

⑤ 预览已经创建的 Items，如图 6-19 所示。

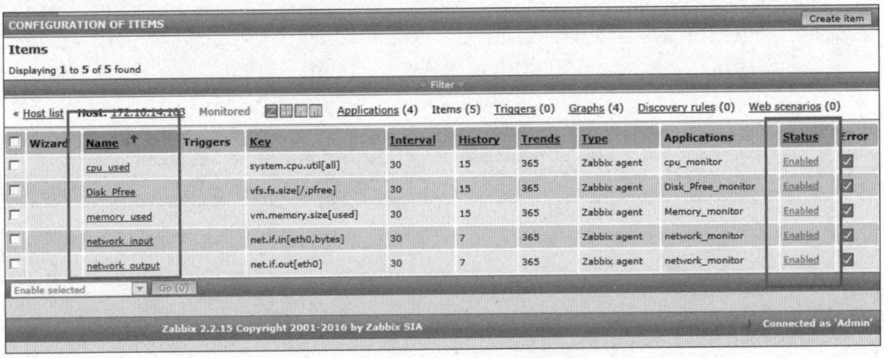

CONFIGURATION OF ITEMS Create item

Items

Displaying 1 to 5 of 5 found

Filter

« Host list Host: 172.16.14.163 Monitored Applications (4) Items (5) Triggers (0) Graphs (4) Discovery rules (0) Web scenarios (0)

Wizard	Name	Triggers	Key	Interval	History	Trends	Type	Applications	Status	Error
	cpu_used		system.cpu.util[all]	30	15	365	Zabbix agent	cpu_monitor	Enabled	
	Disk_Pfree		vfs.fs.size[/,pfree]	30	15	365	Zabbix agent	Disk_Pfree_monitor	Enabled	
	memory_used		vm.memory.size[used]	30	15	365	Zabbix agent	Memory_monitor	Enabled	
	network_input		net.if.in[eth0,bytes]	30	7	365	Zabbix agent	network_monitor	Enabled	
	network_output		net.if.out[eth0]	30	7	365	Zabbix agent	network_monitor	Enabled	

Enable selected Go (0)

Zabbix 2.2.15 Copyright 2001-2016 by Zabbix SIA Connected as 'Admin'

图 6-19 Items 预览图

5. 配置 Graphs 展示采集到的数据

依次单击 Configuration→Hosts→被监控主机的 Graphs→Create Graphs 按钮，分别创建 Cpu_used、Disk_Pfree_monitor、Memory_free、Network 四个图，分别如图 6-20～图 6-23 所示。

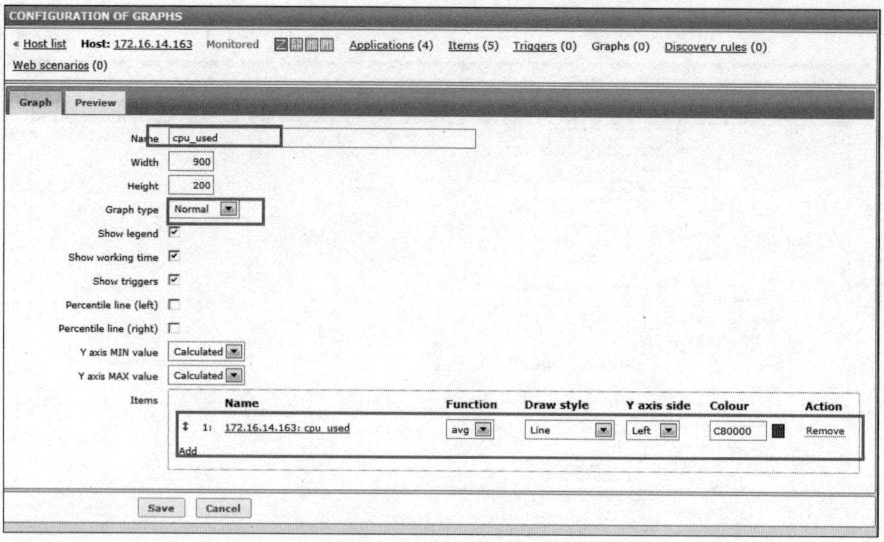

CONFIGURATION OF GRAPHS

« Host list　Host: 172.16.14.163　Monitored　Applications (4)　Items (5)　Triggers (0)　Graphs (0)　Discovery rules (0)　Web scenarios (0)

Graph　Preview

Name　cpu_used
Width　900
Height　200
Graph type　Normal
Show legend
Show working time
Show triggers
Percentile line (left)
Percentile line (right)
Y axis MIN value　Calculated
Y axis MAX value　Calculated
Items

Name	Function	Draw style	Y axis side	Colour	Action
1: 172.16.14.163: cpu_used	avg	Line	Left	C80000	Remove

Add

Save　Cancel

图 6-20　配置 CPU 的 Graphs

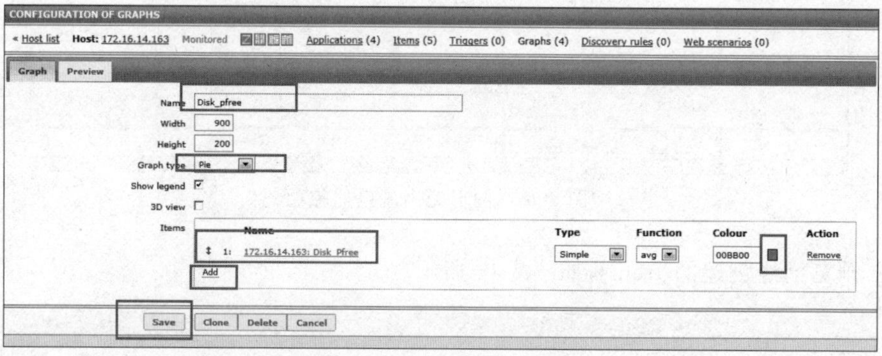

CONFIGURATION OF GRAPHS

« Host list　Host: 172.16.14.163　Monitored　Applications (4)　Items (5)　Triggers (0)　Graphs (4)　Discovery rules (0)　Web scenarios (0)

Graph　Preview

Name　Disk_pfree
Width　900
Height　200
Graph type　Pie
Show legend
3D view
Items

Name	Type	Function	Colour	Action
1: 172.16.14.163: Disk_Pfree	Simple	avg	00BB00	Remove

Add

Save　Clone　Delete　Cancel

图 6-21　配置硬盘的 Graphs

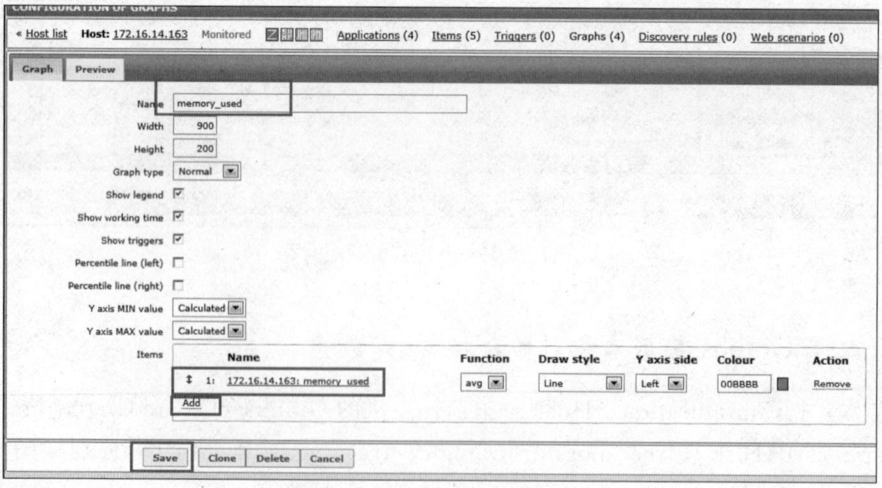

CONFIGURATION OF GRAPHS

« Host list　Host: 172.16.14.163　Monitored　Applications (4)　Items (5)　Triggers (0)　Graphs (4)　Discovery rules (0)　Web scenarios (0)

Graph　Preview

Name　memory_used
Width　900
Height　200
Graph type　Normal
Show legend
Show working time
Show triggers
Percentile line (left)
Percentile line (right)
Y axis MIN value　Calculated
Y axis MAX value　Calculated
Items

Name	Function	Draw style	Y axis side	Colour	Action
1: 172.16.14.163: memory_used	avg	Line	Left	00BBBB	Remove

Add

Save　Clone　Delete　Cancel

图 6-22　配置内存的 Graphs

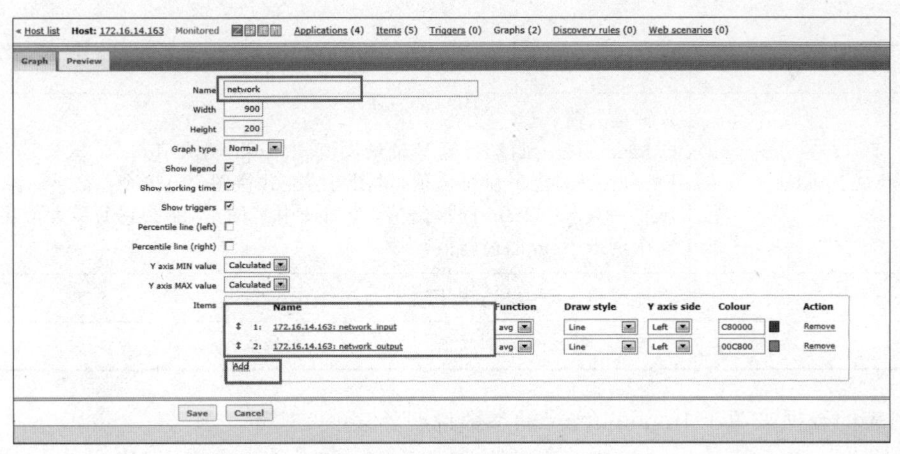

图 6-23　配置网络的 Graphs

Graphs 的配置说明如表 6-2 所示。

表 6-2　Graphs 的配置说明

参　数	描　述
Name	图表名称(唯一)
Width	图表宽度(单位为像素),仅用于预览 Pie/Exploded 图
Height	图表高度(单位为像素)
Graph type	图表类型: Normal——常规图表,值显示为线条 Stacked——叠图,显示填充区域 Pie——饼图 Exploded——"仅裂开的"饼图,显示部分切出的饼图
Show legend	显示图例,例如 item 名称与最大值、平均值、最小值的数据,一般显示在图表的下方
Show working time	是否显示工作时间,如果选择这个复选框,那么非工作时间背景为灰色。备注:饼图和爆炸式饼图没有这个参数
Show triggers	如果选择该项,那么触发器将会用红线表示。两种饼图不包含这个功能
Percentile line (left)	左 Y 轴百分数
Percentile line (right)	右 Y 轴百分数
Y axis MIN value	Y 轴最小值: Calculated——自动计算 Y 轴最小值(取 item 最小值) Fixed——固定 Y 轴最小值,饼图与裂变式饼图没有这个参数 Item——选中 item 的最新值(例如选中某网卡,那么它的最小值将来自这个网卡 item 的最新值)

续表

参　　数	描　　述
Y axis MAX value	Y 轴最大值： Calculated——自动计算 Y 轴最大值(取 Item 最大值) Fixed——固定 Y 轴最大值，饼图与裂变式饼图没有这个参数 Item——选中 Item 的最新值(例如选中某网卡，那么它的最大值将来自这个网卡 Item 的最新值)
3D view	立体风格图表，仅适用于饼图与爆炸式饼图
Items	监控项，图表的数据来源

图表的数据来源于 Items，Items 的参数说明如表 6-3 所示。

表 6-3　Items 的参数说明

参　　数	描　　述
Sort order (0→100)	绘图顺序，可以上下拖动 Items 来改变它们的顺序。这个顺序用来决定图层的顺序
Name	Item 名称
Type	该参数仅用于两个饼图图表： Simple——按比例显示 Graph sum——充满整个饼图 一张图表只允许有一个 Item 是 Graph sum，否则报错“ERROR：Cannot display more than one item with type ‘Graph sum’”。
Function	当一个 Item 有多种数值时，选择一种数值用于图表展示： all——所有值(最小、平均、最大) min——仅最小值 avg——仅平均值 max——仅最大值
Draw style	绘制风格(只有常规图表存在该选项)： Line——绘制线条 Filled region——绘制填充区域 Bold line——画粗线 Dot——画点 Dashed line——画虚线
Y axis side	Y 轴在左边还是右边
Colour	颜色

把上面配置好的几幅图像在一个页面显示出来。配置 Screen，依次单击 Configuration→Screens→Create screen 按钮，创建一个两行两列的图表，分别如图 6-24 和图 6-25 所示。单击单元格内的 Change，添加相应的 Graphs，分别如图 6-26～图 6-28 所示。

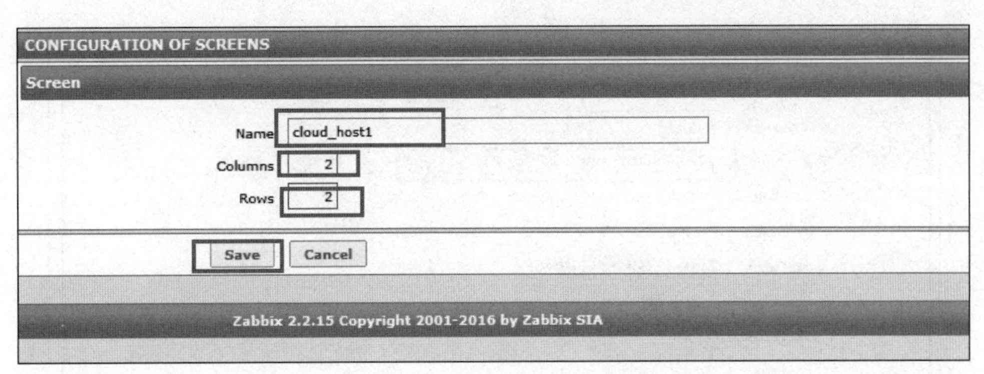

图 6-24 Create screen 页面

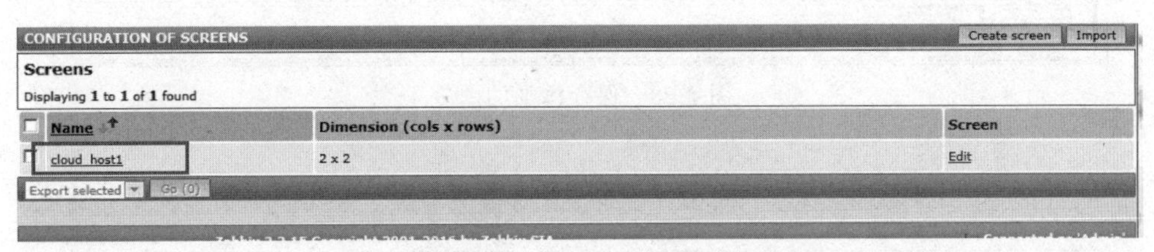

图 6-25 Screens 页面

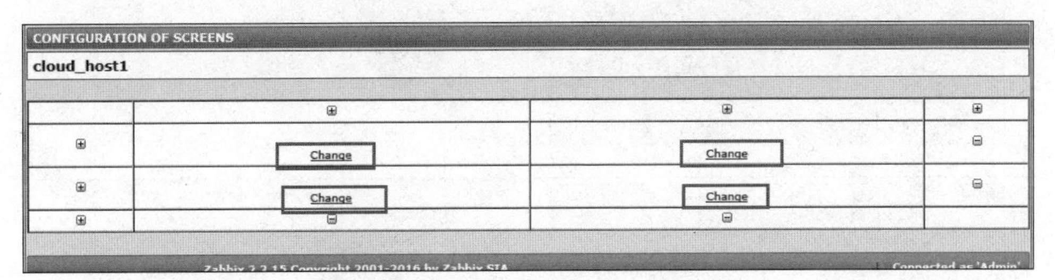

图 6-26 设置图表的显示位置

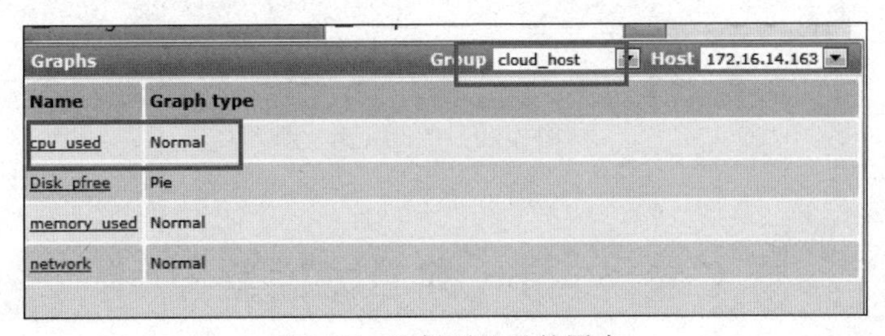

图 6-27 选择要显示的图表

同理，把 Disk_Pfree、Memory_free、Network 增加到图表中。最终结果如图 6-29 所示。

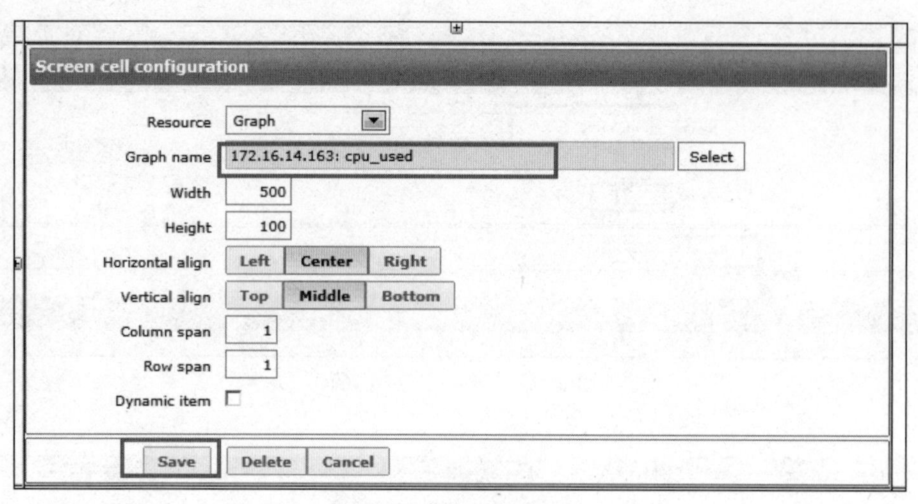

图 6-28　保存添加的图表

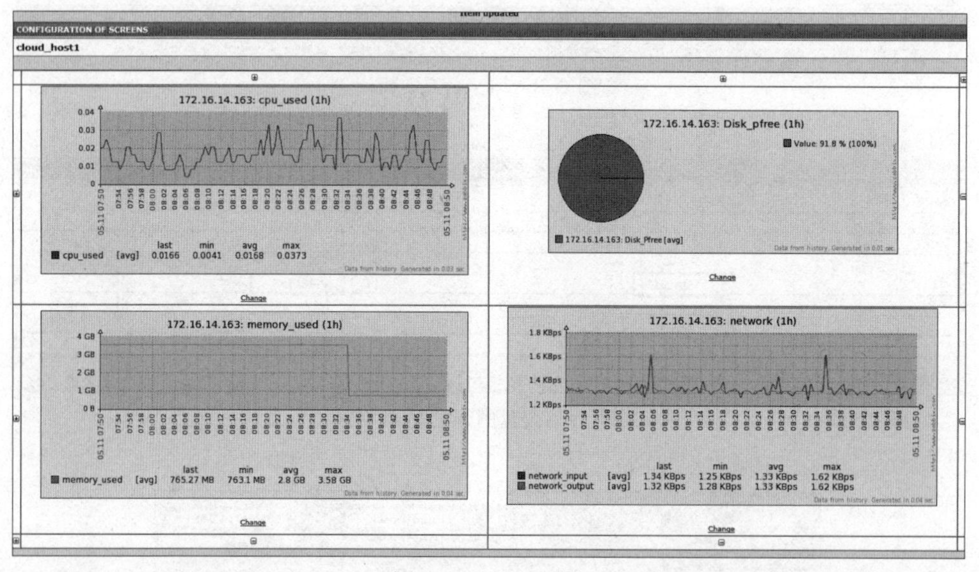

图 6-29　Screen 图

6.3　Zabbix 对日志的监控

6.3.1　Zabbix 监控日志的概述

系统日志是记录系统中硬件、软件和系统问题的信息，同时还可以监视系统中发生的事件。用户可以通过它来检查错误发生的原因，或者寻找受到攻击时攻击者留下的痕迹。在一个云平台的管理中，系统日志是一个非常重要的功能组成部分。它可以记录下系统所产生的各种行为，并按照某种规范表达出来。运维人员可以使用日志系统所记录的信息为系统进行排错，优化系统的性能，或者根据这些信息调整系统的行为。如何及时地发现系统运行的异常，监控系统日志是非常重要的一步。作为一个专业的监控软件，Zabbix 可以监控日志和分析日志文件中有没有某个字符串。当出现特殊的字符串(例如，警告、报错等)时，可以发送通知给用户，帮助用户及时地发现和解决问题。下面介绍 Zabbix 是如何监控日志的。

使用 Zabbix 监控日志时要注意：① Hostname 设定为 Server 创建主机时填写的 Host name，必须一致；② ServerActive 设定为 Server 的 IP；③ 在服务器端配置日志监控的类型为 Zabbix agent (active)主动模式。

6.3.2 Zabbix 日志监控的原理

Zabbix Server 和 Zabbix Agent 会追踪日志文件的大小和最后修改时间，并分别记录在字节计数器和最新的时间计数器中。若上次有记录日志，Zabbix Agent 会从上次读取日志的地方开始读取日志。字节计数器和最新时间计数器的数据会被记录在 Zabbix 数据库，并且发送给 Agent，这样能够保证 Agent 从上次停止的地方开始读取日志。当日志文件小于字节计数器中的数字时，字节计数器会变为 0，从头开始读取文件。所有符合配置的文件，都会被监控。一个目录下的多个文件如果修改时间相同，会按照字母顺序来读取。到每个 Update interval 的时间时，Agent 会检查一次目录下的文件。Zabbix Agent 每秒发送日志量，有一个日志行数上限，防止网络和 CPU 负载过高，这个数字在 zabbix_agentd.conf 中的 MaxLinePerSecond 中配置。监控日志包括 log 和 logtr 两种 key，在 logtr 中，正则表达式只对文件名有效，对文件目录无效。log 和 logtr 两种 key 的比较，如表 6-4 所示。

表 6-4 两种 key 的说明

监控日志的两种 key：log 和 logtr	
格式	log[/path/to/some/file,＜regexp＞,＜encoding＞,＜maxlines＞,＜mode＞,＜output＞]
	logtr[/path/to/some/filename_format,＜regexp＞,＜encoding＞,＜maxlines＞,＜mode＞,＜output＞] ◆ regexp：要匹配内容的正则表达式，或者直接写要检索的内容 ◆ encoding：编码相关，留空即可 ◆ maxlines：一次性最多提交多少行，这个参数覆盖配置文件 zabbxi_agentd.conf 中的"MaxLinesPerSecond"，也可以留空 ◆ mode：默认是 all，也可以是 skip，skip 会跳过老数据 ◆ output：输出给 zabbix server 的数据
注意	只要配置了＜regexp＞，Zabbix 会根据＜regexp＞的正则表达式来匹配日志中的内容。一定要保证 Zabbix 用户对日志文件有可读权限，否则这个 Item 的状态会变成"unsupported"

6.3.3 日志监控配置

1. 设置被监控的主机为主动模式

编辑 zabbix_agentd.conf 文件：vi /etc/zabbix/zabbix_agentd.conf。设置 Zabbix agent 的 ServerActive 的 IP 地址为 172.16.14.165，Hostname 与服务器创建的主机的名字一致，设置成 Hostname=cloud_host1，如图 6-30 所示。

```
c::1]
#
# Mandatory: no
# Default:
# ServerActive=

ServerActive=127.0.0.1,172.16.14.165

### Option: Hostname
#       Unique, case sensitive hostname.
#       Required for active checks and must match hostname as configured on the
server.
#       Value is acquired from HostnameItem if undefined.
#
# Mandatory: no
# Default:
# Hostname=

Hostname=cloud_host1

### Option: HostnameItem
#       Item used for generating Hostname if it is undefined. Ignored if Hostnam
e is defined.
#       Does not support UserParameters or aliases.
#
# Mandatory: no
```

图 6-30　被监控主机主动模式设置

2. 在服务器创建被监控的日志 item

依次单击 Configuration→Hosts→"目标主机"→Items→Create item 按钮，在 Item 信息页面输入相应的参数，如图 6-31 所示。

说明如下。

① type 必须选择 Zabbix agent(active)，因为数据是 Zabbix 监控的主机主动提交给 Zabbix server。

② key：log[/var/log/secure，session]，这里是监控系统的安全日志，打印出带有 session 的行，也可以去监控其他的日志。

③ log time format：MMpddphh：mm：ss，MM 表示月，dd 表示日，p 和：表示一个占位符，hh 表示小时，mm 表示分钟，ss 表示秒。

3. 日志监控的权限问题

如果 Zabbix 用户对日志没有读取的权限，则会出现被拒绝访问导致数据采集不到的问题。为了解决权限的问题，需要设置正确的权限。

设置权限的命令：chown zabbix.root /var/log/secure。

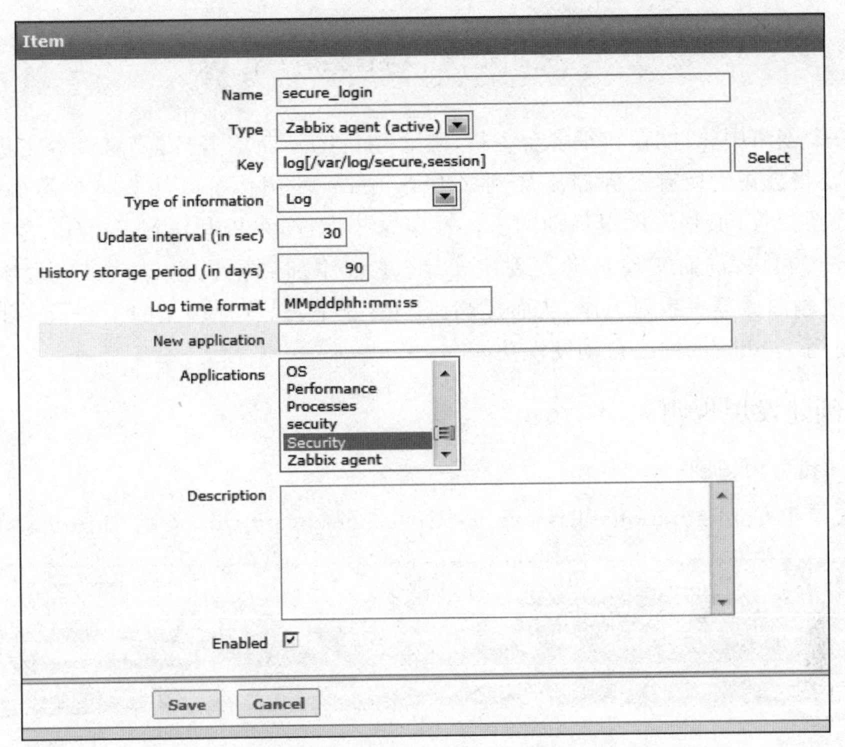

图 6-31　监控日志的 Item 配置

6.3.4 查看监控的日志

依次单击 Monitoring→Latest data→show items with name like 按钮，输入要查看的监控日志名称，单击 Filter→History 按钮，查看监控的日志信息。监控到日志信息如图 6-32 所示。

Timestamp	Local time	Value
2016.Dec.16 06:46:44	-	Dec 15 14:47:13 localhost sshd[2805]: pam_unix(sshd:session): session opened for user agent by (uid=0)
2016.Dec.16 06:46:14	-	Dec 15 14:46:25 localhost sshd[2513]: pam_unix(sshd:session): session closed for user root
2016.Dec.16 06:46:14	-	Dec 15 14:46:16 localhost sshd[2536]: pam_unix(sshd:session): session closed for user agent
2016.Dec.16 05:35:43	-	Dec 15 13:36:06 localhost sshd[2536]: pam_unix(sshd:session): session opened for user agent by (uid=0)
2016.Dec.16 05:35:12	-	Dec 15 13:35:30 localhost sshd[2513]: pam_unix(sshd:session): session opened for user root by (uid=0)
2016.Dec.16 05:34:42	-	Dec 15 13:35:08 localhost sshd[2392]: pam_unix(sshd:session): session closed for user root
2016.Dec.16 05:04:12	-	Dec 15 13:04:19 localhost sshd[2392]: pam_unix(sshd:session): session opened for user root by (uid=0)
2016.Dec.16 04:56:12	-	Dec 15 12:54:46 localhost polkitd(authority=local): Registered Authentication Agent for session /org/freedesktop/ConsoleKit/Session1 (system bu
2016.Dec.16 04:56:12	-	Dec 15 12:53:41 localhost sshd[2484]: pam_unix(sshd:session): session closed for user agent
2016.Dec.16 04:56:12	-	Dec 15 12:53:41 localhost sshd[2371]: pam_unix(sshd:session): session closed for user root
2016.Dec.16 04:56:12	-	Dec 15 12:53:39 localhost polkitd(authority=local): Unregistered Authentication Agent for session /org/freedesktop/ConsoleKit/Session1 (system l

图 6-32　监控 secure 日志

6.4 Zabbix 网络自动发现

在一个网络中，可能存在很多台主机，随着主机的不断增多，需要对每台主机进行监控，就需要将公司的所有服务器添加到 Zabbix 中，若使用传统办法去单个添加设备、分组、项目、图像等，那是一件很烦琐的事。鉴于这个问题，可以利用好 Zabbix 的自动发现(Discovery)模块，进而实现自动发现主机、将主机添加到主机组、加载模板、创建项目(item)、创建图像等一系列工作，从而提高工作的效率，减少管理上的工作量。下面来学习如何使用 Zabbix 的网络自动发现功能。

6.4.1 创建发现规则

① 创建发现规则。

依次单击 Configuration→Discovery→Create discovery rule 按钮，如图 6-33 所示。

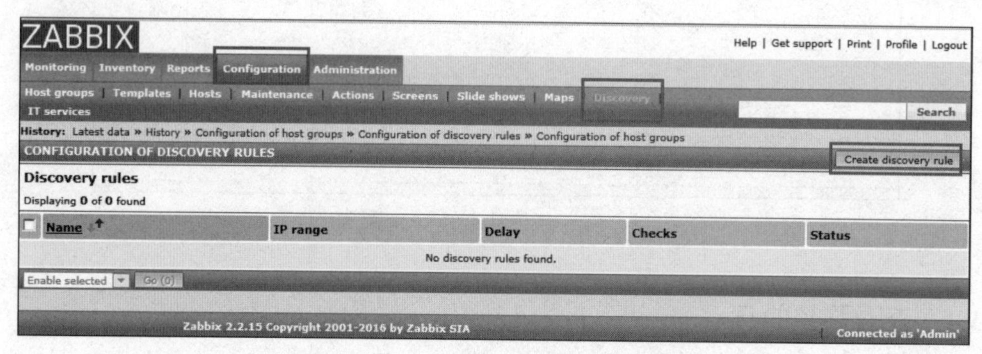

图 6-33 Discovery 页面

② 在 Discovery rule 页面，配置自动发现的基本信息，如图 6-34 所示。

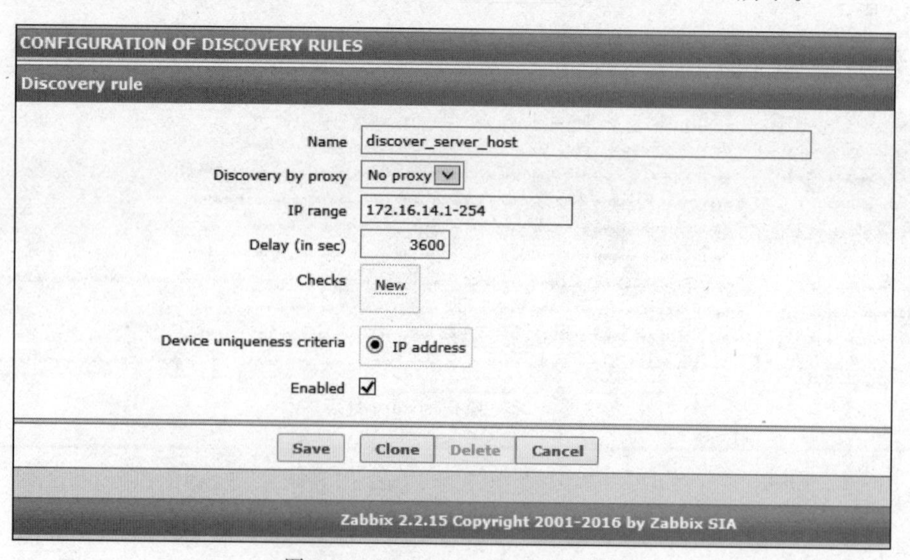

图 6-34 Discovery rule 配置页面

③ 配置 Checks 项,单击 Add 按钮添加,配置 Checks 项,单击 Save 按钮保存,如图 6-35 所示。

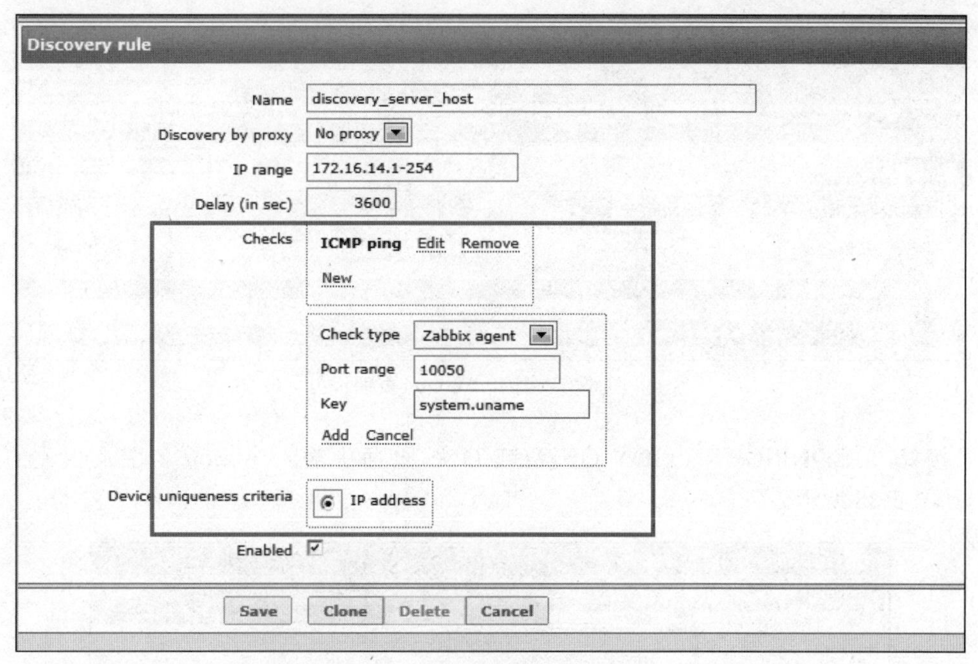

图 6-35 配置 Checks 项

④ 查看自动发现的简要信息。依次单击 Configuration→Discovery 按钮,可以看到配置完的自动发现的简要信息,如图 6-36 所示。

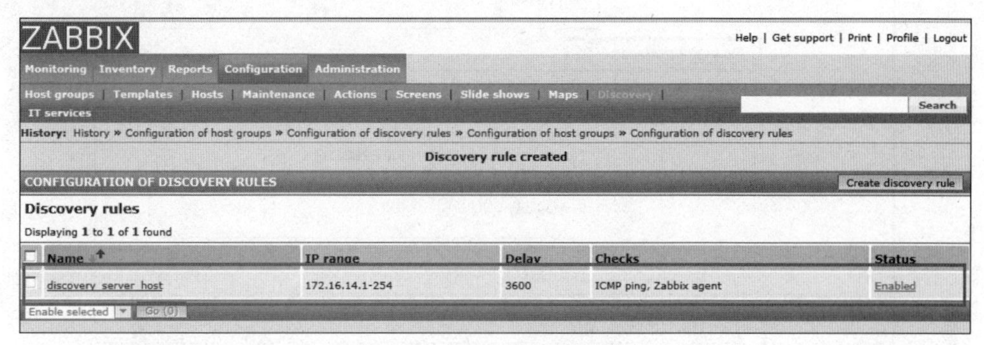

图 6-36 自动发现的简要信息

6.4.2 主机自动加入主机组并关联模板

上面了解了服务器是如何自动发现主机的;接着将主机加入主机组并关联相应的模板;对已经发现的主机进行操作,所以需要一个 Action(动作)来执行一系列的操作,下面是具体操作。

① 为 Discovery(发现)创建 Actions(动作)。

首先，依次单击 Configuration→Actions→Event source（选择 Discovery）→Create action 按钮，如图 6-37 所示。

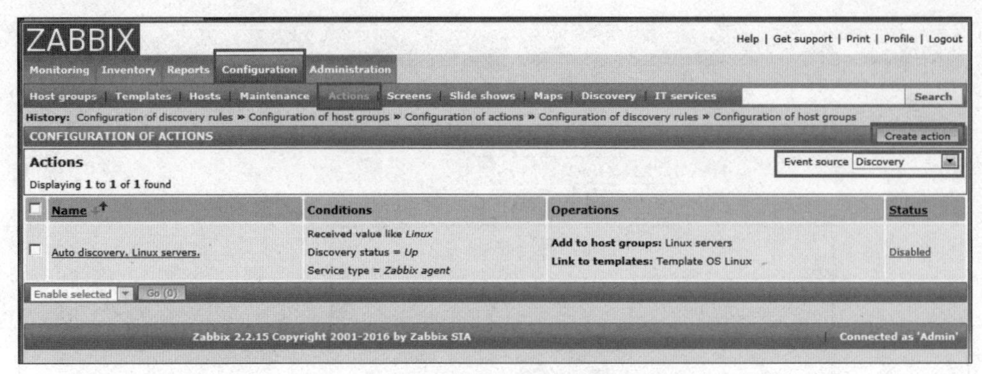

图 6-37　打开 Actions 页面

接着，在 CONFIGURATION OF ACTIONS 页面中输入 Action 名字及相关的信息，如图 6-38 所示。

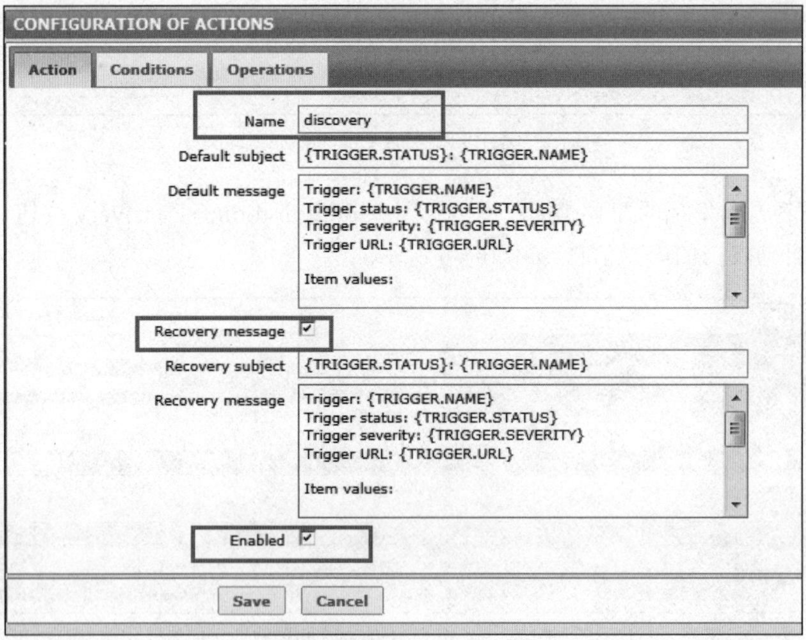

图 6-38　Create Action 页面

最后，添加触发 Action 的条件，单击 Conditions 按钮，选择 Type of calculation 的条件，设置 Conditions 信息，单击 Save 按钮保存。添加原来创建的自动发现的组 Discovery rule，分别如图 6-39～图 6-41 所示。

② 创建主机操作。

单击 Operations 按钮，在 Operation details 中选择要添加的操作，如图 6-42 所示。

③ 在 Operation details 配置项中选择 Link to template 链接到模板，在 Link with

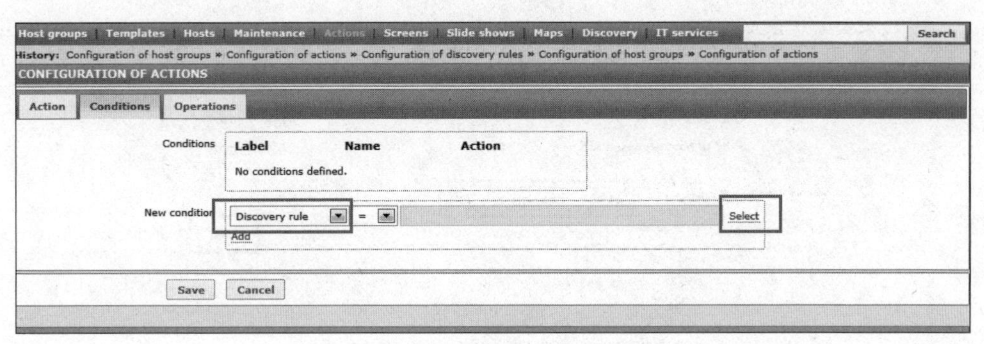

图 6-39　配置 New condition

图 6-40　Discovery rules 列表

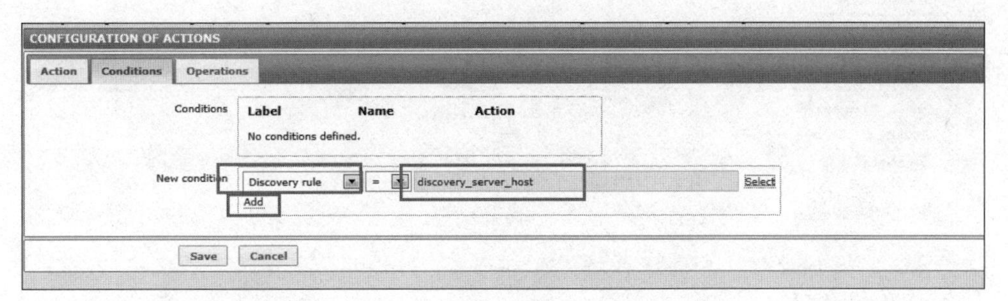

图 6-41　添加 Discovery rule

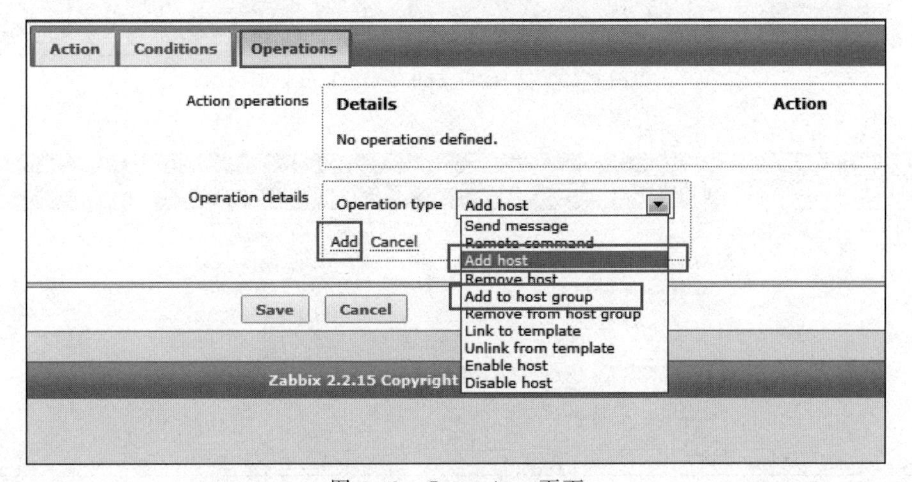

图 6-42　Operations 页面

templates 下拉菜单中选择相应的模板，分别如图 6-43～图 6-46 所示。

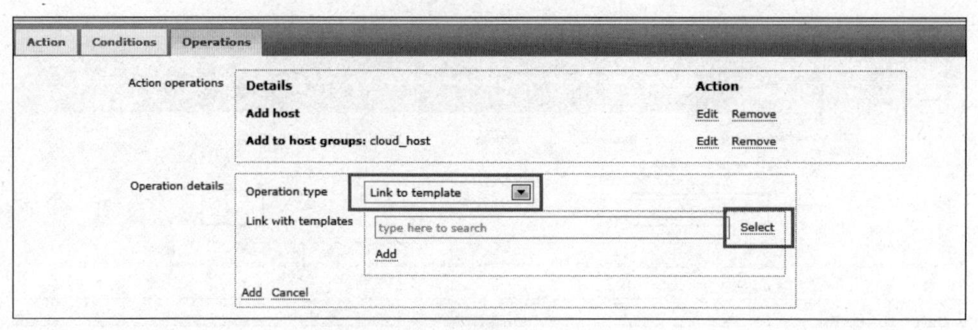

图 6-43　配置 Operation details

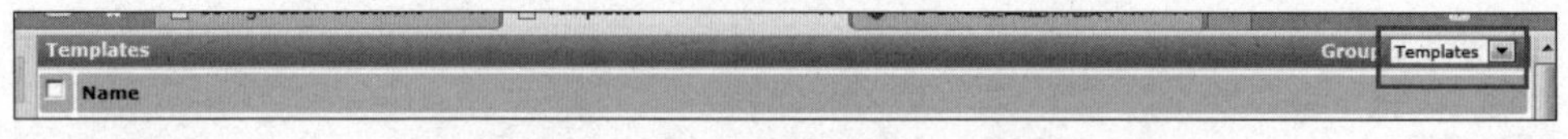

图 6-44　在 Group 中选择 Templates

图 6-45　选择 Template OS_Linux

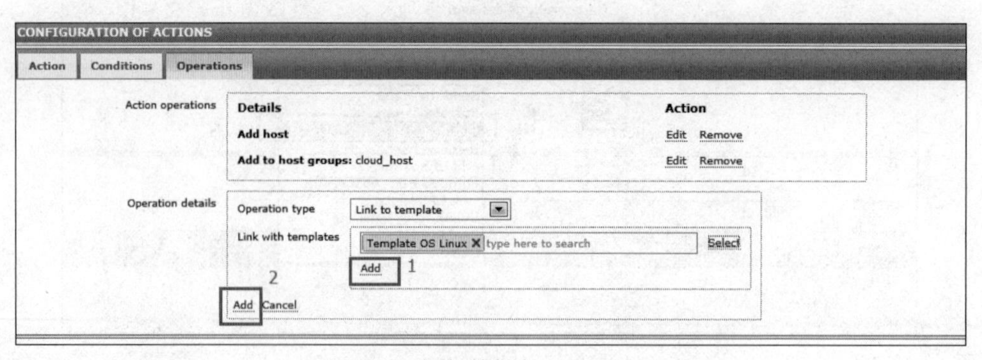

图 6-46　添加并保存 Operations

定义了发现主机自动“添加主机(Add host)”“添加到主机组(Add to host groups)”

和“链接到相应的模板(Link to template)”。单击 Add 按钮添加,添加完成之后的效果图如图 6-47 所示。

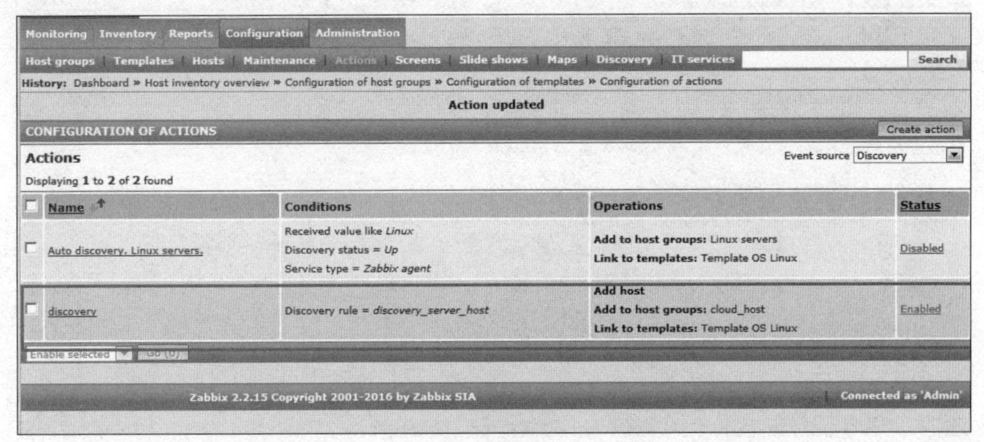

图 6-47　添加后的 Actions 图

④ 查看自动发现的主机的结果。

自动添加主机并将主机添加到主机组链接模板,全部操作完毕,查看结果。依次单击 Monitoring→Discovery 按钮,在 Discovery rule(在右上角)中选择 discovery_server_host,查看监控到的主机情况,如图 6-48 所示。

Monitoring Inventory Reports Configuration Administration
Dashboard | Overview | Web | Latest data | Triggers | Events | Graphs | Screens | Maps | Discovery | IT services
History: Configuration of actions » Configuration of host groups » Configuration of discovery rules » Dashboard » Status of discovery
STATUS OF DISCOVERY
Discovery rules　　Discovery rule discovery_server_host

Discovered device	Monitored host	Uptime/Downtime	ICMP ping	Zabbix agent: system uname
172.16.14.1	172.16.14.1	55 days, 01:26:15		
172.16.14.110	172.16.14.110	1 day, 04:06:24		
172.16.14.161	172.16.14.161	18 days, 08:33:54		
172.16.14.163	172.16.14.163	1 day, 05:01:55		
172.16.14.164	172.16.14.164	1 day, 10:25:25		
172.16.14.165	172.16.14.165	2 days, 01:11:18		
172.16.14.177	172.16.14.177	15 days, 15:18:50		
172.16.14.182	172.16.14.182	19 days, 16:57:33		
172.16.14.188	172.16.14.188	1 day, 10:24:14		
172.16.14.189	172.16.14.189	2 days, 07:03:12		
172.16.14.200	172.16.14.200	1 day, 04:56:13		
172.16.14.201	172.16.14.201	1 day, 04:56:10		
172.16.14.254	172.16.14.254	2 days, 01:06:49		

Zabbix 2.2.15 Copyright 2001-2016 by Zabbix SIA　　Connected as 'Admin'

图 6-48　自定义规则(discovery_server_host)发现的主机

查看主机以及监控到的主机的情况,依次单击 Configuration→Hosts 按钮,如图 6-49 所示。

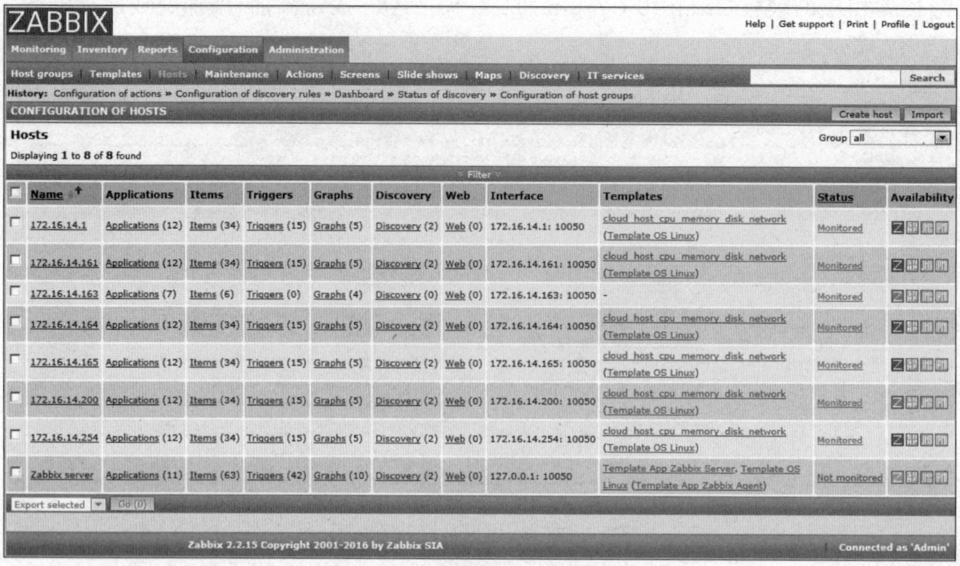

图 6-49 自动发现的主机情况

6.5 Zabbix 监控 MySQL

Zabbix 监控服务器的 MySQL 有两种方式，一种是通过系统带的模板，另一种是通过自定义脚本。下面以系统自带的模板为例来实现对 MySQL 的监控。步骤如下。

① 在被监控的主机上安装上 Zabbix agent，配置好 agent 的参数，方法参照 6.2.2 节 Zabbix 客户端的安装。

② 在被监控的主机上，授权 Zabbix 连接数据库。例如，使用命令：mysql -uroot -p123456 -e“GRANT USAGE ON *.* TO ‘zabbix’@‘localhost’ IDENTIFIED BY ‘zabbix’”;。

③ 确定 zabbix_age 文件有如下配置：Include=/etc/zabbix/zabbix_agentd.conf.d/，使 zabbix_agentd 可以自动加/etc/zabbix/zabbix_agentd.conf.d/目录下的 userparameter_mysql.conf 文件，重启 zabbix-agent。

④ 应用自带的 MySQL 模板，在 Zabbix 服务器端将 Template App MySQL 模板加入到主机中。步骤为：登录 Zabbix Web 页面，依次单击 Configuration→Hosts 按钮，选择要监控的主机，在 CONFIGURATION OF HOSTS 页面中选择 Templates 选项，在 Link new templates 选项中单击 Select 按钮，在 Templates 页面中选择 Template App MySQL 监控模板，单击 Add 按钮，把模板添加到监控的主机上，单击 Save 按钮保存配置。添加 Template App MySQL 模板，如图 6-50 所示。

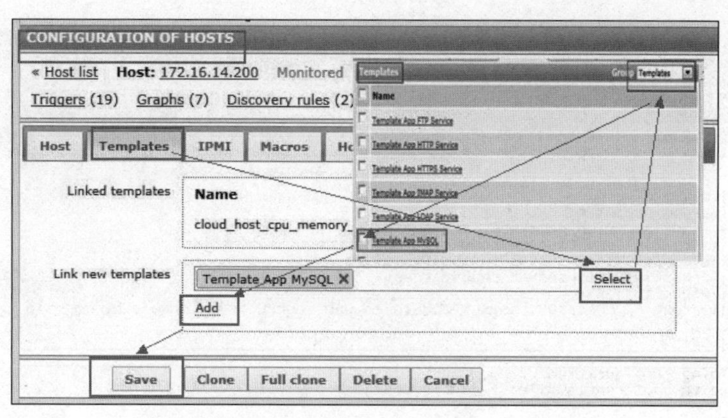

图 6-50 添加 Template App MySQL 模板

6.6 Zabbix 监控交换机

交换机在云平台的基础架构中起到了关键的作用，它的性能及正常工作状态直接关系到云平台的使用及用户体验。如何了解交换机的工作性能及工作状态，及时发现交换机的异常，在云运维中也是不容忽视的。现在以锐捷交换机为例，介绍如何通过 Zabbix 来监控锐捷 S5750 交换机的 GigabitEthernet 0/17 端口的进出流量。

Zabbix 通过 snmp 协议连接网络设备的 OID 来读取网络设备的数据，需要对网络设备进行监控，需要知道被监控设备的 OID 值。我们先通过软件来获取 OID 的值，再配置 Zabbix 监控参数。下面介绍如何实现监控锐捷交换机的接口进出流量。

6.6.1 登录交换机，开启 SNMP 服务

通过 console 口连接到交换机，本书采用 SecureCRT 进行配置。开启 SNMP 服务，进入交换的全局配置模式，配置开启 SNMP 服务，如图 6-51 所示。

配置命令说明如下。

Ruijie>enable：进入到特权模式。

Ruijie＃configure terminal：进入全局配置模式。

Ruijie (config)＃snmp-server community public ro：打开交换机 SNMP 服务，设置团体名称为 public，只读。

Ruijie (config)＃snmp-server community ruijie rw：打开交换机 SNMP 服务，设置团体名称为 ruijie，读写。

Ruijie (config)＃snmp-server enable traps：启用 SNMP 陷阱。

Ruijie (config)＃exit：退出全局配置模式。

Ruijie＃wr：保存配置。

6.6.2 通过 Getif 查看交换机端口 OID 信息

安装完 Getif 2.3.1 后，打开软件，在 Host name 中输入交换机的 IP 地址，在 Read 中

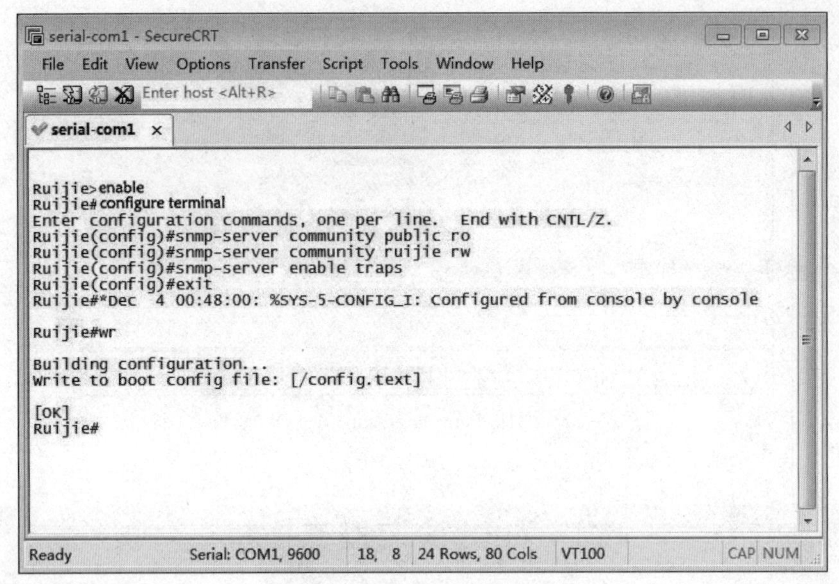

图 6-51 配置交换机的 SNMP

输入 public，其他参数保持默认，单击 Start 按钮。连接成功时的 Getif 如图 6-52 所示。

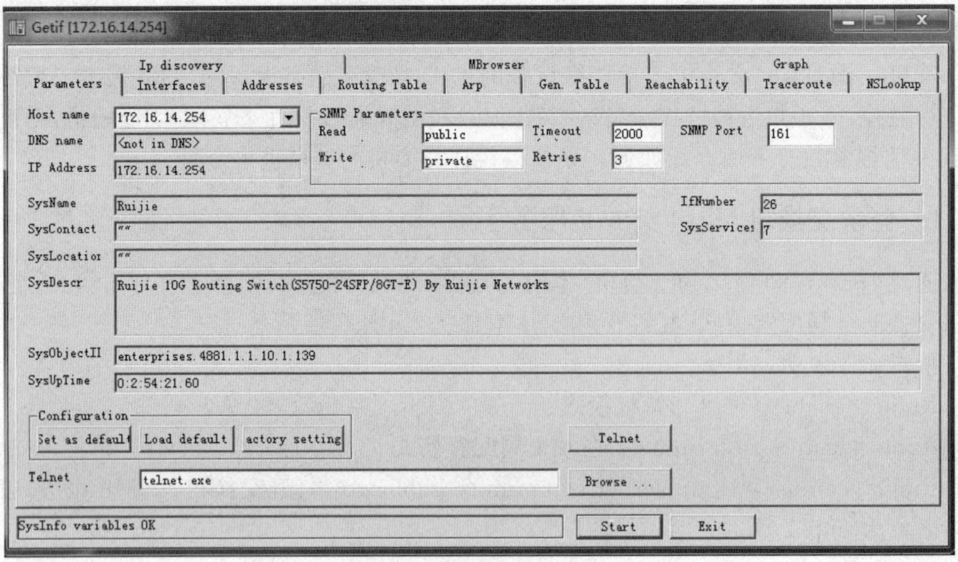

Getif [172.16.14.254]
Ip discovery | MBrowser | Graph
Parameters | Interfaces | Addresses | Routing Table | Arp | Gen. Table | Reachability | Traceroute | NSLookup
Host name 172.16.14.254
DNS name <not in DNS>
IP Address 172.16.14.254
SNMP Parameters Read public Write private Timeout 2000 Retries 3 SNMP Port 161
SysName Ruijie
SysContact ""
SysLocation ""
IfNumber 26
SysServices 7
SysDescr Ruijie 10G Routing Switch(S5750-24SFP/8GT-E) By Ruijie Networks
SysObjectID enterprises.4881.1.1.10.1.139
SysUpTime 0:2:54:21.60
Configuration Set as default Load default Factory setting
Telnet
Telnet telnet.exe Browse ...
SysInfo variables OK
Start Exit

图 6-52 Getif 成功连接

切换到 Interfaces 选项卡，单击 Start 按钮，连接后查看交换机所有的端口信息，并记录 GigabitEthernet0/17 的 int.的值，如图 6-53 所示。

切换到 MBrowser 选项卡，依次选择 iso→org→dod→internet→mgmt→mib-2→interface→ifTable→ifEntry→ifInOctets，单击 Start 按钮，可看到 GigabitEthernet 0/17 的 ifInOctets.17 的 OID 值为 1.3.6.1.2.1.2.2.1.10.17，连接成功后如图 6-54 所示。

依次选择 iso→org→dod→internet→mgmt→mib-2→interface→ifTable→ifEntry→

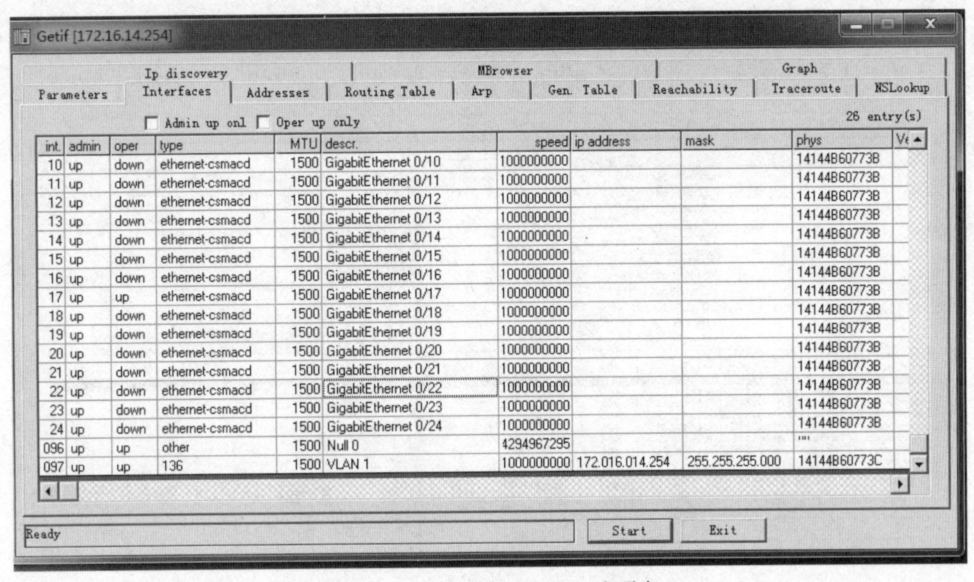

图 6-53　Getif 的 interface 选项卡

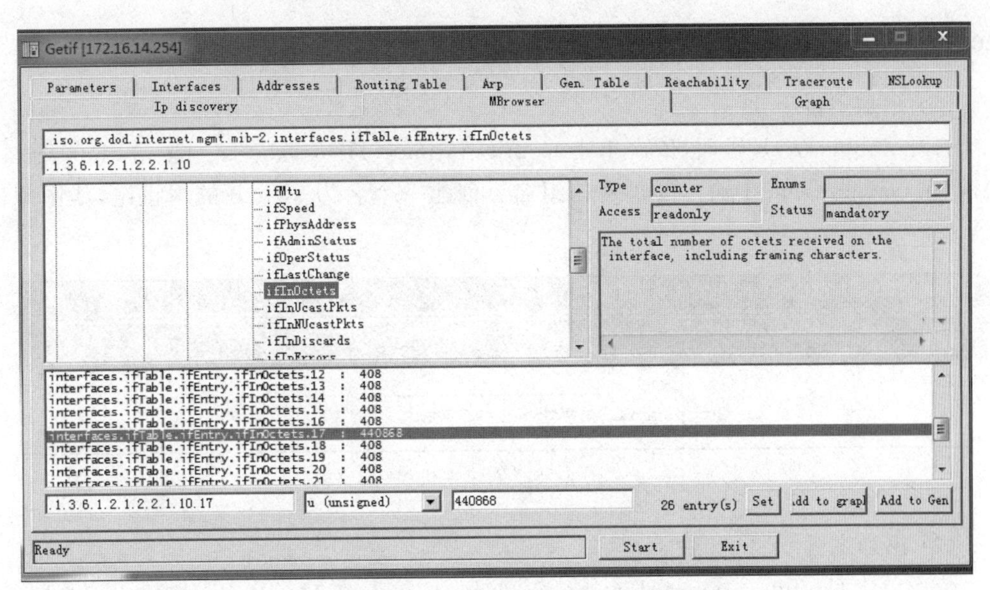

图 6-54　ifInOctets.17 的 OID 值

ifOutOctets，单击 Start 按钮，可看到 GigabitEthernet 0/17 的 ifOutOctets.17 的 OID 值为 1.3.6.1.2.1.2.2.1.16.17，连接成功后如图 6-55 所示。

注意：ifInOctets 表示交换机端口流进流量；ifOutOctets 表示交换机端口流出流量。

根据在 Interfaces 选项卡中的 int. 值，查看当前交换机该端口的 OID 值，然后在 Zabbix 中使用 OID 值对交换机端口进行监控。

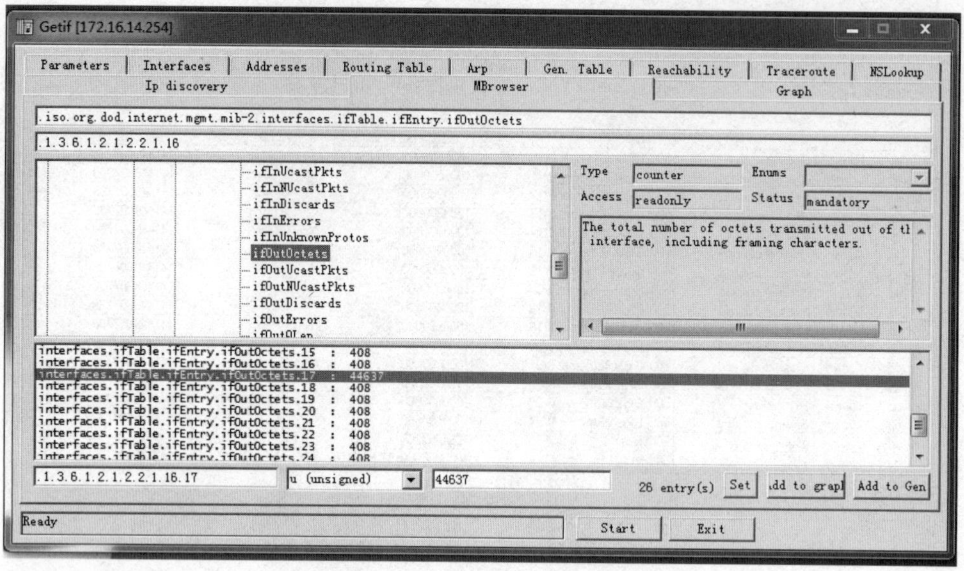

图 6-55　ifOutOctets.17 的 OID 值

6.6.3　在 Zabbix 中添加对交换机的监控

(1) 添加主机组

打开 Zabbix Web 界面，依次单击 Configuration→Host groups→Create host group 按钮，在 Group name 中输入要创建的组名。创建一个名为 switch 的主机组，如图 6-56 所示。

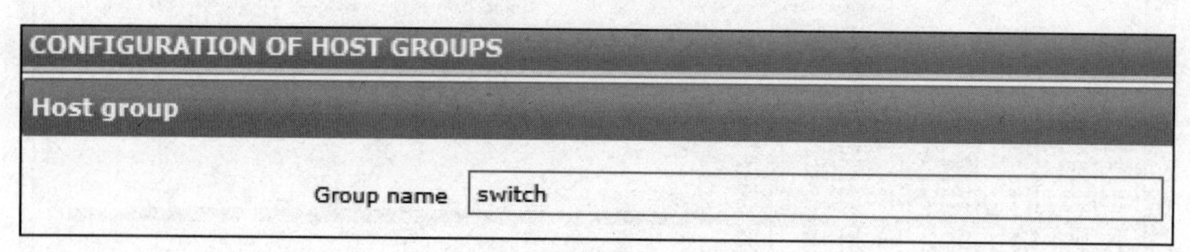

图 6-56　创建主机组

(2) 添加主机

依次单击 Configuration→Hosts→Create host 按钮，在 Host name 中输入 172.16.14.254，在 Group 中选择 switch，在 SNMP interfaces 中添加 IP 地址为 172.16.14.254 的主机，其他保持默认，单击 Save 按钮保存，如图 6-57 所示。

(3) 创建主机监控项

依次单击 Configuration→Hosts→172.16.14.254→Items→Create item 按钮，输入主机监控项信息并保存。步骤如下。

第一步：依次单击 Configuration→Hosts 按钮，找到主机 172.16.14.254，单击主机 172.16.14.254 中的 Items(0)按钮后，单击 Create item 按钮，创建监控项，如图 6-58 所示。

第二步：创建 GigabitEthernet0/17 的进流量监控项，在监控项信息中输入下面的信

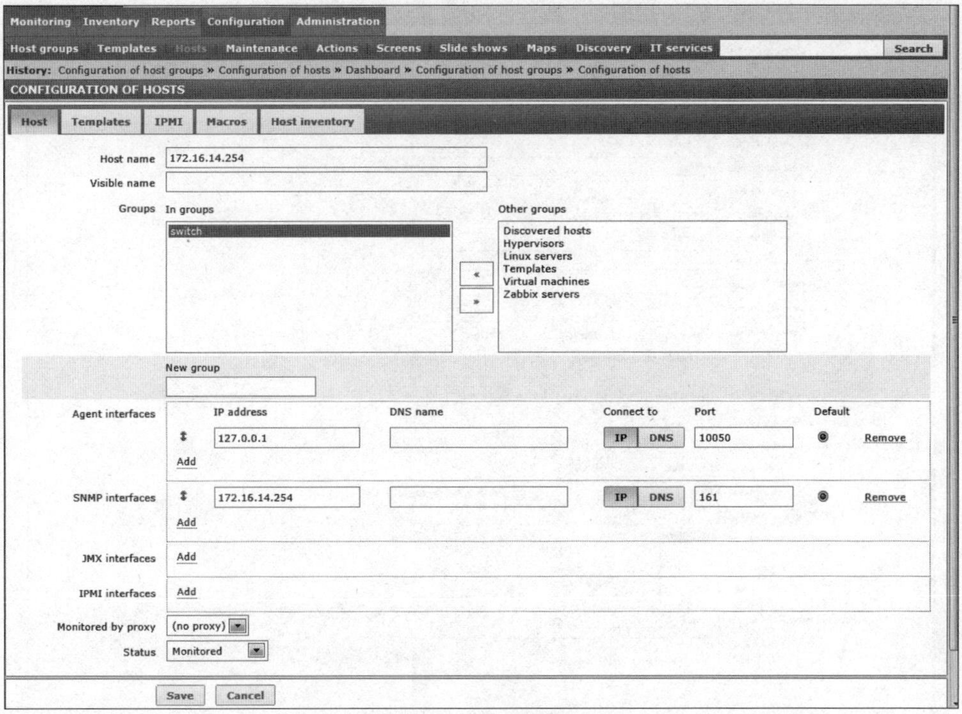

图 6-57 添加主机

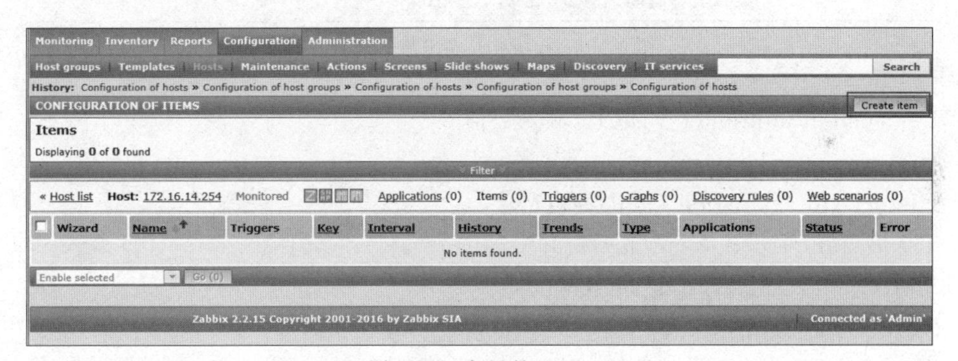

图 6-58 主机的 Items

息，单击 Save 按钮保存，如图 6-59 所示。

Name：GigabitEthernet0/17_in

Type：SNMPv2 agent

key：ifInOctets.17

SNMP OID：1.3.6.1.2.1.2.2.1.10.17

SNMP community：public

Type of information：Numeric(unsigned)

Date type：Decimal

Units：bps

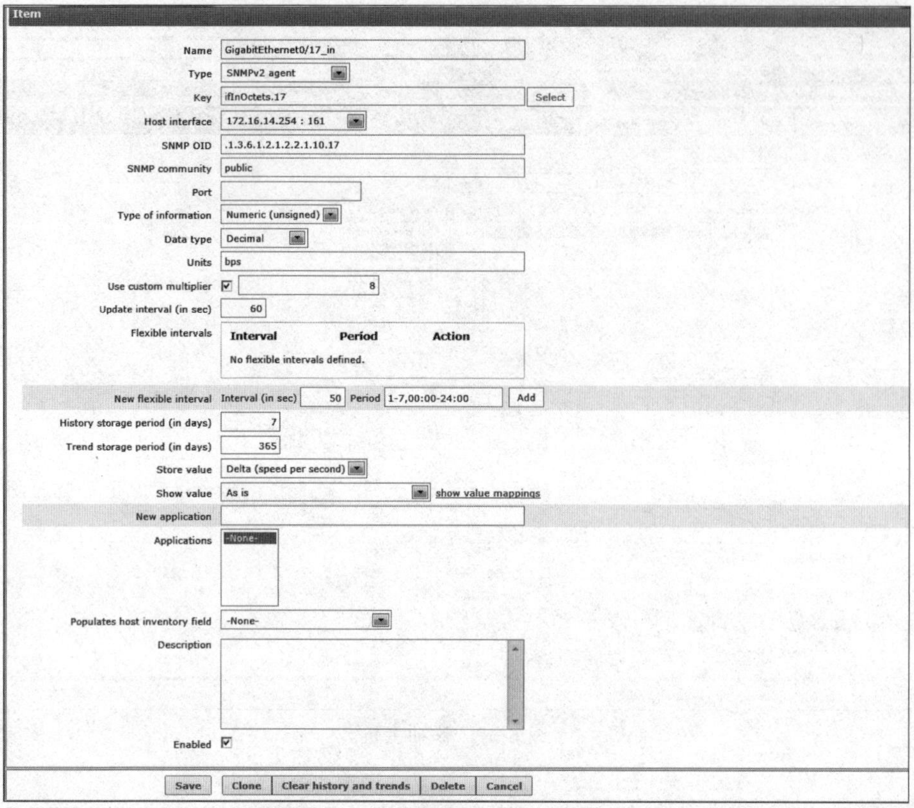

Item

Name GigabitEthernet0/17_in
Type SNMPv2 agent
Key ifInOctets.17 Select
Host interface 172.16.14.254 : 161
SNMP OID .1.3.6.1.2.1.2.2.1.10.17
SNMP community public
Port
Type of information Numeric (unsigned)
Data type Decimal
Units bps
Use custom multiplier 8
Update interval (in sec) 60
Flexible intervals Interval Period Action
No flexible intervals defined.
New flexible interval Interval (in sec) 50 Period 1-7,00:00-24:00 Add
History storage period (in days) 7
Trend storage period (in days) 365
Store value Delta (speed per second)
Show value As is show value mappings
New application
Applications -None-
Populates host inventory field -None-
Description
Enabled

Save Clone Clear history and trends Delete Cancel

图 6-59　配置网卡流进流量监控项

Use custom multiplier：勾选上，输入数值 8

Update interval(in sec)：60

History storage period (in days)：7

Trend storage period (in days)：365

Store value：Delta(speed per second)

Show value：As is

同理，创建 GigabitEthernet0/17 的流出流量监控项，设置 Name 为 GigabitEthernet0/17_out，key 为 ifOutOctets.17，SNMP OID 为 1.3.6.1.2.1.2.2.1.16.17，其他值与流进流量监控项相似，如图 6-60 所示。

6.6.4　创建监控图形

步骤如下。

① 依次单击 Configuration→Hosts 按钮，在主机 172.16.14.254 中单击 Graphs 按钮，进入监控图形配置页面，在 Graphs 页面单击 Create graph 按钮，进入创建图表页面。

② 在图表名中输入 GigabitEthernet0/17，单击 Items 中的 Add 按钮，勾选 GigabitEthernet0/17_in 和 GigabitEthernet0/17_out 复选框，单击 Select 按钮，选择已经

Item

Name　GigabitEthernet0/17_out
Type　SNMPv2 agent
Key　ifOutOctets.17　Select
Host interface　172.16.14.254 : 161
SNMP OID　.1.3.6.1.2.1.2.2.1.16.17
SNMP community　public
Port
Type of information　Numeric (unsigned)
Data type　Decimal
Units　bps
Use custom multiplier　8
Update interval (in sec)　30
Flexible intervals　Interval　Period　Action
No flexible intervals defined.
New flexible interval　Interval (in sec)　50　Period　1-7,00:00-24:00　Add
History storage period (in days)　90
Trend storage period (in days)　365
Store value　Delta (speed per second)
Show value　As is　show value mappings
New application
Applications　-None-
Populates host inventory field　-None-
Description
Enabled

Save　Clone　Clear history and trends　Delete　Cancel

图 6-60　配置网卡流出流量监控项

勾选的内容，单击 Save 按钮保存，如图 6-61 所示。

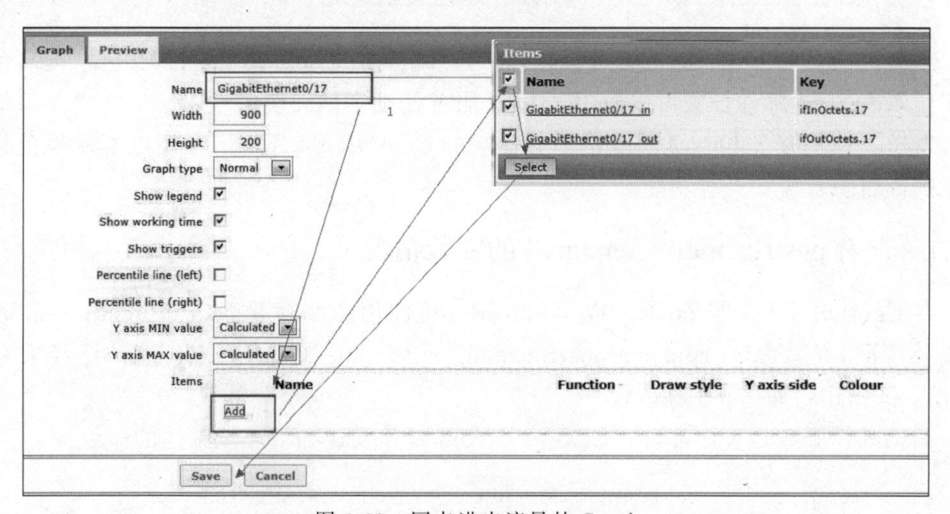

图 6-61　网卡进出流量的 Graph

③ 单击 Preview 按钮，可以预览到监控 GigabitEthernet0/17 的流进流出的流量。

6.6.5 查看监控状态

依次单击 Monitoring→Graphs 按钮，在 Graphs 页面中选择 switch 组，主机选择 172.16.14.254，Graph 选择 GigabitEthernet0/17。可以看到配置后的监控状态，如图 6-62 所示。

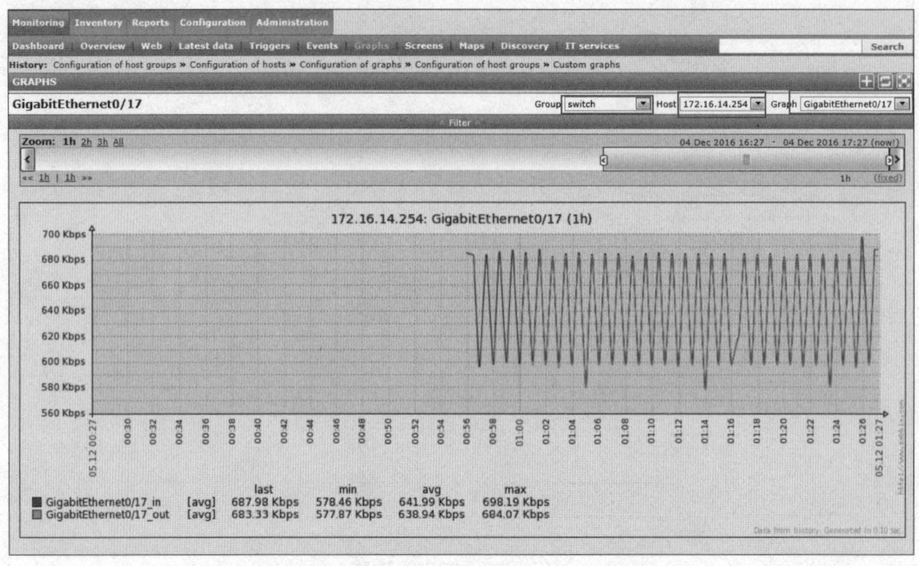

图 6-62 交换机的 GigabitEthernet0/17 监控图表

6.7 Zabbix 邮件告警及告警升级

当监控的对象出现故障或者告警时，能通过邮件方式通知管理的相关人员，提高运维的工作效率，发送邮件告警可以使用 Zabbix 服务器端本地邮箱账号发送邮件或外部邮箱账号发送。在装有 Zabbix 2.2.15 的服务器端的 CentOS 6.4 环境下介绍以本地邮箱账号发送邮件告警及告警升级功能。

6.7.1 查看 postfix、mailx、sendmail 的安装情况

在 CentOS 6.4 安装 postfix 或 sendmail。可使用命令查看 postfix、mailx、sendmail 的安装情况，查看命令：rpm -qa postfix mailx sendmail。CentOS 6.X 默认已经安装了 postfix 和 mailx，如图 6-63 所示。

测试邮件服务是否正常，向 XXX@163.com 邮箱发送如下测试邮件的命令：

```
echo "zabbixserver test sendmail" |mail -s "zabbix" XXX@163.com
```

注意，XXX@163.com 为可用的邮箱地址，由于有些邮件服务器可能把 localhost.localdomain 这个主机名当垃圾邮件拦截了，因此建议更改主机名。使用命令 vi /etc/sysconfig/network，修改 localhost.localdomain 为其他的域名。

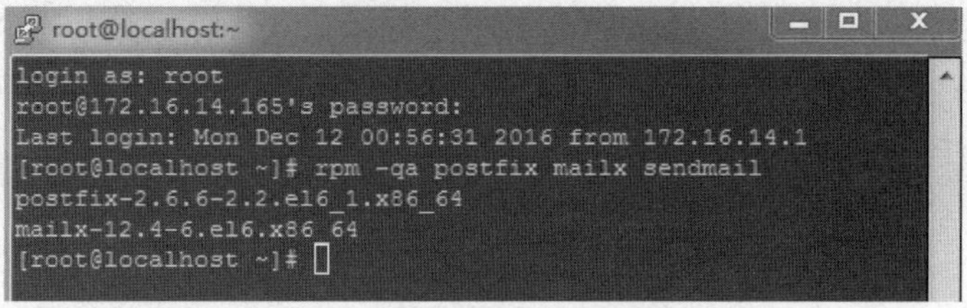

```
root@localhost:~
login as: root
root@172.16.14.165's password:
Last login: Mon Dec 12 00:56:31 2016 from 172.16.14.1
[root@localhost ~]# rpm -qa postfix mailx sendmail
postfix-2.6.6-2.2.el6_1.x86_64
mailx-12.4-6.el6.x86_64
[root@localhost ~]# 
```

图 6-63 查看邮件服务器安装情况

6.7.2 添加 Zabbix 服务器端邮件发送脚本

① 自定义脚本的位置在/etc/zabbix/alertscripts 中，编辑/etc/zabbix/zbbix_service.conf 文件，修改下面的语句：

```
AlertScriptsPath=/etc/zabbix/alertscripts
```

② 添加服务端邮件发送脚本。

```
vi/etc/zabbix/alertscripts/sendmail.sh    # 在 alertscripts 目录中创建邮件发送脚本
#添加以下代码
#!/bin/sh
echo "$3" | mail -s "$2" $1
```

③ 权限设置

```
chown zabbix.zabbix /etc/zabbix/alertscripts/sendmail.sh
#设置脚本所有者为 Zabbix 用户
chmod 700 /etc/zabbix/alertscripts/sendmail.sh
#设置脚本执行权限
```

6.7.3 配置 Zabbix 服务器端邮件报警

（1）创建 Media

登录 Zabbix 的 Web 界面，依次单击 Administration→Media types→Create media type 按钮，设置 Media type 的参数。设置 Name 为 sendmail、Type 为 Script、Script name 为 sendmail.sh；勾选 Enabled 复选框，如图 6-64 所示。

（2）创建用户

依次单击 Administrator→Users→Create User 按钮，创建 icloud 和 Manager 两个用户。创建用户 manager，如图 6-65 所示。

配置用户的 Media，Type 选择 sendmail，Send to 输入要接收邮件的邮箱地址，单击 Add 按钮添加 Media 的信息，如图 6-66 所示。

（3）设置 Zabbix 触发报警的动作 Action

依次单击 Configuration→Actions→Event source 按钮，选择 Triggers→Create action 选项，在 CONFIGURATION OF ACTIONS 页面中输入 Action 的信息，如图 6-67

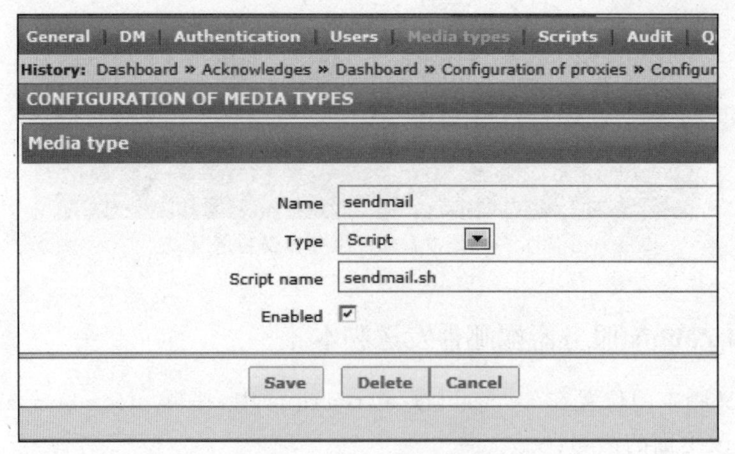

图 6-64　Media type 的配置

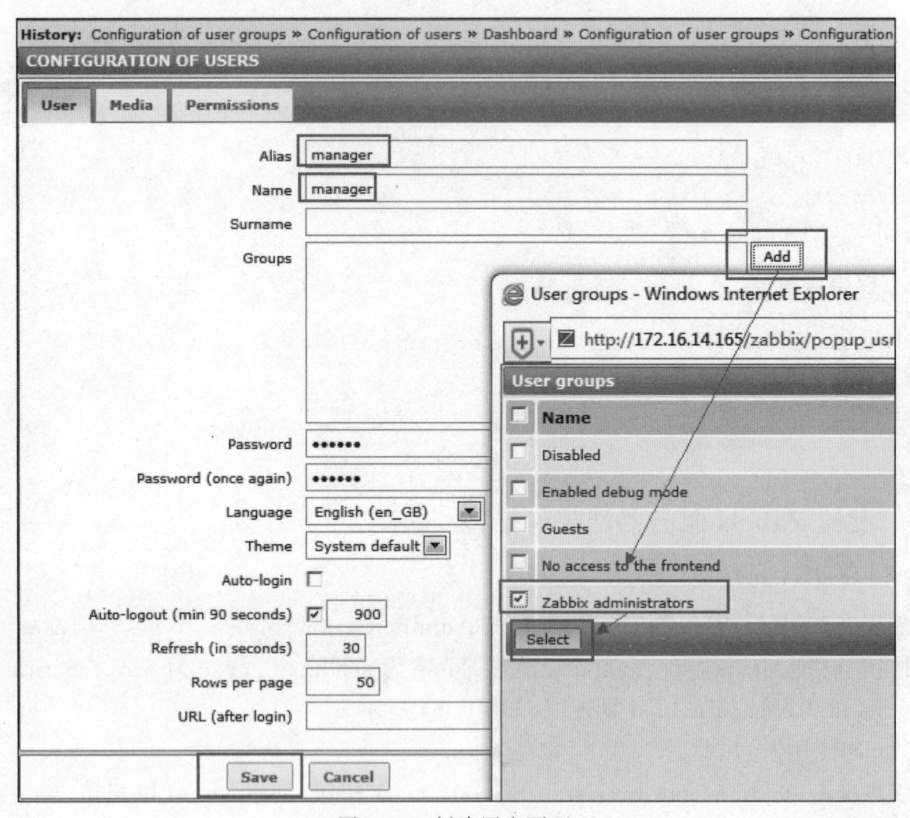

图 6-65　创建用户页面

所示。

(4) 在 CONFIGURATION OF ACTIONS 页面单击 Conditions 标签,配置告警的条件。默认的配置参数如图 6-68 所示。

(5) 配置告警升级,在 CONFIGURATION OF ACTIONS 页面中选择 Operations

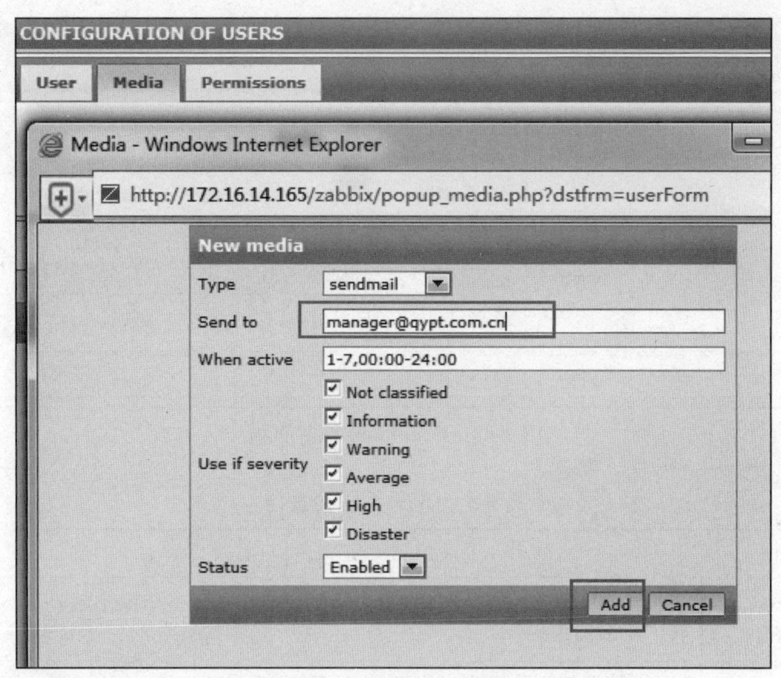

图 6-66 New Media 页面

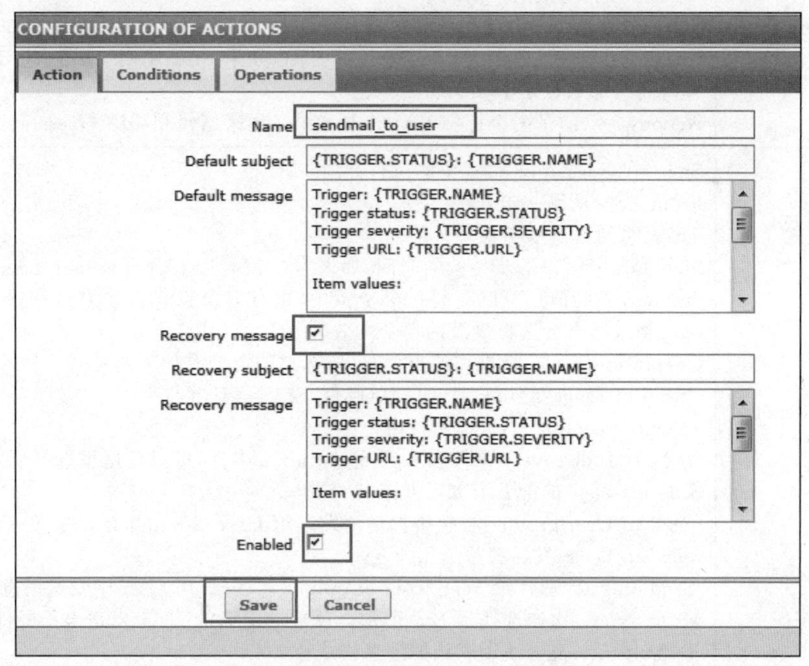

图 6-67 Action 的信息配置页面

选项卡，打开 Operations 配置页面，设置当告警发生时要执行的操作，各参数的说明如表 6-5 所示。

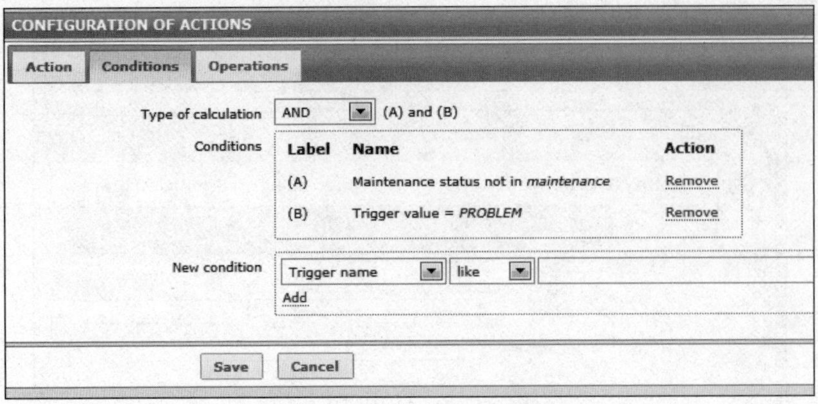

图 6-68　Conditions 配置页面

表 6-5　Operations 的属性

属　　性	说　　明
Default operation step duration:	最小是 60s,若设置为 1h(即 3600s),则表明执行了一个操作后要等待 1h,才会执行下一个操作
Action operations:	Steps:按照级别的顺序来执行,从 1 开始 Details:操作的类型和目标。从 Zabbix 2.2 开始,还会显示发送信息时的 media type(通知类型)、用户的名字 Start in:表示 Event 发生后多久执行操作 Duration(sec):显示的是 Step 的持续时间,如果 Step 使用了默认的"Default 持续时间",那么显示 Default Action:显示的是两个标签 Edit 和 Remove,用来编辑和移除 Operation 的操作
Operation details:	Step: 在 Escalation 过程中的执行计划 From:表明从哪一步开始 To:表明到哪一步结束 Step duration:每一步持续的时间,如果为 0,就是用上面的 Default operation step duration 中的值。可以在同一个步骤中,进行多个操作。如果这些操作有多个 duration,那么会选择最短的那个生效 Operation type:选择操作的类型,可以选择的类型有如下两种: - Send message:给用户发送信息(邮件、SMS 信息等) - Remote command:远程执行命令 注意:对于 discovery 事件和 auto-registration 事件,可以在这里选择更多的操作 Send message 的配置有如下几点: -Send to User groups:将报警批量地发送给 User Group 中的所有 User -Send to User:发送警报给用户 -Send only to:选择给 Send to User groups 和 Send to User 中发送消息时使用的 Media type。比如选择了 Email,那么就会向前面的 User 发送电子邮件 -Default message:使用默认的消息格式

示例:当出现告警时,首先向用户 manager 发送信息,每 10h 发送一次,直到事件状态正常。1 天 16 个小时后,事件状态仍不正常,告警升级,每 1h 都会向用户 icloud 发送告警,共计发送 3 次。配置好的状态如图 6-69 所示。

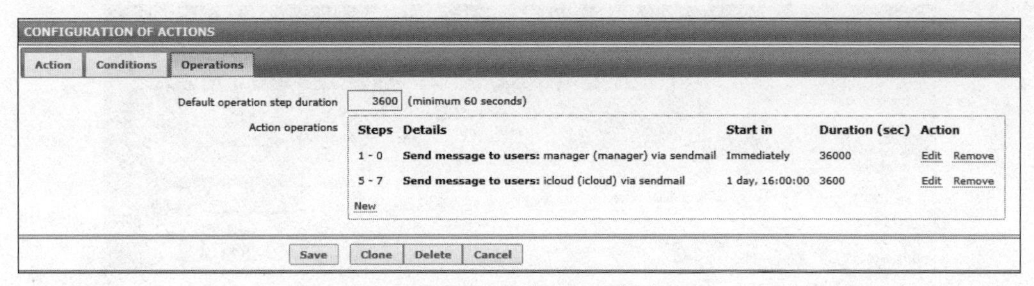

图 6-69 告警升级示例

说明：图 6-69 将告警分成两个梯度发送。

第一梯度：1 步，当告警出现时每隔 10h 给用户 manager 发送信息，直到事件状态变成 OK。注意：1-0 指一直发送。

第二梯度：5～7 步，1 天 16 个小时后，每隔 1h 向用户 icloud 发送一次告警，共计发送 3 次。

6.8 Zenoss 对文件系统的监控

前面介绍了 Zabbix 常用的几个监控功能，现在开始介绍如何通过 Zenoss 来监视 Linux 服务器的文件系统和监控服务器的性能，以及 Zenoss 的告警发送功能。

默认情况下，Zenoss 会自动对添加进来的系统进行文件系统的监控。配置文件系统阈值为 90%。每次它发现一个文件系统，此阈值自动应用到文件系统中，并开始监视。

下面用 Zenoss core 4.2.5 监控 Linux 服务器为例，介绍如何实现文件系统的监控。由于 Zenoss core 通过 SSH 方式连接 Linux 服务器时，默认监控 Linux 文件系统，主要把服务器添加到被监控的对象就可以实现对它的监控。监控服务器的文件系统的步骤如下。

① 进入 Zenoss core 的 Web 界面，依次单击 INFRASTRUCTURE→Devices→Add Multiple Devices 按钮，在 Add Devices 页面输入被监控的主机的 IP 地址及选择 Device Type 的类型，由于是通过 SSH 监控 Linux Server 服务器，要求输入服务器的用户名及密码，单击 Save 按钮保存。添加被监控的 Linux 服务器如图 6-70 所示。

说明如下。

Add a single device 表示添加单个设备。

Add Multiple devices 表示添加多个设备。

Manually find devices 表示手动查找。

Autodiscover devices 表示自动发现设备。

Device Type 表示 Linux Server(SSH) 通过 SSH 连接到服务器。

② 添加主机后，可以在被监控的列表中看到所有被监控的对象，如图 6-71 所示。单击服务器 172.16.14.165，进入该主机的详细信息页面，如图 6-72 所示。单击 File systems 按钮可以查看到主机的文件系统的使用情况，如图 6-73 所示。

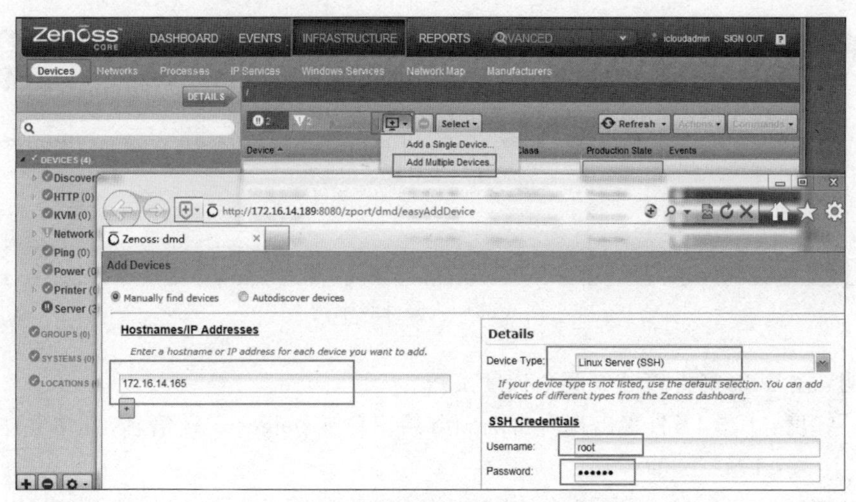

图 6-70　添加被监控的 Linux 服务器

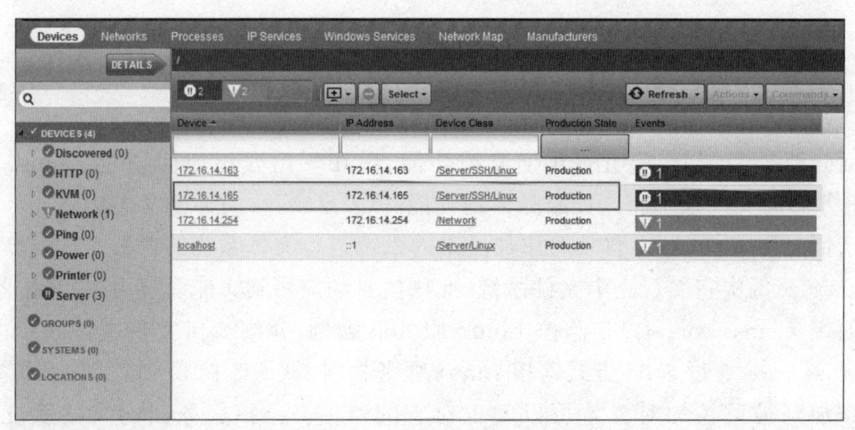

图 6-71　被监控主机的列表

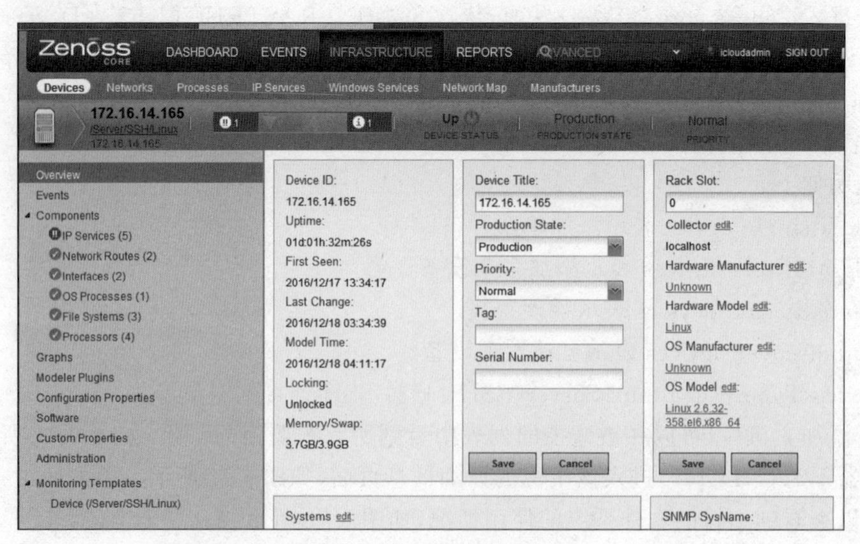

图 6-72　服务器的监控信息

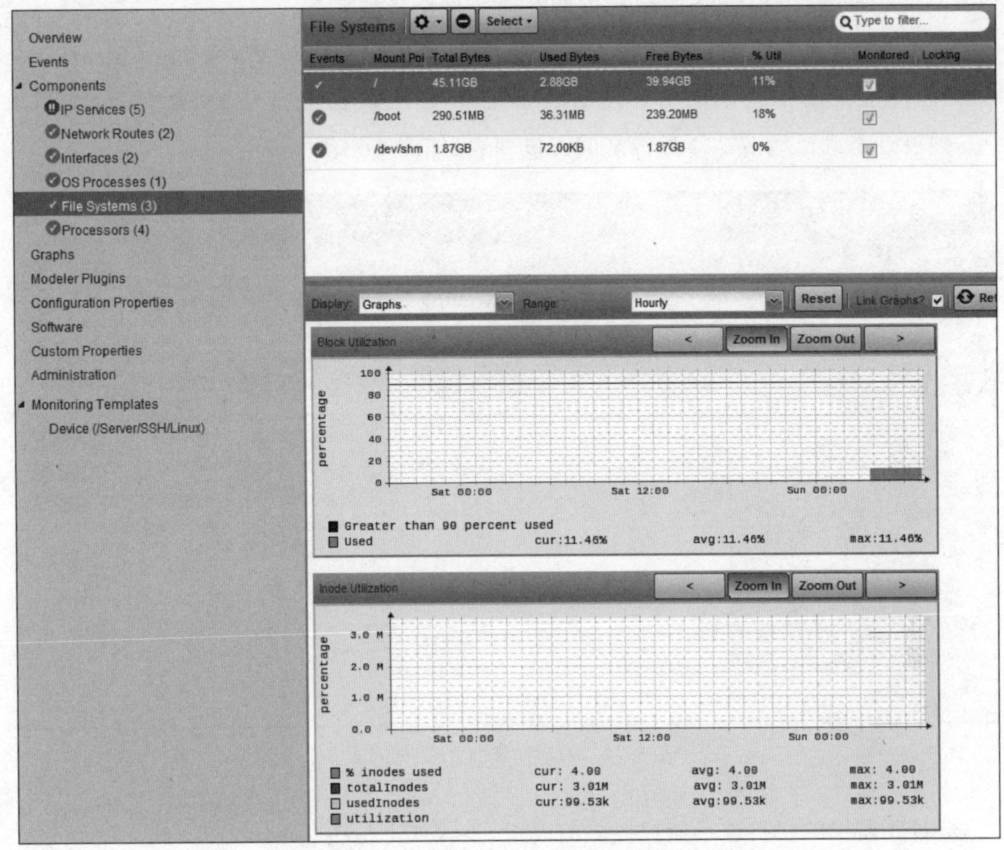

图 6-73 文件系统的监控图

6.9 Zenoss 对性能的监控

Zenoss 提供许多方法用于监视设备以及设备组件的性能矩阵。ZenPerf-SNMP 通过 SNMP 从设备上采集性能信息。ZenCommand 通过 telnet 或者 ssh 登录到设备并运行脚本来采集性能数据。ZenPacks 提供更多的用于采集性能数据的手段。但无论采用何种监视手段，配置信息都保存在性能模板中。模板包括数据源、阈值、图定义三种类型的对象。数据源明确指定了要采集的数据点以及用什么方法进行采集。阈值定义被采集数据的预期边界，以及被采集数据突破边界后在系统中产生的事件。图定义描述了怎样在设备或者设备组件的性能页上展示性能图表。Zenoss 自带了很多常用的监控模板，我们可以根据需要选择合适的监控模板，也可以自己创建新的模板。

下面举个例子来说明如何使用现有的模板对 HTTP 服务的性能进行监控。准备装有 Zenoss 4.2.5 和 Apache 的 Linux 服务器各一台，只是为了学习，也可以把它们分别部署在两台虚拟机上。Apache 服务器的地址为 172.16.14.163。实验要求 Zenoss 通过自带的 httpMonitoring 模板监控 http 服务的性能。操作步骤如下。

① 先把监控的主机加入到监控的对象中，添加监控对象的方法参考 6.8 节 Zenoss 对文件系统的监控中的主机添加的方法。添加完后，在工具栏上打开 INFRASTRUCTURE 菜单，即可查看到已经成功添加进来的主机列表，如图 6-74 所示。

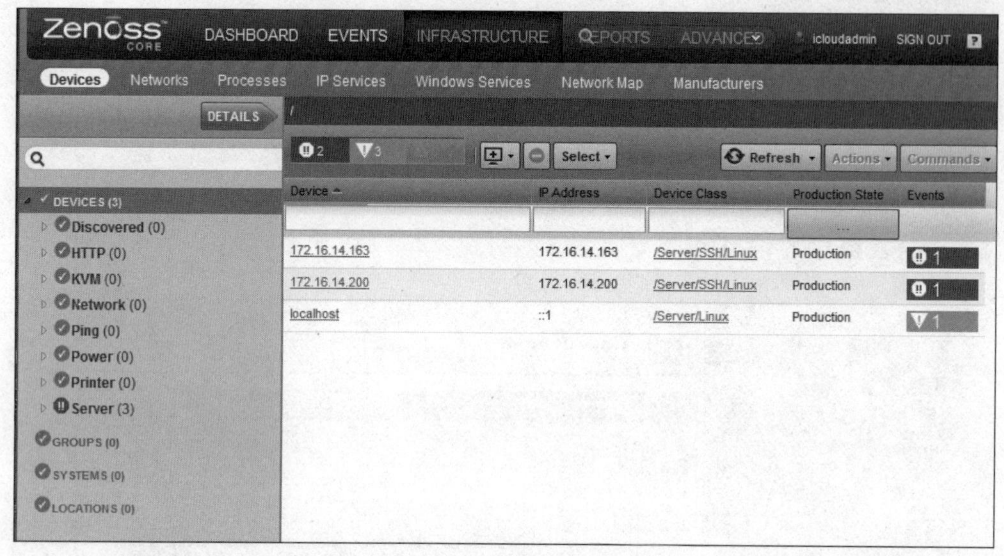

图 6-74　被成功添加的主机列表

② 对要监控的主机进行监控性能的设置，步骤如下。

第一步：添加数据源，在被监控的主机列表中找到要监控的主机 172.16.14.163，单击 172.16.14.163 主机进入该主机的详细配置页面，单击左边工具栏中的 Monitoring Templates 菜单→Device(/Server/SSH/Linux) 菜单，再单击右边的 Data Sources 窗口中的按钮添加数据源功能键，在弹出对话框的 Name 栏中输入 http，在 Type 栏中选择 HttpMonitor，单击 SUBMIT 按钮提交，添加一个名为 http 的数据源。

第二步：添加图定义，在 Graph Definitions 窗口中单击添加图定义按钮，在弹出的 Add Graph Definition 窗口的 Name 栏中输入要创建的图定义的名称 httpMonitor，单击 SUBMIT 按钮提交。

第三步：把数据源添加到图定义中，在数据源窗口 Data Sources 中，首先选择数据源 http.time，然后单击设置按钮，在下拉菜单中选择 Add Data Point To Graph 选项，在弹出的 Add Data Point to Graph 窗口的 Graph 选项中选择预先创建好的 httpMonitor Graph，单击 SUBMIT 按钮提交。同理，把 http.size 也添加到图定义的 httpMonitor 中。

③ 查看已经创建的性能监控图，单击工具栏左边的 Graphs 菜单，可以看到已经创建的 httpMonitor 监控图，如图 6-75 所示。

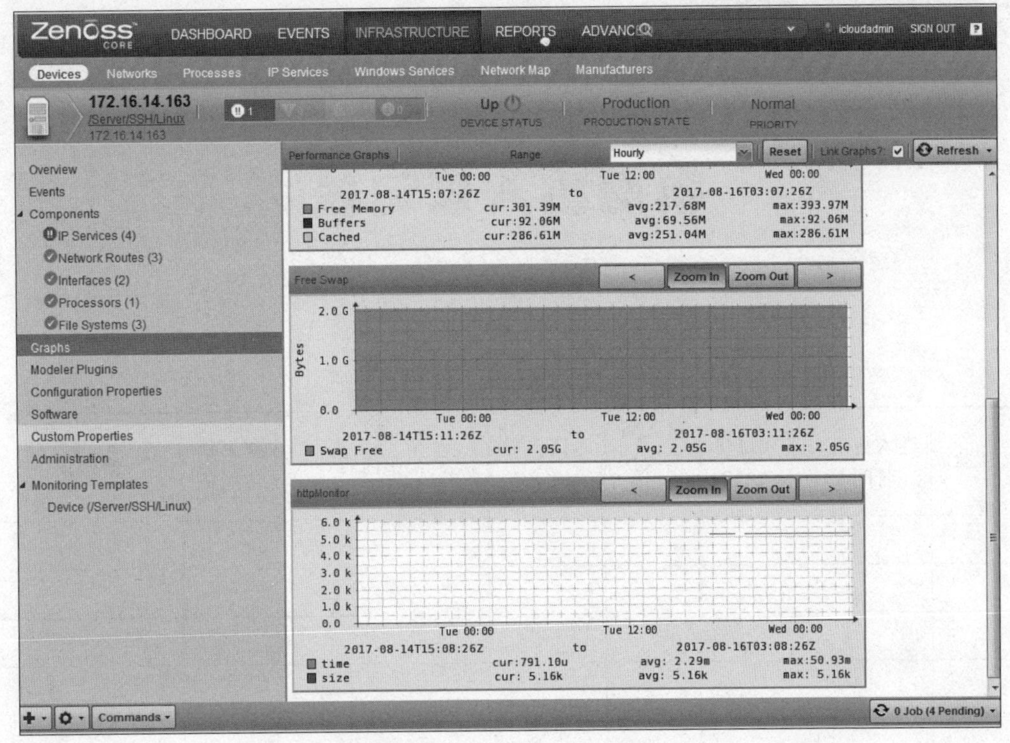

图 6-75 httpMonitor 监控图

【本 章 小 结】

本章介绍了 Zabbix 和 Zenoss 两款监控软件，来实现对云数据中心主机的三大主要部件、服务器的日志、网络自动发现、MySQL 数据库、邮件告警、文件系统等的监控，让读者掌握自动化运维监控管理。

机房出入登记表

单位：

日期	进入机房时间	进入机房人姓名	进入机房人所在单位	陪同人员姓名	工作内容	离开机房时间	值班人

机房施工进出审批表

<table>
<tr><td>工程项目</td><td colspan="3"></td></tr>
<tr><td>施工机房</td><td colspan="3"></td></tr>
<tr><td>施工单位名称</td><td colspan="3">盖章：</td></tr>
<tr><td>施工内容
（详细描述）</td><td colspan="3"></td></tr>
<tr><td>施工时间
及计划</td><td colspan="3"></td></tr>
<tr><td>施工单位
负责人</td><td colspan="3">本人作为本次施工工作的负责人，已经清楚理解本公司有关机房管理规定，并落实施工单位应负责任。

签名：　　　　　　　　联系手机：</td></tr>
<tr><td rowspan="7">施工人员名单</td><td>姓名</td><td>身份证号码</td><td>备注</td></tr>
<tr><td></td><td></td><td></td></tr>
<tr><td></td><td></td><td></td></tr>
<tr><td></td><td></td><td></td></tr>
<tr><td></td><td></td><td></td></tr>
<tr><td></td><td></td><td></td></tr>
<tr><td></td><td></td><td></td></tr>
<tr><td>随工责任人</td><td colspan="3">签名：</td></tr>
<tr><td>工程管理
部门意见</td><td colspan="3">主管签名：　　　　　　　　盖章：</td></tr>
<tr><td>管理或维护部门
审批</td><td colspan="3">主管签名：　　　　　　　　盖章：</td></tr>
<tr><td>机房管理部门
反馈情况</td><td colspan="3">机房主管签名：</td></tr>
</table>

参 考 文 献

[1] 翰纬 IT 管理研究咨询中心. 翰纬 ITIL v3 白皮书. 2007.

[2] ISO/IEC20000. 信息技术 服务管理 第 2 部分：实施指南. 2000.

[3] 国家信息技术服务标准工作组. 中国信息技术服务标准（ITSS）白皮书（第二版）. 北京：工业与信息化部软件服务司，2014.

[4] 肖建一. 中国云计算数据中心运营指南 [M]. 北京：清华大学出版社，2013.

[5] 符长青，符晓勤，符晓兰. 信息系统运维服务管理 [M]. 北京：清华大学出版社，2015.

[6] 李鹏. IT 运维之道 [M]. 北京：人民邮电出版社，2015.

[7] 魏浦，刘程. 浅谈机房标识规范 [J]. 智能建筑与城市信息，(9)：48-51.

[8] 泰科电子有限公司. 10G 以太网时代，你的数据中心准备好了吗 [J]. 智能建筑与城市信息，(6)：56-58.

[9] 吴兆松. Zabbix 企业级分布式监控系统 [M]. 北京：电子工业出版社，2015.

图书资源支持

感谢您一直以来对清华版图书的支持和爱护。为了配合本书的使用，本书提供配套的资源，有需求的读者请扫描下方的“书圈”微信公众号二维码，在图书专区下载，也可以拨打电话或发送电子邮件咨询。

如果您在使用本书的过程中遇到了什么问题，或者有相关图书出版计划，也请您发邮件告诉我们，以便我们更好地为您服务。

我们的联系方式：

地　　址：北京市海淀区双清路学研大厦 A 座 714

邮　　编：100084

电　　话：010-83470236　010-83470237

客服邮箱：2301891038@qq.com

QQ：2301891038（请写明您的单位和姓名）

资源下载：关注公众号“书圈”下载配套资源。

资源下载、样书申请

书圈

获取最新书目

观看课程直播